いちばんやさしい

ズバリ合格BOOK

[日商PC検定合格道場]
八田仁＋細田美奈 著
石井典子 監修

技術評論社

はじめに

日商PC検定を学習されるあなたへ

コンピュータ専門用語やIT関連用語は、 カタカナ語や略語が多く、 理解し覚えるのは、正直大変です。 繰り返し学習することで徐々に克服するしかありません。

単調な学習を続けていると、 ときには、 こんなことを学習しても何の役に立つのだろう？ と疑問に感じ、 投げ出したくなるでしょう。 努力することは、 ときには辛いものです。

しかし、 天は、 あなたのために素晴らしいプレゼントを用意しています。 あきらめずに、 粘り強く進むあなたに 「忍耐力」 「折れない強い心」 を授けます。 また、 目標を達成すれば、 素晴らしい 「達成感」 「充実感」 みなぎる 「自信」 を授かります。 そして、 あなたは、 気づくのです。 自分の器が拡大したことに。

どうか、かんたんにあきらめないでください。 あなたは、必ず達成できるでしょう！ あきらめない限り必ず成功できます。 そして、 資格を取ることよりもっと重要なことをスキルとして身につけることができます。 それは、 目標を達成する心のノウハウです。 このノウハウを手にしたことにより、 ほかの人が躊躇するような場面でも自信を持って立ち向かうことができるでしょう。 また、 今後訪れる人生における数々の課題を、 あなたは、 独力で克服するようになるでしょう。 そして、 目標を達成する心のノウハウを持っていない人々から、 尊敬される人物へと成長していくのです。

この教材は、 ただの検定試験用の教材です。 丸暗記して試験に通ればそれだけでもよいかもしれません。 しかし、 教材を学習していく過程で 「心のノウハウ」 を意識しながら学習を続ければ、 素晴らしい人生への切符を手に入れることも可能です。 ぜひ、 本書があなたの人生のために活かされることを期待しております。

目次

●ダウンロードファイルのご案内

本書の第3章、第4章、第6章では、演習用のファイルを利用して学習を進めていただきます。これらのファイルは本書のサポートページにてダウンロードいただけます。ぜひご活用ください。詳細は、第3章の章扉（21ページ）もご参照ください。

・本書のサポートページ
https://gihyo.jp/book/2024/978-4-297-13971-1

第1章 受験の手引き

第1章では、日商PC検定の特徴と受験学習の取り組み方、このテキストの学習方法を掲載しています。日商PC検定は、コンピュータが採点するという特殊な試験です。日常使用している操作や処理結果もネット試験コンピュータが認めてくれるとは、限りません。自己流の学習にならないように注意深くテキストに取り組んでください。

日商PC検定文書作成3級の概要

日商 PC 検定は、仕事を疑似体験できる検定！

日商PC検定は、単なるパソコンスキル試験ではなく、Word、Excel、PowerPointなどを使用して仕事ができるかどうかを判定する試験です。また、パソコン利用者ではなく、求職・採用を行う企業側の要望から生まれた試験ですので、かなり実務的な試験となります。パソコン検定というより、「パソコンでする仕事検定」のような内容です。

このような特性から、採用試験やキャリアアップなどに重宝される資格試験と位置づけられています。パソコンの操作方法以外に、文書作成では、企業実務で必要とされるWordの機能、操作法を一通り身につけているという内容が求められます。

日商 PC 検定の特徴

日商PC検定は、前身となる「日本語文書処理技能検定（ワープロ検定）試験」と「ビジネスコンピューティング（ビジコン）検定」を進化・統合したもので、2006年4月から実施されています。

Wordを使って、指示に従い、ビジネス文書の雛形や既存文書を用いて、正確かつ迅速にビジネス文書を作成するものです。

試験科目

試験科目	試験時間	合格基準	程度・能力
知識	15分 （択一式）	知識、実技の2科目とも70%以上	●基本的なビジネス文書(社内・社外文書)の種類と雛形について理解している ●ビジネス文書に関連する基本的な知識(ビジネスマナー、文書の送受等)を身につけている ●ハードウェア、ソフトウェア、ネットワークに関する基本的な知識を身につけている 等
実技	30分		●企業実務で必要とされる文書作成ソフトの機能、操作法を一通り身につけている ●ビジネス文書(社内・社外向け)の雛形を理解し、指示に従い、定型的なビジネス文書を作成できる 等

試験方法と合否判定

試験会場のパソコン等を利用して、試験の自動実行プログラムおよび試験問題を、インターネットを介しダウンロードして実施します。 試験終了後、受験者の答案（データ）がインターネットを介して採点され、即時に合否判定を行い、結果を通知します。

試験会場

商工会議所の認定した「商工会議所ネット試験施行機関」（各地商工会議所および各地商工会議所が認定した大学、専門学校、パソコンスクール等の教育機関、企業）のうち、本試験に対応したソフトウェアが導入されている機関が試験会場になります。

知識科目の免除制度

電子メール活用能力検定、EC実践能力検定、および一般財団法人職業教育・キャリア教育財団主催の情報検定（J検）の情報活用試験の各合格者に対して、日商PC検定（2級・3級）の「知識科目」の受験を免除し、「実技科目」のみで合否を判定する制度があります。

知識科目の免除制度の詳細については、以下URLをご参照ください。
https://www.kentei.ne.jp/wp/wp-content/uploads/2020/01/pckentei20160118.pdf

申し込み方法

ネット試験の受験日は、試験会場によって異なるため、まずはどのネット試験会場で受験するかを決める必要があります。 都市部であれば選択肢も豊富にありますが、地域によっては日程も会場も限られている場合がありますのでご注意ください。

詳しくは、公式ホームページの「ネット試験の受験方法」に、受験申込みの流れが記載されていますので、こちらにお目通しください。 試験会場についても、「商工会議所ネット試験施行機関リスト」にて確認することができます。

● ネット試験の受験方法
https://www.kentei.ne.jp/examination_method

このテキストの学習方法

このテキストは、Wordの使用方法を学習するためのテキストではありません。あくまで、日商PC検定文書作成3級合格に必要なスキルのみに絞って学習を進めていきます。

日商PC検定は、コンピュータが判定する試験ですので、確実に合格できるテクニックを身につけることが必要です。このテキストの解答方法や使用スキルは、多数の試験結果から確認された得点ができるスキルです。なるべく、このテキストの方法で学習されることをお勧めします。

「第2章　レッスン」では、Wordにあまり慣れていない方でも試験にとって必要な基本的な使用方法を解説しています。Word操作に自信のある人も一通り目を通して自身のスキルをチェックしてみてください。自己流のクセのある操作方法のままでは、コンピュータが判定するネット試験で、思わぬ落とし穴にはまる可能性があります。例えば、あなたは、挿入モードと上書きモードの切り替え方はご存じですか？ この方法がわからないだけで試験では、大変な苦労をすることがあります。

「第3章　トレーニング」では、試験問題に解答するために必要なスキルと仕事に必要なスキルを同時に練習します。Wordでは、同様の結果を求めるために多様な操作方法があらかじめ用意されています。例えば、複数の文字を訂正する場合、正しい文字をコピー&ペーストで処理しても、「置換」のダイアログを使用しても可能です。コピー&ペーストも右クリックでも、リボンのボタンでもどちらでも可能です。また、キーボードの「Ctrl」＋「C」と「Ctrl」＋「V」を使用する方法やマウスでCtrlキーを押したままドラッグする方法でも可能です。仕事で結果を求めるためには、どの方法を用いてもかまいません。また、日商PC検定の試験問題を解くにも、どの方法を用いてもかまいません。ただ、すべての操作方法を学ぶには、時間がかかり、人によっては混乱してしまうことも多々あります。そこで、本書では、どのような問題でもなるべく同じスキルで解決できる王道を学習していただくために、スキルトレーニングの章を設けました。また、解説では、混乱が生じないようになるべくリボンのボタンを使用する方法で解説しています。

「第4章　実技科目の練習」では、日商PC検定独特の問題文の読み解き方と解答に必要なスキルを学習していきます。文書作成3級の問題は、社内文書・社外文書の2種類があります。いずれもなんらかの報告書の形式になっており、既存のファイルを呼び出して、指示に従って修正し、新しいファイルとして保存する形式の問題が出題されますので、これらの解答スキルを学習していきます。

「第5章　知識科目の練習」では、過去に出題された試験問題を参考にして用意した問題について、実践的なトレーニングができるように実際の試験と同様に3択の方法で学習していきます。実技問題を気にする受験者が多いのですが、実際には、知識問題も独立して70点以上獲得しないと合格できません。よって手を抜かず、十分に繰り返し学習しましょう。

知識問題は、学習問題数が多くなりますので、本書の読者特典であるWebアプリ

「DEKIDAS-WEB」を用いて採点付きで学習するシステムも用意しています。パソコンだけではなく、スマホなどインターネット環境さえあれば、どこにいても、いつでも学習することができます。

「第6章　模擬試験」では、過去に出題された実際の試験の問題に即した実践問題で実力を安定させていきます。この模擬試験を繰り返し練習し、自信をもって解答できる様になれば、高得点合格の実力が付きます。

以下のSampleのように、実際の試験では、2画面で問題文を見ながらWordで解答を作成していきますので、普段から、Wordのウィンドウを3分の2程度に縮めて練習をするようにしてください。

日商PC検定を学習されるあなたへ

合格への道

もっと成績が良くて当たり前なのに、このテキストの学習方法を知らないために、本来の半分の成績しか得られないとしたら、あなたはどうでしょうか？

著者は、日商PC検定開始当時より、直営のパソコン教室ならびに日商PC検定合格道場の通信講座において長年に渡り多くの受験者の方を支援してきました。また、同時に試験官として毎月、実際の試験に立ち会い、本物の試験問題に接してきました。本書はその経験から生まれた、日商PC検定に「ズバリ合格」するという目標、一点に絞り込んだ教本です。

そのため、ネット試験特有の特殊な試験対応まで踏み込んだ内容になっていますので、普通のパソコン解説書とは違う、異例なテクニックも多く掲載されています。パソコンの使い方にはいろいろな方法がありますが、「ズバリ合格」を目指す方は、本書の独特な解答方法を素直に学習されることをお勧めします。

日商PC検定は、コンピュータが採点するという特殊な試験です。著者は、この独特のシステムを「ネット試験の落とし穴」という言葉でいつも呼んでいます。普通なら「これでも良いのでは？」と思われる操作や処理結果も、ネット試験のコンピュータ採点で認めてくれるとは限らないのです！

日商PC検定1級3科目合格者である著者が、長年の試験実施の経験からつかんだ、この独特のテクニックが満載の本書をぜひ素直に学んでください。

あなたの合格のために！

第2章 レッスン

この章では、Wordの基本的な使い方と、文字入力の基本を学習します。

2-1 ファイルの作成・保存

2-1-1 ファイルの新規作成

Wordを開きます。「白紙の文書」をクリックすると、新しい文書を作成することができます。

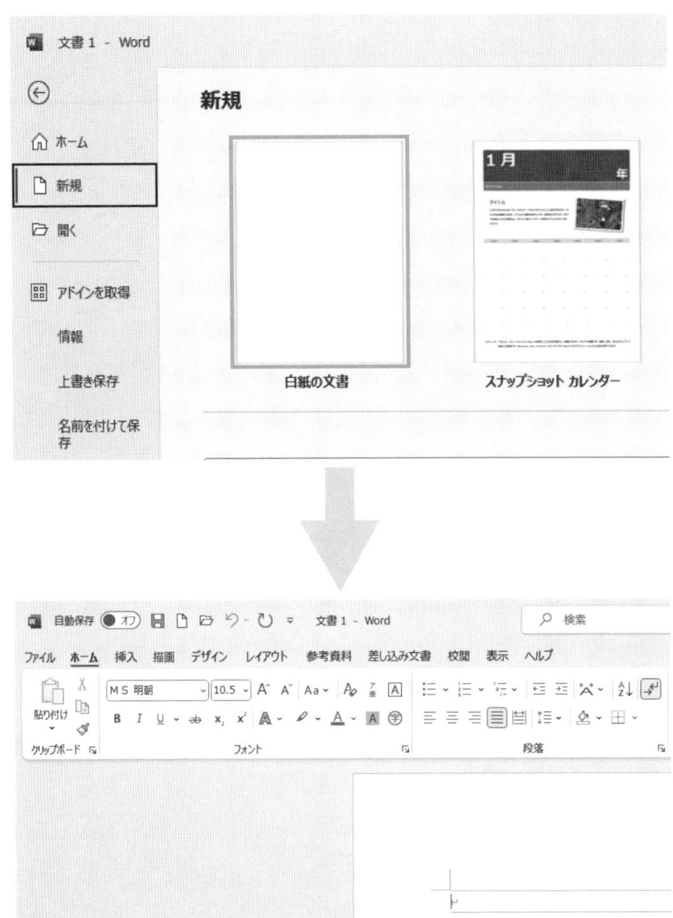

2-1-2 ファイルを開く

「ファイル」をクリックします。

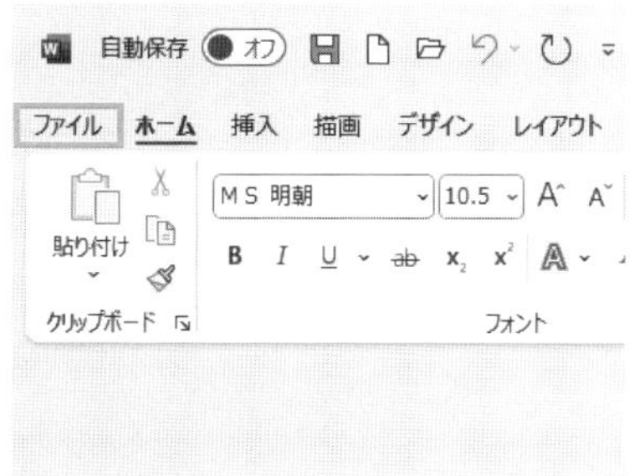

「開く」ボタンをクリックします。「参照」ボタンをクリックすると、「ファイルを開く」というダイアログボックスが開くので、該当するファイルを選択して「開く」ボタンをクリックします。

2-1-3 ファイルの保存

まずは「ファイル」をクリックしてください。

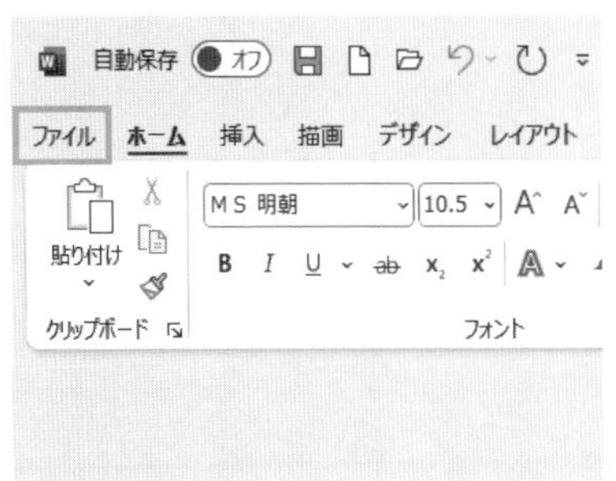

続けて「名前を付けて保存」をクリックします。「参照」ボタンをクリックすると、「名前を付けて保存」というダイアログボックスが開きます。「ファイル名」を入力して「保存」ボタンをクリックしてください。

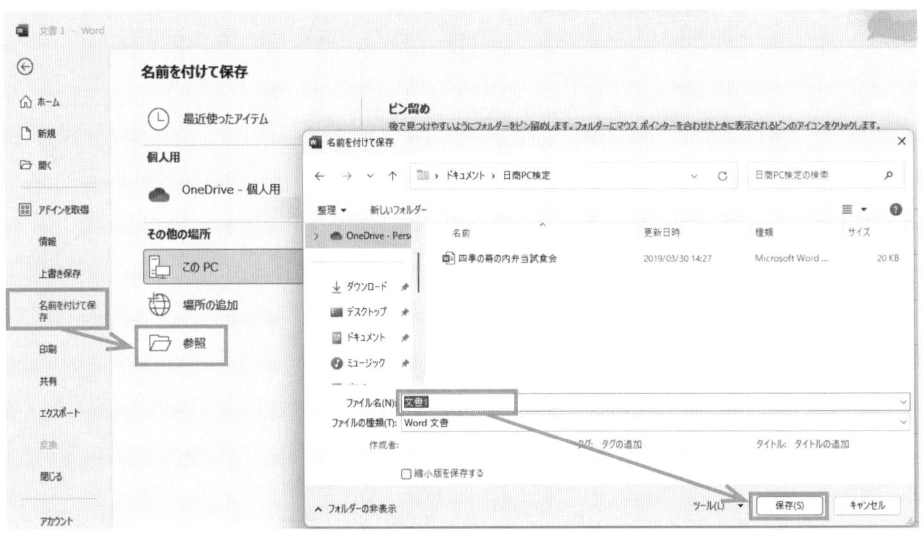

実際の日商PC検定の試験問題は、あらかじめ用意された文書を編集していきますので、新規作成から新しい文書を作成することはありません。

2-2 Wordの基本操作

2-2-1 タブとリボン

「ファイル」「ホーム」「挿入」「レイアウト」が並んでいる部分を「タブ」といいます。また、その下の各種設定に使うボタンが並んでいる部分を「リボン」といいます。

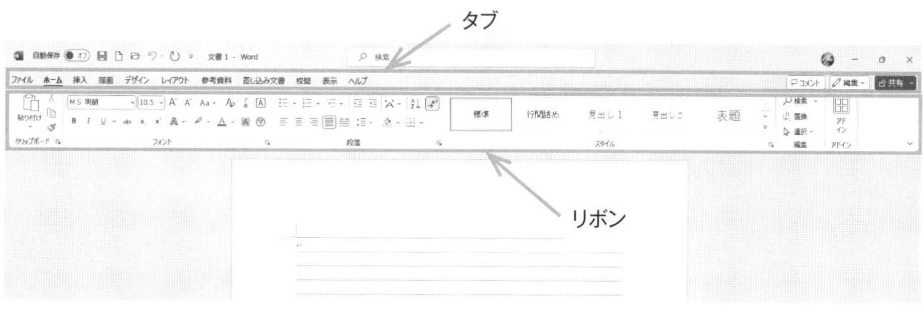

● 「ホーム」タブ

文字の各種設定に使います。

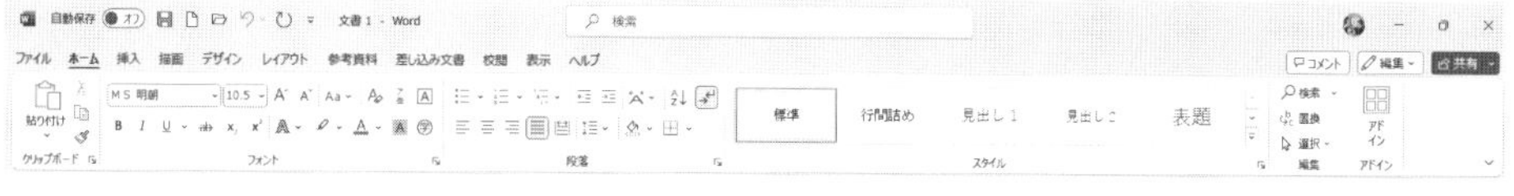

● 「挿入」タブ

「表の挿入」「図形の挿入」に使います。

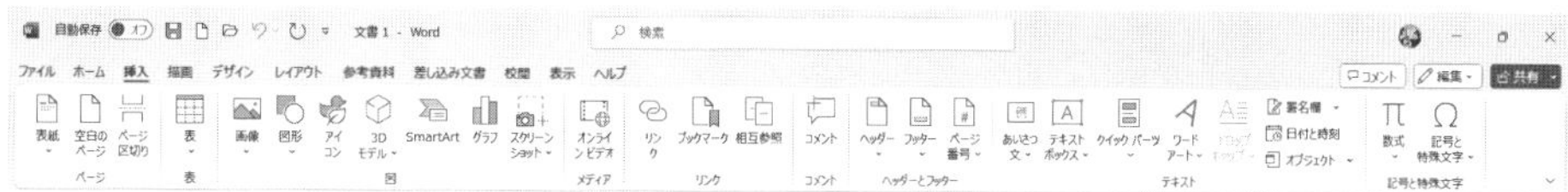

● 「レイアウト」タブ

「ページ設定」に使います。

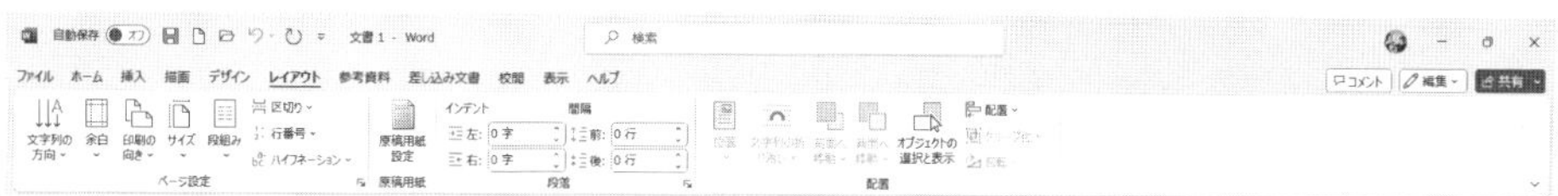

※日商PC検定で使う「タブ」は、「ファイル」「ホーム」「挿入」「レイアウト」のみです。

注意

「タブ」を切り替えるには、タブの文字を1回だけクリックします。2回クリックしてしまうと、リボン自体の表示／非表示を切り替える操作となってしまいます。リボンが非表示になっている場合は、タブの文字を再度ダブルクリックすると再表示されます。

2-2-2 Wordの画面表示

次に、Wordの画面表示について説明します。

● グリッド線の表示

ノートのように1行ずつ線が表示されます。この線をグリッド線といいます。この線は、「表示」タブをクリックして、「グリッド線」にチェックを入れると表示されます。

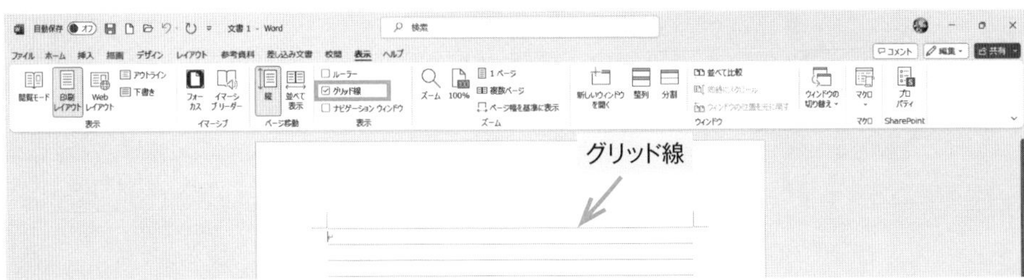

非表示の状態では、用紙全体が白紙の状態になります。

● 文字入力画面と編集記号の表示・非表示

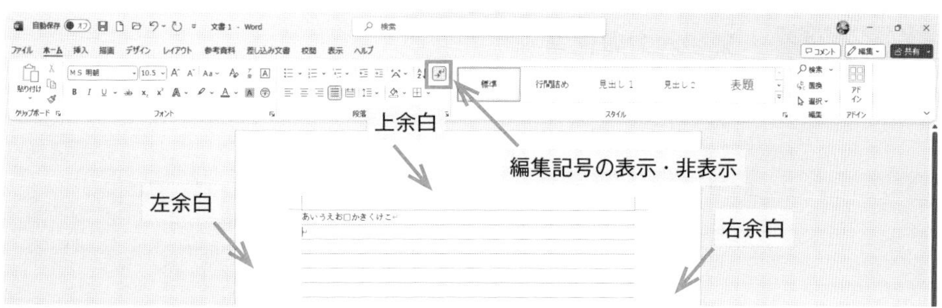

・カーソル：文字を入力する位置を示しています。
・改行マーク：行の終わりに表示されます。
・空白（スペース）：1文字分の空白が入っていることを表しています。

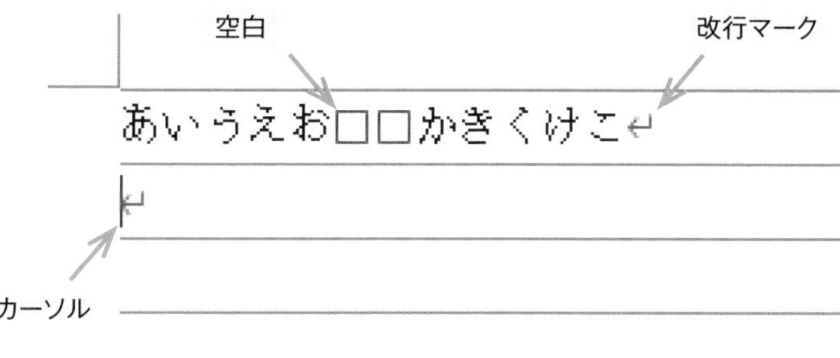

確認

「編集記号の表示・非表示」ボタンをクリックしてONにしておくと、全角の空白文字を表す□の印が表示されます。この□は印刷されません。

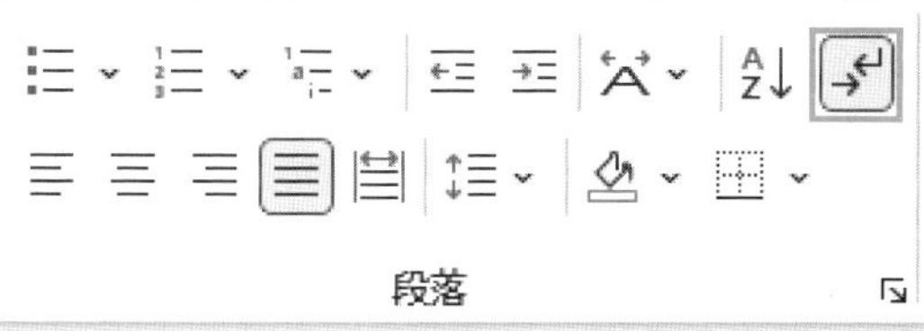

2-2-3 文字入力の練習

キーボードの基本的なキーの配置は以下の通りです。

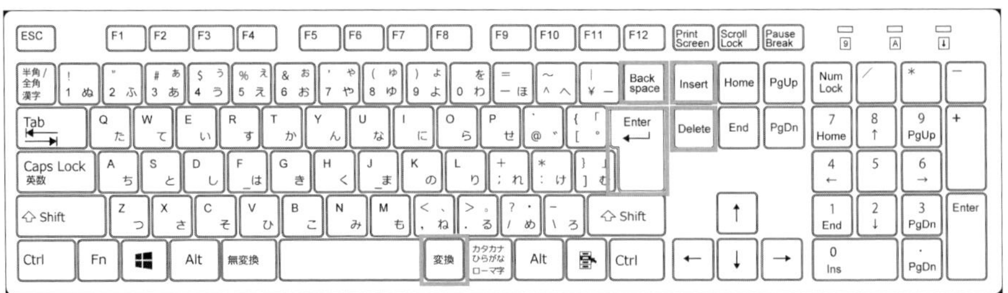

入力の練習をしてみましょう。

●変換キー： 入力した文字を漢字に変換する際に使います。

「しかく」と入力して変換キーを押してください。 すると、変換候補が表示されます。 「しかく」には、漢字の「資格」「四角」もあれば、記号の「□」などもあります。

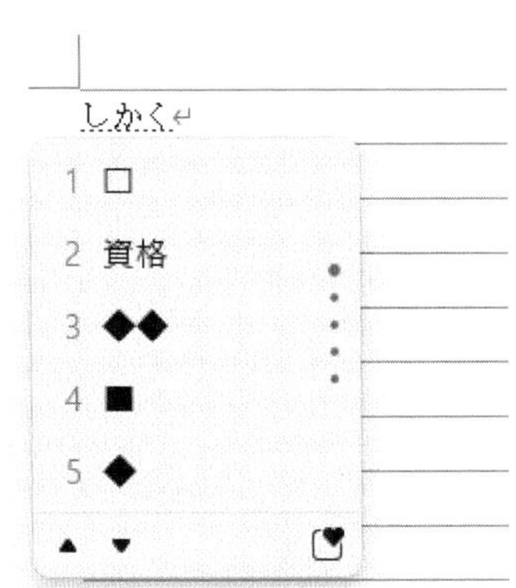

●Enterキー： 変換した文字を確定する際に使います。 また、改行（新しい行を作成する）にも用います。

Enter

「資格」を選択して、Enterキーを押してください。 文字を確定できます。

資格

続けてEnterキーを押してください。改行（新しい行）ができます。

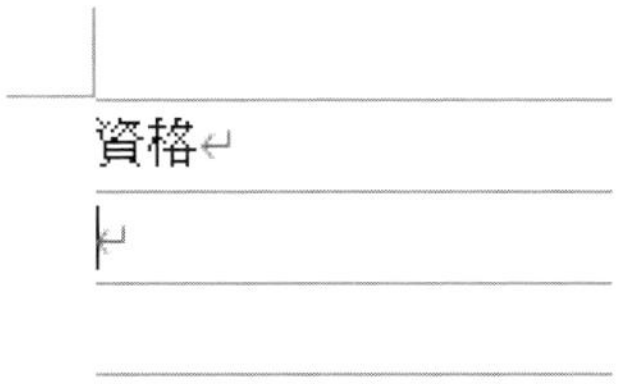

資格↵
↵

2行目に「しけん」と入力して「試験」に変換して確定してください。

資格↵
試験↵

●Backspaceキー：カーソルの前にある文字を削除します。
1行目の「資格」の文字の間をマウスでクリックして、Backspaceキーを押してください。「資格」の「資」の文字が削除されます。

Back space

資格↵
試験↵

格↵
試験↵

●Deleteキー：カーソルの後ろにある文字を削除します。
「格」の前にカーソルがあることを確認して、Deleteキーを押してください。カーソルの後ろにある「格」の文字を削除することができます。

Delete

格↵
試験↵

↵
試験↵

2-2-4 上書きモードと挿入モード

Wordは、通常、文字と文字の間に新たに文字を入力すると、「挿入モード」といって、間に文字が追加されます。ですが、Insertキーを押すと、「上書きモード」に切り替わり、元々入力されていた文字を上書きしながら入力するモードになります。2つのモードの違いを理解しておきましょう。

Insertキー：上書きモードと挿入モードを切り替えます。 Insert

●挿入モード：文字が追加されます。
「試験」の文字の前にカーソルを置いて、「資格」という文字を入力してください。入力後は「資格試験」となります。

「資格」の文字を、Backspaceキーを使って削除してください。

キーボードの「Insert」というキーを押して、上書きモードに切り替えてください。

●上書きモード：元からある文字が上書きされていきます。
再度「資格」という文字を入力してみましょう。

元々あった「試験」という文字が上書きされて消えてしまいました。
再度Insertキーを押して、「挿入モード」に切り替えておきましょう。

確認

文字を入力している最中に、カーソルの後ろにあった文字が消えている場合、文字入力の状態が「上書きモード」になっています。Insertキーを押して、「挿入モード」に戻しましょう。

2-3 大文字/小文字、半角/全角の変換

2-3-1 ファンクションキーの使い方

キーボード上段にある「F」のついたキーを「ファンクションキー」といいます。今回使うのは、F7・F8・F9・F10の4つです。

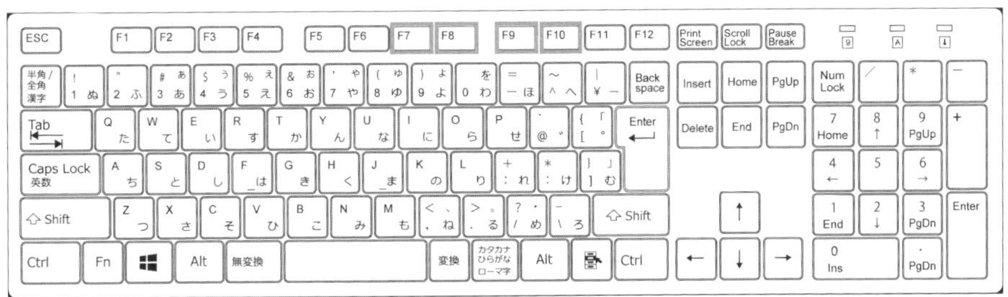

●全角カタカナ「F7」と半角カタカナ「F8」

「あいうえお」と入力して、キーボードのF7キーを押してください。全角カタカナに変換できます。Enterキーで確定してください。

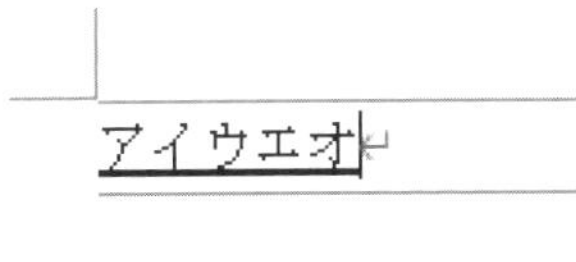

続いて、Enterキーで改行して、2行目に「あいうえお」と入力し、F8キーを押してください。半角カタカナに変換されます。Enterキーで確定してください。

アイウエオ
ｱｲｳｴｵ

カタカナに変換するのは、「変換」キーを使っても可能ですが、「変換」キーではカタカナ以外にも漢字などすべての変換候補が表示され、その中から選択する必要があります。一発でカタカナ変換するには、F7キーが便利です。なお、日商PC検定では、F8キーを使った半角カタカナを使うケースはありませんが、一緒に覚えておきましょう。

●全角英数字「F9」と半角英数字「F10」

「全角英数字」は、ひらがな文字1文字分と同じ幅の英数字です。「半角」は、全角の半分の幅の文字です。

「あいうえお」と入力して、F9キーを押してください。

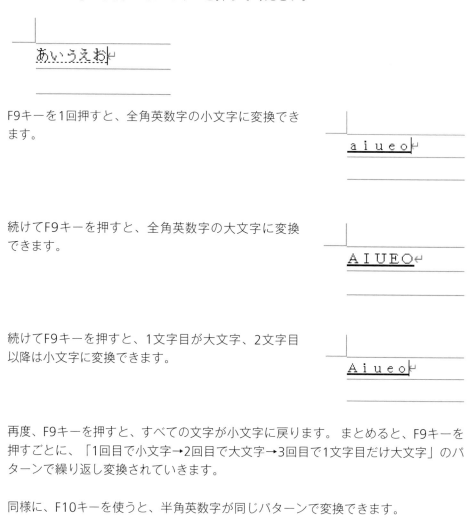

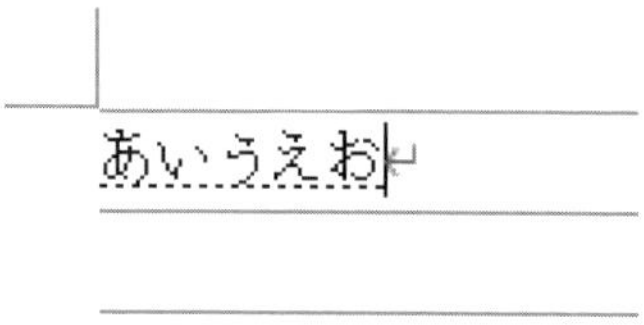

あいうえお

F9キーを1回押すと、全角英数字の小文字に変換できます。

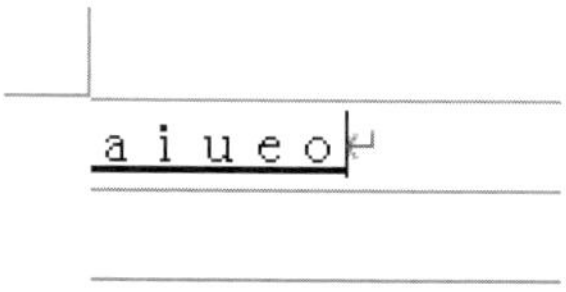

ａｉｕｅｏ

続けてF9キーを押すと、全角英数字の大文字に変換できます。

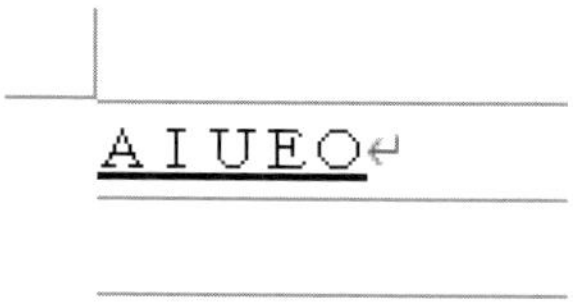

ＡＩＵＥＯ

続けてF9キーを押すと、1文字目が大文字、2文字目以降は小文字に変換できます。

Ａｉｕｅｏ

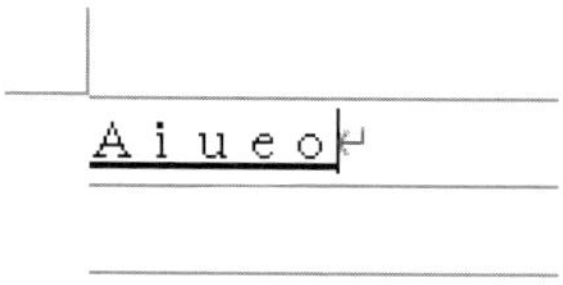

再度、F9キーを押すと、すべての文字が小文字に戻ります。まとめると、F9キーを押すごとに、「1回目で小文字→2回目で大文字→3回目で1文字目だけ大文字」のパターンで繰り返し変換されていきます。

同様に、F10キーを使うと、半角英数字が同じパターンで変換できます。

▼F10キー1回　▼F10キー2回　▼F10キー3回

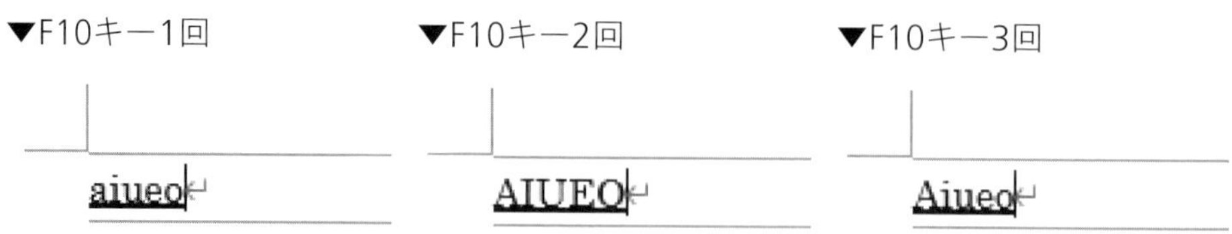

✓ チェック

以下の単語はどのように入力するのでしょうか?

・ＷＯＲＤ
・Ｗｅｂページ
・ＦＡＸ番号

まず、「ＷＯＲＤ」はキーボードで「W」「O」「R」「D」と続けて入力すると、「をｒｄ」という文字になります。そのまま、F9キーを2回押すと、「ＷＯＲＤ」という大文字になります。
次に、「Ｗｅｂページ」は「W」「E」「B」と入力すると「うぇｂ」という文字になります。F9キーを3回押すと、「Ｗｅｂ」という英単語になります。続いて「ぺーじ」と入力して、F7キーを1回押してカタカナに変換します。
「ＦＡＸ番号」は、「F」「A」「X」と入力して、F9キーを2回押します。続いて「ばんごう」と入力し、変換キーを押して漢字に変換します。

2-3-2 全角の数字と半角の数字

数字にも「全角」と「半角」があります。間違えないように入力しましょう。下の画像の1行目の全角数字は文字１文字分と同じ幅、2行目の半角数字は1文字分の半分の幅の文字です。

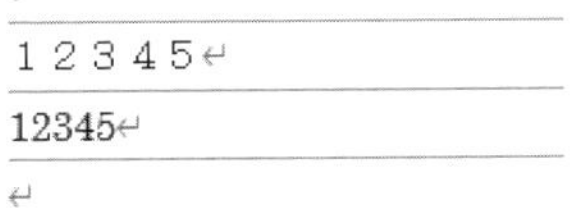

１２３４５
12345

数字の「9」と、文字で「がつ」と入力して変換キーを押してください。

９月

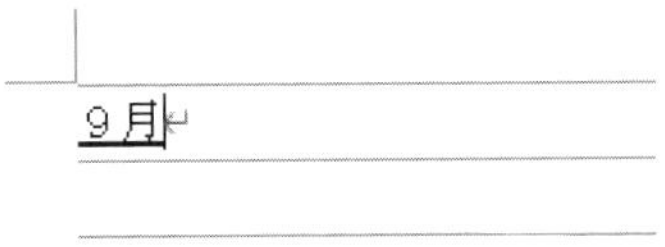

再度、変換キーを押してください。「9月」にもいろいろな「9月」の文字があります。

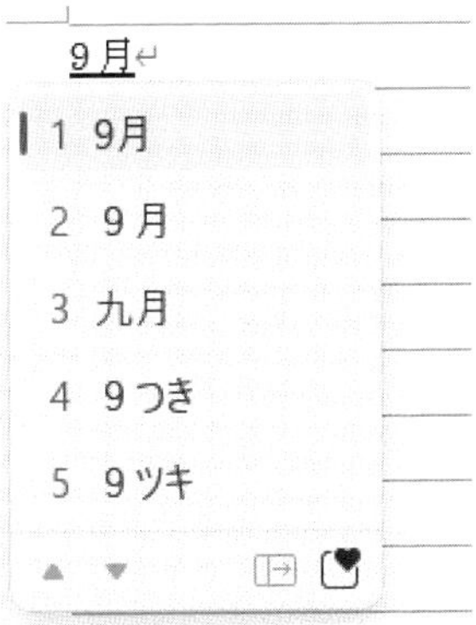

９月

1 9月
2 ９月
3 九月
4 9つき
5 9ツキ

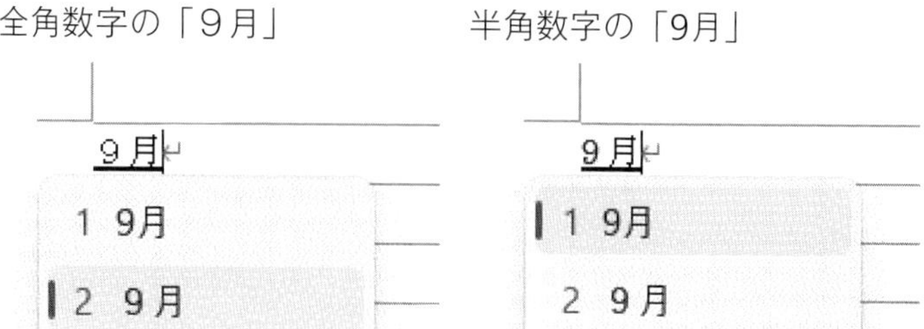

全角・半角の区別がつきにくい場合は、数字の「9」と入力したら、Enterキーで確定します。その後、「つき」もしくは「がつ」と入力して変換キーで漢字に変換してください。数字は数字だけを入力して確定し、文字は漢字の部分だけを入力して変換するのがコツです。

練習として、時間を入力してみましょう。1行目は全角数字の「１２：００」、2行目は半角数字の「12:00」です。数字の幅が全く異なるのがわかります。

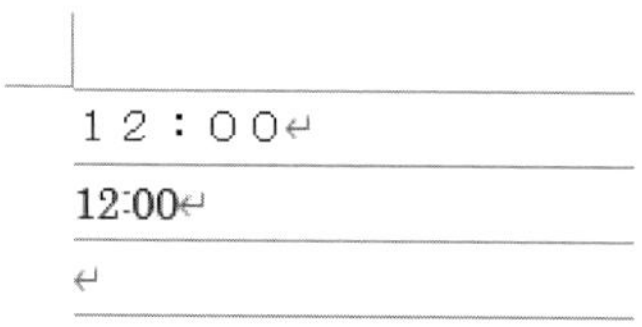

注意

日商PC検定では、全角と半角の数字は区別されます。正しく入力しましょう。

第3章 トレーニング

ここからの練習問題は、文書を編集していく形式の練習問題です。日商PC検定の試験で必要となるスキルを学習します。問題に登場する元号・西暦が今と異なる場合がありますが、指示に従ってファイルの修正などを行うようにしてください。

●ファイルをダウンロードする

まず、Microsoft Edgeを起動してください（Webブラウザであればなんでもかまいません）。

次に、「検索またはWebアドレスを入力」と表示されている欄に以下のURLを入力して、Enterキーで確定します。

https://gihyo.jp/book/2024/978-4-297-13971-1

本書のサポートページの「nissho_bunsho3.zip」をクリックして、「保存」ボタンをクリックして、ダウンロード先のフォルダーを開きます（通常は「ダウンロード」フォルダーが開きます）。

●ダウンロードファイルを展開する

ダウンロードした「nissho_bunsho3」を右クリックします。表示されたメニューのうち、「すべて展開」をクリックし、「展開」ボタンをクリックしてください。展開すると「nissho_bunsho3」フォルダーが作成されるので、このフォルダーを「ドキュメント」フォルダーにコピーしてください。

●ファイルを開く

「nissho_bunsho3」フォルダーの中に練習問題で使うファイルが保存されています。「第3章　トレーニング」のフォルダーには、1~5節それぞれのフォルダーがあり、その中に、各練習問題で使用するWordファイルが入っています。

1. 書式設定
2. 箇条書きと段落番号
3. 表
4. 図形
5. スタイル

●ビジネス文書の基本形式

一般的なビジネス文書の形式です。文書番号、発信日付、あて先、発信者名、標題の位置と順番を覚えておきましょう。

文書番号

総２３－９１０

あて先　　発信日付　令和５年９月１０日

お客様各位

ＦＦ住宅株式会社

発信者　取締役社長□高橋雄二

標題　事務所移転のご挨拶

頭語　あいさつ文

拝啓□初秋の候、ますますご清栄のこととお慶び申し上げます。平素は格別のお引き立てをいただき、厚く御礼申し上げます。

□このたび、弊社大阪支店が、下記に移転することになり１０月１０日（火）より営業を開始することになりました。

□まずは略儀ながら、書中をもってご通知かたがたご案内申し上げます。

結語　敬具

記書き

箇条書き

記

●→新住所　→　〒542-0075□大阪市中央区●●478-445

→　→　→　→　電話□（06）4321-XXXX

以上

3-1 書式設定

3-1-1 書式設定の練習　初級

フォルダー「1.書式設定」の「書式設定の練習問題【1】」を開いてください。

令和５年１２月８日
企画部長□佐伯様
企画部企画課□藤島透

セミナー受講報告書

標記の件、下記の通りご報告いたします。

記
件名 → ビジネス文書作成講座
日時 → 令和５年１２月４日（月）９：００～１６：００
会場 → 池田会館３階
受講料金 → １０，０００円（テキスト代含む）
以上

以下の指示に従って、文書を編集してください。

①発信日付を「右揃え」にしてください。
②あて先を、「企画部長　加藤様」に変更してください。
③発信者名を「右揃え」にしてください。
④標題「セミナー受講報告書」を、拡大し、下線を付け、中央に配置してください。
⑤標題の下線を「二重下線」に変更してください。

解説

①発信日付を「右揃え」にしてください。

発信日付「令和5年12月8日」の行の左余白部分にマウスを合わせ、マウスポインタが白い矢印 の形に変わったら、マウスで1回クリックします。 すると、1行目全体を選択できます。

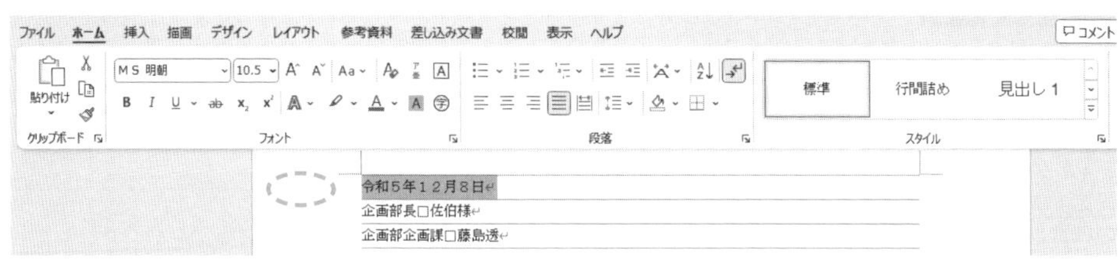

「ホーム」タブにある「右揃え」のボタンをクリックします。

1行目の発信日付が用紙の右端に移動になりました。 発信日付は「右揃え」が基本です。

1行全体を選択したい場合は、その行の左余白部分をクリックするのが便利です。
また、クリックしたままマウスを上下に動かせば、行単位で選択範囲を広げることができます。

②あて先を、「企画部長　加藤様」に変更してください。

あて先の名前「佐伯」の後ろをマウスでクリックしてください。

令和５年１２月８日↵
企画部長□佐伯様↵
企画部企画課□藤島透↵
↵

Backspaceキーを2回押して「佐伯」の文字を削除します。

令和５年１２月８日↵
企画部長□様↵
企画部企画課□藤島透↵
↵

カーソルの位置はそのままで「かとう」と入力し漢字に変換します。

令和５年１２月８日↵
企画部長□加藤様↵
企画部企画課□藤島透↵
↵

③発信者名を「右揃え」にしてください。

発信者名「企画部企画課　藤島透」の行の左余白部分をマウスでクリックし選択します。

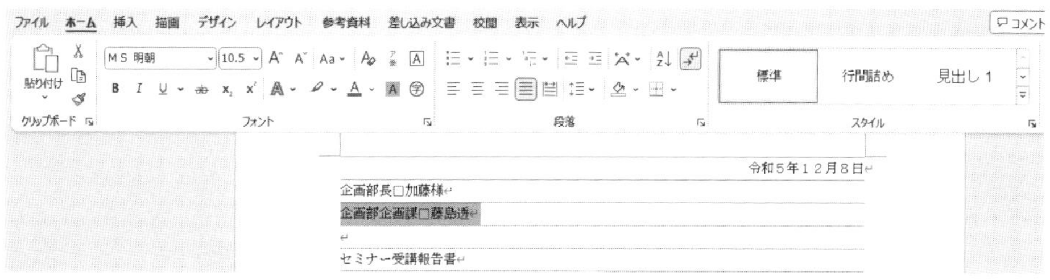

「ホーム」タブにある「右揃え」ボタンをクリックします。

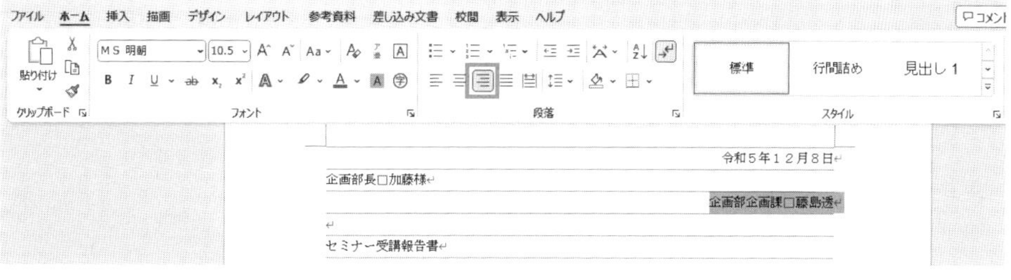

発信日付、発信者名は、「右揃え」が基本です。

④標題「セミナー受講報告書」を、拡大し、下線を付け、中央に配置してください。

標題「セミナー受講報告書」の行を選択します。

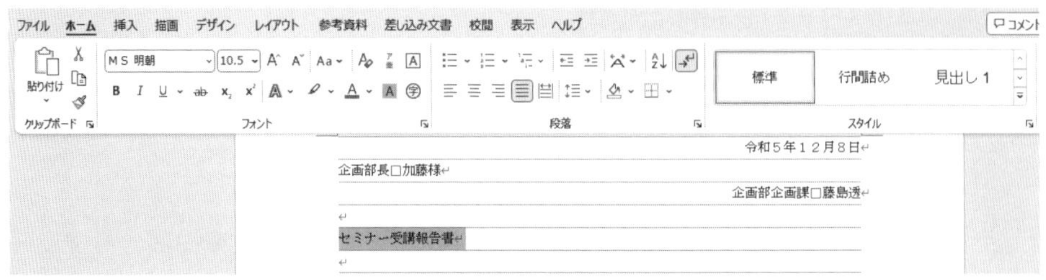

「ホーム」タブにある「フォントサイズ」の「▼」をクリックして、文字の大きさを表す数字を「14」ポイントに変更します。

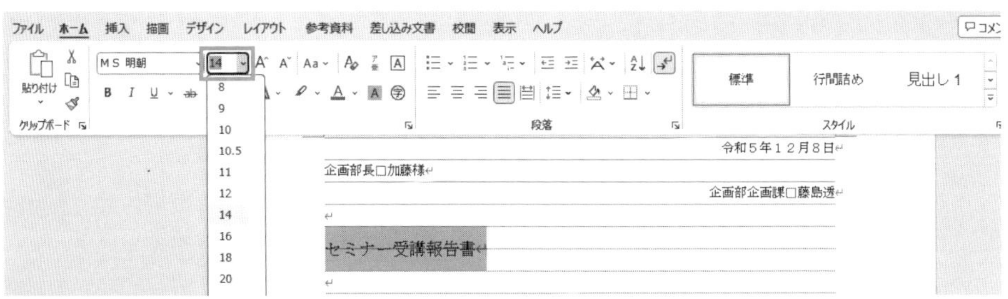

注　意

文書作成の試験で、「拡大」を問われたら、基本的には「フォントサイズ」を大きくする、すなわち文字のサイズを大きくすることをいいます。この時の「サイズ」は、「14」もしくは「16」くらいを選択するようにしてください。大きすぎず、かといって、小さいままではいけません。

続けて「ホーム」タブにある「下線」ボタンをクリックします。

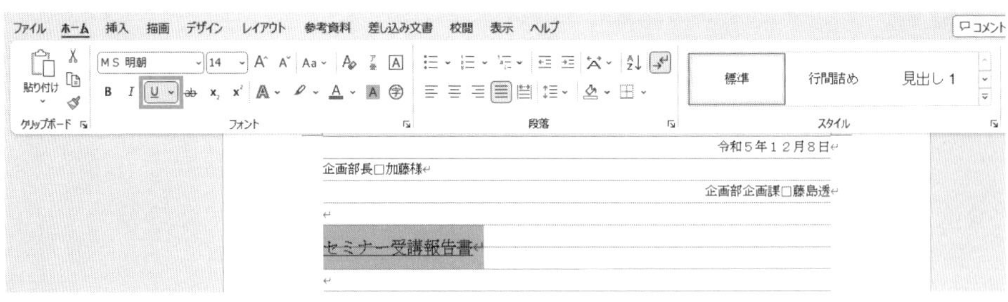

「ホーム」タブにある「中央揃え」ボタンをクリックします。

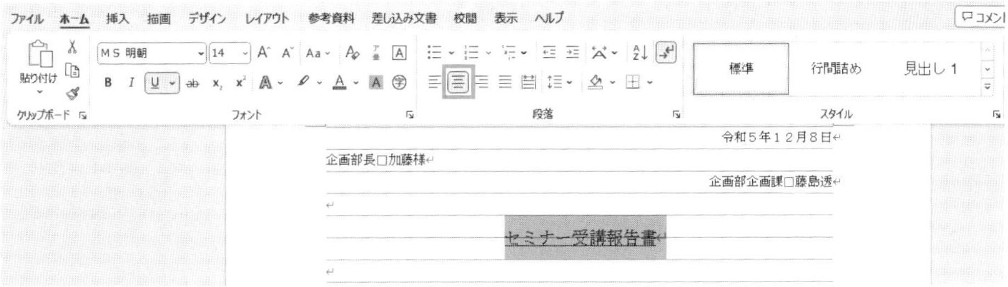
ファイル ホーム 挿入 描画 デザイン レイアウト 参考資料 差し込み文書 校閲 表示 ヘルプ
貼り付け
クリップボード
MS 明朝
14
フォント
段落
標準
行間詰め
見出し 1
スタイル
令和５年１２月８日
企画部長□加藤様
企画部企画課□藤島透
セミナー受講報告書

⑤標題の下線を「二重下線」に変更してください。

標題の行を選択し、「ホーム」タブにある「下線」ボタンの「▼」をクリックして、線の種類の一覧から「二重下線」をクリックします。下線の種類を変更できます。

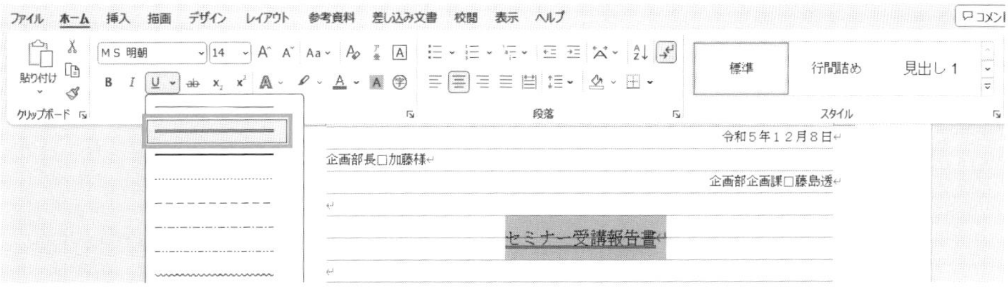
ファイル ホーム 挿入 描画 デザイン レイアウト 参考資料 差し込み文書 校閲 表示 ヘルプ
貼り付け
クリップボード
MS 明朝
14
段落
標準
行間詰め
見出し 1
スタイル
令和５年１２月８日
企画部長□加藤様
企画部企画課□藤島透
セミナー受講報告書

●完成見本

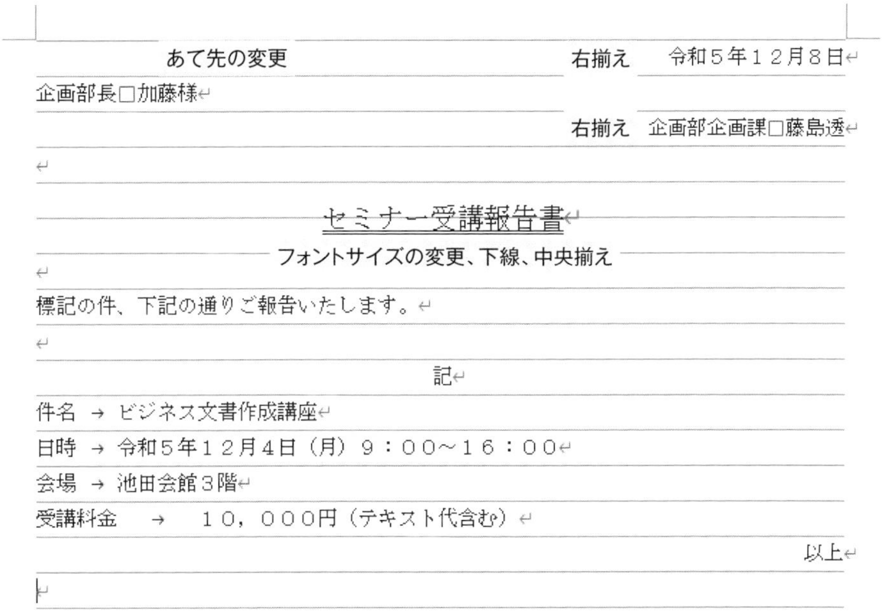
あて先の変更
右揃え
令和５年１２月８日
企画部長□加藤様
右揃え
企画部企画課□藤島透
セミナー受講報告書
フォントサイズの変更、下線、中央揃え
標記の件、下記の通りご報告いたします。
記
件名 → ビジネス文書作成講座
日時 → 令和５年１２月４日（月）９：００～１６：００
会場 → 池田会館３階
受講料金 → １０，０００円（テキスト代含む）
以上

「印刷レイアウト」と「閲覧モード」の違い

Wordの画面は、通常「印刷レイアウト」という表示になっており、文書を印刷した状態と同じ状態を確認しながら文書を編集することができます。

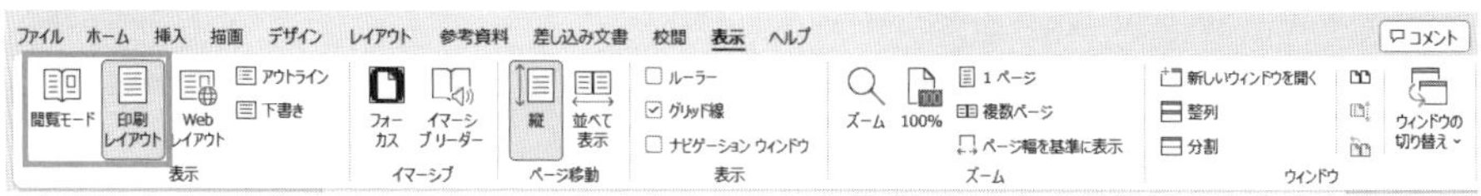

これに対して、「閲覧モード」は閲覧専用となり、文書に変更を加えることができません。

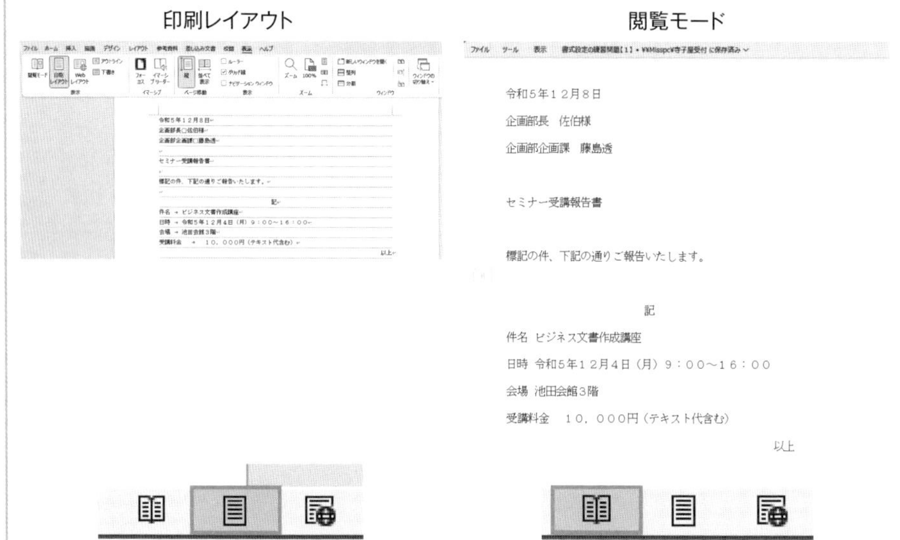

閲覧モードではリボンが非表示となるため、文書を編集できる状態に戻すには、画面右下にあるアイコンをクリックして、「印刷レイアウト」に切り替えます（「表示」メニューから「文書の編集」を選択することでも戻れます）。

3-1-2 書式設定の練習　中級

フォルダー「1.書式設定」の「書式設定の練習問題【2】」を開いてください。

人発１２４１号
令和５年４月１日
新入社員各位
教育課長□横山道弘

５年度社員研修について

　社員教育の一環として、下記の要領でマナー研修を実施します。
　この研修は、当社の社員として、社会人としてのマナーを身に付けることを目標としたプログラムです。

記
場所 → 本社本館□研修センター５階□５０１～５０３号室
講師 → ビジネス教育センターマナーインストラクター□高田□和子氏
日時 → ４月６日（木）１０：００～１６：００
以上

以下の指示に従って、文書を編集してください。

①文書番号を「人発2343号」に変更し、右揃えにしてください。
②発信日付を「2023年4月3日」に変更し、右揃えにしてください。
③標題は、「2023年新入社員教育研修について」として、囲み線と文字の網かけをつけ、用紙の中央に配置してください。
④標題の文字を、文字の拡大150%にしてください。
⑤記書きの項目名「場所」「講師」「日時」の文字を、3文字に均等割り付けしてください。
⑥「新入社員の方は、必ず参加してください。」という文章を、新しい段落として適切な箇所に入力してください。

解説

①文書番号を「人発2343号」に変更し、右揃えにしてください。

文書番号の数字を「2343」に変更します。

人発２３４３号
令和５年４月１日
新入社員各位
教育課長□横山道弘

この時の数字は、「全角数字」を使うようにしてください。元から入力されている数字が「全角」なので、元ファイルに合わせます。

「全角数字」と「半角数字」の違いは、以下のように並べてみると、よくわかります。

人発２３４３2343号
令和５年４月１日
新入社員各位

注意

日商PC検定の試験では、全角か半角の区別は、原則として元のファイルに合わせます。元ファイルに入力されている数字が全角なら、新たに入力する数字も全角で入力してください。

1行目を選択して、「ホーム」タブの「右揃え」ボタンをクリックします。

②発信日付を「2023年4月3日」に変更し、右揃えにしてください。

発信日付を「2023年4月3日」と変更します。この数字も「全角」で入力してください。

2行目を選択して、「ホーム」タブの「右揃え」ボタンをクリックします。

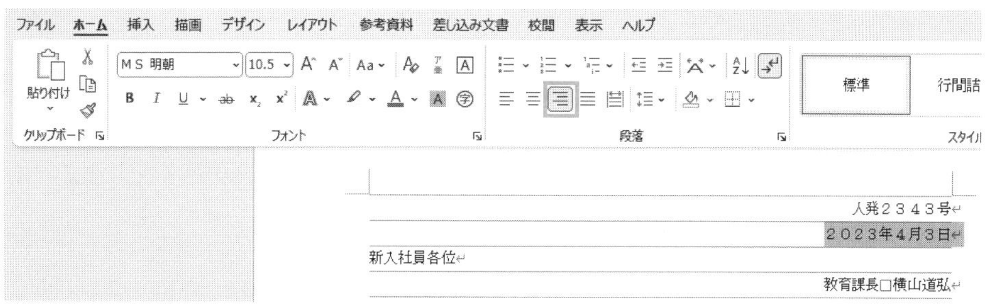

③標題は、「2023年新入社員教育研修について」として、囲み線と文字の網かけをつけ、用紙の中央に配置してください。

標題の文字を、「2023年新入社員教育研修について」に修正します。

新入社員各位

教育課長□横山道弘

２０２３年新入社員教育研修について

標題の行を選択して、「ホーム」タブの「囲み線」「文字の網かけ」「中央揃え」のボタンをそれぞれクリックします。

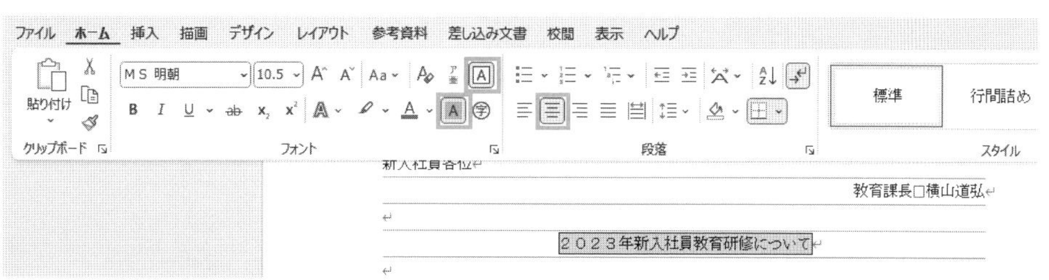

④標題の文字を、文字の拡大150%にしてください。

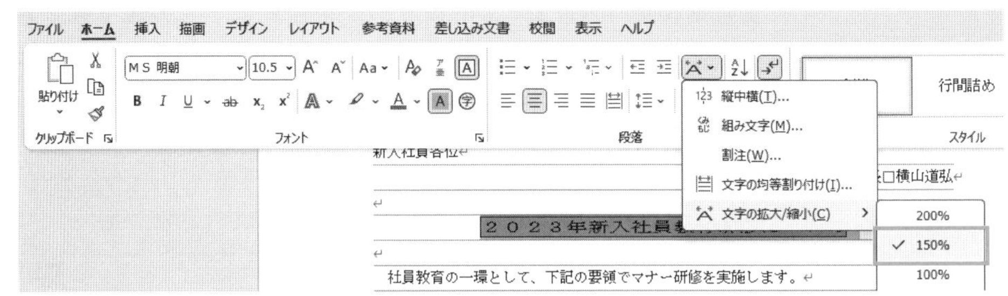

注　意

「フォントサイズの拡大」と「文字の拡大150%」は、意味が違います。間違えないようにしましょう！「文字の拡大150%」は、フォントサイズはそのままで、文字の横幅だけを拡大しています。

⑤記書きの項目名「場所」「講師」「日時」の文字を、3文字に均等割り付けしてください。

以下のように変更してください。

[1] 記書きの「場所」の文字をドラッグして選択します。
[2]「ホーム」タブの「均等割り付け」のボタンをクリックします。
[3]「新しい文字列の幅」を「3字」に設定してください。
[4]「OK」をクリックします。

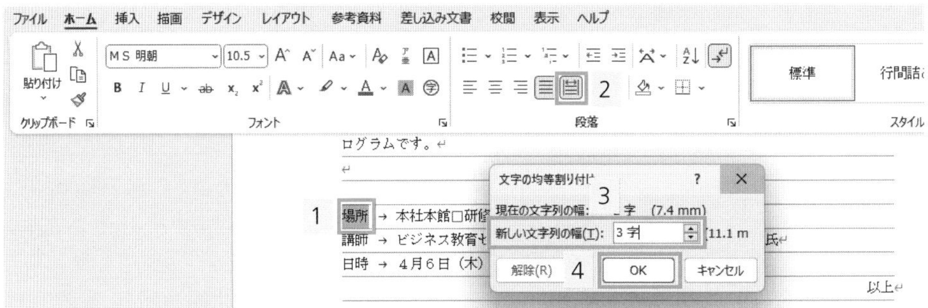

同様に、「講師」の文字、「日時」の文字も3文字に均等割り付けします。2回目以降は、「均等割り付け」のボタンをクリックすると、「新しい文字列の幅」は、すでに「3」文字になっているので、文字数はそのままで「OK」ボタンだけをクリックしてください。

記

場　所→本社本館□研修センター５階□５０１～５０３号室

講　師→ビジネス教育センターマナーインストラクター□高田□和子氏

日　時→４月６日（木）１０：００～１６：００

以上

⑥「新入社員の方は、必ず参加してください。」という文章を、新しい段落として適切な箇所に入力してください。

「プログラムです。」の後ろをマウスでクリックします。

社員教育の一環として、下記の要領でマナー研修を実施します。
この研修は、当社の社員として、社会人としてのマナーを身に付けることを目標としたプログラムです。

記

Enterキーを押して改行し、新しい段落（行）を作ります。

社員教育の一環として、下記の要領でマナー研修を実施します。
この研修は、当社の社員として、社会人としてのマナーを身に付けることを目標としたプログラムです。

記

新しい段落（行）に、指示された文章を入力します。

社員教育の一環として、下記の要領でマナー研修を実施します。
この研修は、当社の社員として、社会人としてのマナーを身に付けることを目標としたプログラムです。
新入社員の方は、必ず参加してください。

ポイント

「新しい段落に入力」という指示には、Enterキーで改行し、新しい行を作成して入力していきます。

●完成見本

右揃え　人発２３４３号
右揃え　２０２３年４月３日
新入社員各位
教育課長□横山道弘
標題の変更・囲み線・文字の網かけ・中央揃え・文字の拡大150%
２０２３年新入社員教育研修について

社員教育の一環として、下記の要領でマナー研修を実施します。
この研修は、当社の社員として、社会人としてのマナーを身に付けることを目標としたプログラムです。
新入社員の方は、必ず参加してください。　新しい段落に入力

記
場　所→本社本館□研修センター５階□５０１～５０３号室
講　師→ビジネス教育センターマナーインストラクター□高田□和子氏
日　時→４月６日（木）１０：００～１６：００
3文字に均等割り付け　以上

3-1-3 書式設定の練習　上級

フォルダー「1.書式設定」の「書式設定の練習問題【3】」を開いてください。

令和５年１０月２５日↵
スマイル販売株式会社↵
株式会社スプリング↵
営業部□大山和樹↵
↵
年賀状ソフトセミナー開催のお知らせ↵
↵
拝啓□ますますご清祥のこととお喜び申しあげます。↵
敬具↵
↵

以下の指示に従って、文書を編集してください。

①文書番号「営業1025号」を、適切な位置に挿入してください。
②発信日付を適切な位置に配置してください。
③文書のあて先に「販売部長　今村真一」を追加し、適切な敬称をつけてください。
④発信者名を、適切な位置に配置してください。
⑤標題は、文字を拡大し、下線をつけ、中央に配置してください。
⑥発信日付に合わせた時候の挨拶を次から選んで、適切な位置に挿入してください。
【語群】秋冷の候、　初秋の候、　向寒の候、
⑦挨拶文の下に、「このたび、わが社では、使いやすさで評判の年賀状ソフトのセミナーを下記のとおり開催いたします。」の文章を、新しい段落として追加入力してください。
⑧上記で追加した文章の冒頭に、適切な語句を次の語群から選んで挿入してください。
【語群】つきましては、　ところで、　まずは、　さて、
⑨「敬具」の次の行に、記書きとして、以下の内容を追加入力してください。

敬具↵
記↵
日□程：□□令和５年１１月２０日（月）↵
時□間：□□１０：００～１５：００↵
定□員：□□１５名（先着順□定員になり次第締め切ります）↵
受講料：□□５，０００円（税込）↵
会□場：□□株式会社スプリング□２階パソコン室↵
以上↵
↵

⑩記書きの内容に、箇条書き記号の「●」をつけてください。
⑪「以上」の次の行に、「※　受講料は当日徴収いたします。」と入力してください。

解説

①文書番号「営業1025号」を、適切な位置に挿入してください。

1行目「令和」の前にカーソルを置いてEnterキーで改行します。

令和５年１０月２５日↵
スマイル販売株式会社↵
株式会社スプリング↵
営業部□大山和樹↵

↵
令和５年１０月２５日↵
スマイル販売株式会社↵
株式会社スプリング↵
営業部□大山和樹↵

新しく作成した1行目に、文書番号「営業1025号」と入力します。

営業１０２５号↵
令和５年１０月２５日↵
スマイル販売株式会社↵
株式会社スプリング↵

1行目を選択して「右揃え」ボタンをクリックします。

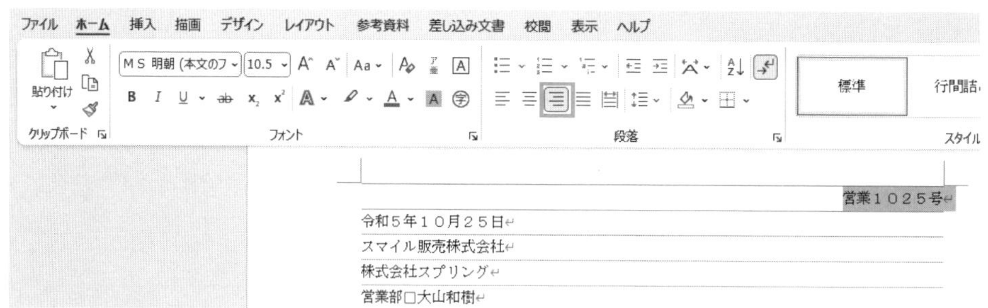

②発信日付を適切な位置に配置してください。

2行目の発信日付の行を選択して「右揃え」ボタンをクリックします。

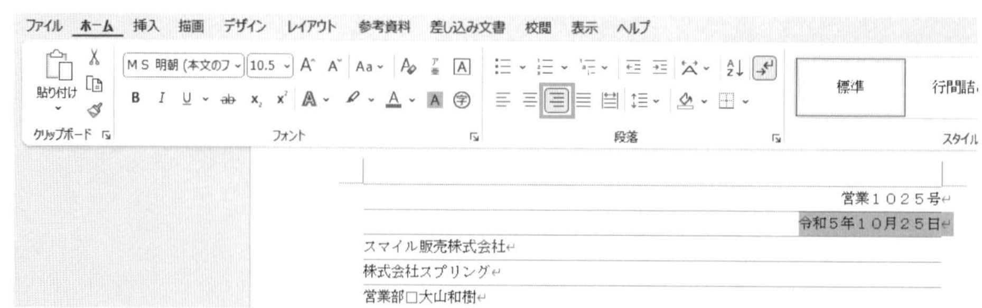

③文書のあて先に「販売部長　今村真一」を追加し、適切な敬称をつけてください。

「スマイル株式会社」の後ろにカーソルを置いて、Enterキーで改行します。

営業１０２５号
令和５年１０月２５日
スマイル販売株式会社

株式会社スプリング
営業部□大山和樹

会社名と役職名は2行に分けて記入します。役職名の前は1文字空け、個人名には、敬称「様」をつけます。

営業１０２５号
令和５年１０月２５日
スマイル販売株式会社
□販売部長□今村真一□様
株式会社スプリング
営業部□大山和樹

敬称の付け方

- 御中：会社・団体・部署・課
- 様　：個人名
- 先生：講師・恩師・医師

④発信者名を、適切な位置に配置してください。

発信者名の行を、2行ドラッグして選択し、右揃えにします。

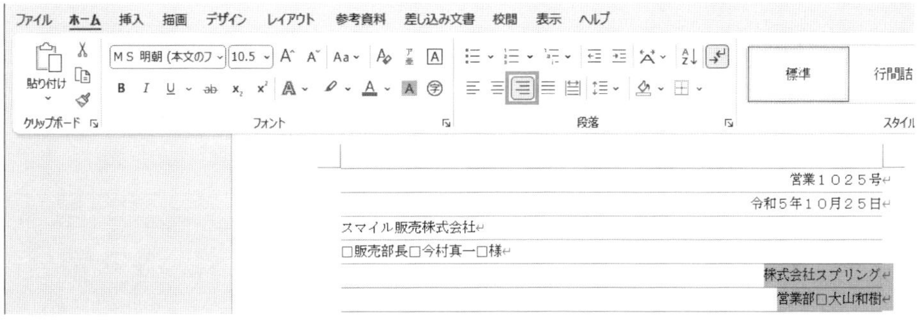

⑤標題は、文字を拡大し、下線をつけ、中央に配置してください。

⑥発信日付に合わせた時候の挨拶を次から選んで、適切な位置に挿入してください。

【語群】秋冷の候、　初秋の候、　向寒の候、

以下のようにして変更してください。

[1]「拝啓」の後ろ、「ますます」の前にカーソルを置きます。
[2]「挿入」タブをクリックします。
[3]「あいさつ文」のボタンをクリックします。
[4]「あいさつ文の挿入」をクリックします。

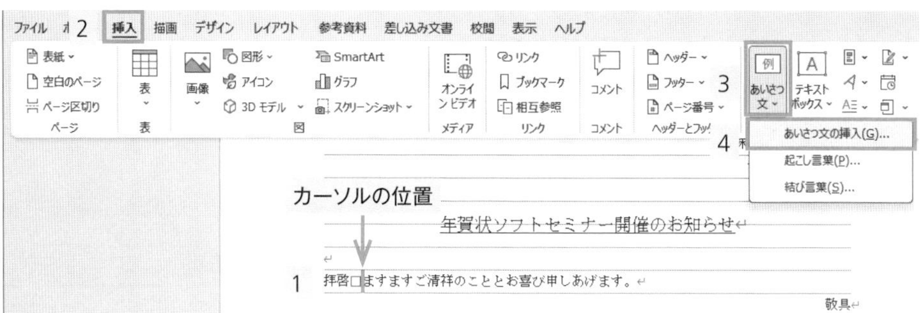

「あいさつ文」ダイアログボックスが開きます。「月のあいさつ」の数字を、発信日付に合わせて「10」を選択します。

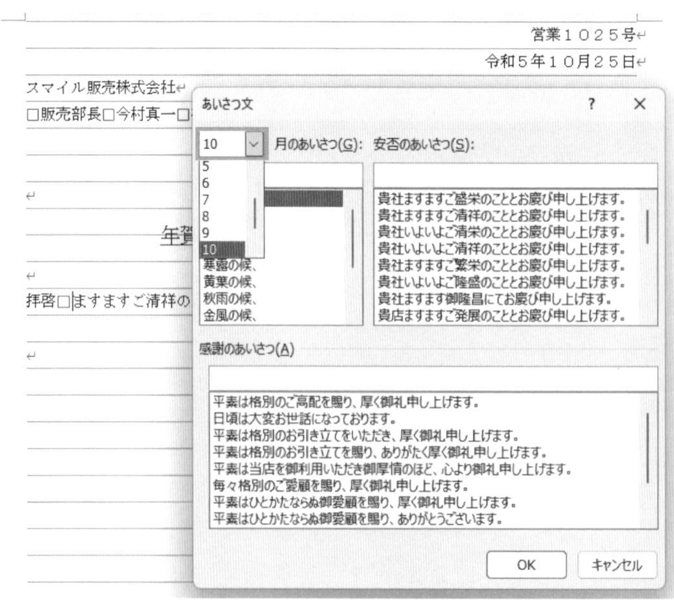

続いて、下の「方法1」もしくは「方法2」のどちらかの方法で時候の挨拶の言葉を入力します。自分で手入力する場合は「方法1」の方法で、漢字の読み方がわからず入力できない場合は「方法2」の方法を選択するとよいでしょう。

●方法1　自分で入力する

「月のあいさつ」を確認したら、この画面をそのまま「あいさつ文」ダイアログボックス右上の「×」で閉じ、確認した言葉（ここでは「秋冷の候、」）を自分で入力します。

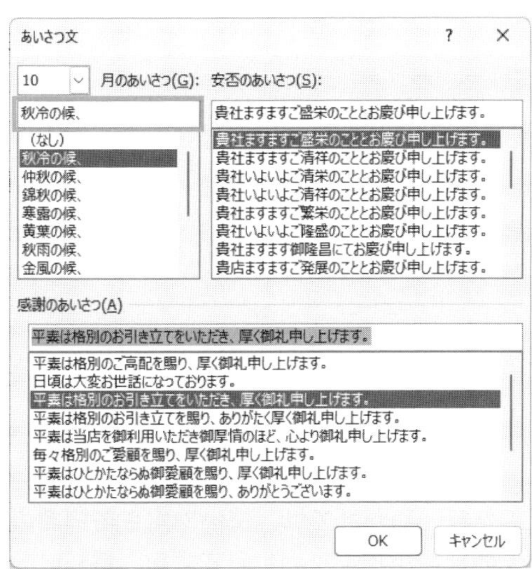

なお、このまま「OK」をクリックした場合は、「秋冷の候、貴社ますますご盛栄のこととお慶び申し上げます。平素は格別のお引き立てをいただき、厚く御礼申し上げます。」という文章が入力されます。

●方法2　あいさつ文ウィザードを使用する

「月のあいさつ」を選択した後、「安否のあいさつ」と「感謝のあいさつ」の文章をBackspaceキーなどで削除してから、「OK」をクリックします。選択した「月のあいさつ」の言葉だけが自動で入力されます。

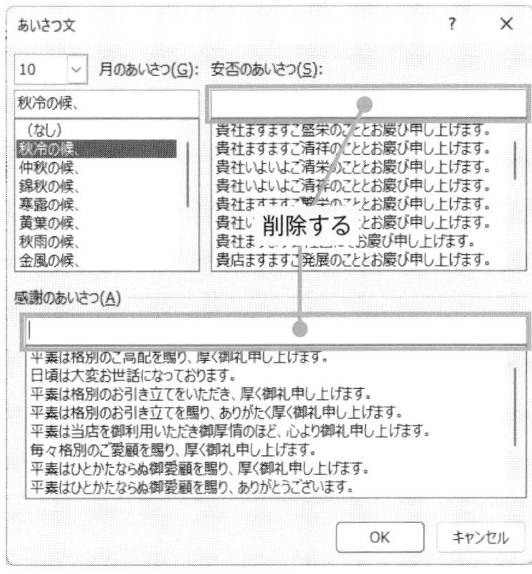

発信日付に合わせた時候の挨拶が入力できました。

営業１０２５号
令和５年１０月２５日
スマイル販売株式会社
□販売部長□今村真一□様
株式会社スプリング
営業部□大山和樹

年賀状ソフトセミナー開催のお知らせ

拝啓□秋冷の候、ますますご清祥のこととお喜び申しあげます。
敬具

「拝啓」の後ろには空白が必要です。空白（スペース）の後ろに、時候の挨拶の言葉を入力するようにしてください。
また、「○○の候、」の「候」の後ろには、読点（、）が必要です。
手入力する場合は忘れずに入力してください。

⑦挨拶文の下に、「このたび、わが社では、使いやすさで評判の年賀状ソフトのセミナーを下記のとおり開催いたします。」の文章を、新しい段落として追加入力してください。

「お喜び申しあげます。」の後ろにカーソルを置いて改行します。

年賀状ソフトセミナー開催のお知らせ

拝啓□秋冷の候、ますますご清祥のこととお喜び申しあげます。

敬具

「拝啓」の挨拶文に続く文章を新しい行に入力する場合は、スペースキーで1文字空けてから、文章を入力します。

拝啓□秋冷の候、ますますご清祥のこととお喜び申しあげます。
□このたび、わが社では、使いやすさで評判の年賀状ソフトのセミナーを下記のとおり開催いたします。
敬具

⑧上記で追加した文章の冒頭に、適切な語句を次の語群から選んで挿入してください。

【語群】つきましては、　ところで、　まずは、　さて、

スペースの後ろに、適切な接続詞を選択して入力します。

拝啓□秋冷の候、ますますご清祥のこととお喜び申しあげます。↵
□さて、このたび、わが社では、使いやすさで評判の年賀状ソフトのセミナーを下記のとおり開催いたします。↵
敬具↵

注意

誤字脱字は大きく減点となります。必ず問題文の指示書きに示された文章や文字の表記を用いて入力してください。漢字とひらがなも正しく区別してください。文章を追加入力する際は十分注意が必要です。

下記のとおり　⇔　下記の通り
申しあげます　⇔　申し上げます
ください　⇔　下さい

⑨「敬具」の次の行に、記書きとして、以下の内容を追加入力してください。

敬具↵
記↵
日□程：□□令和５年１１月２０日（月）↵
時□間：□□１０：００～１５：００↵
定□員：□□１５名（先着順□定員になり次第締め切ります）↵
受講料：□□５，０００円（税込）↵
会□場：□□株式会社スプリング□２階パソコン室↵
以上↵

まず、「敬具」の次の行にカーソルを置いて、「記」と入力します。

拝啓□秋冷の候、ますますご清祥のこととお喜び申しあげます。↵
□さて、このたび、わが社では、使いやすさで評判の年賀状ソフトのセミナーを下記のとおり開催いたします。↵
敬具↵
記↵

続いて、「記」の文字を確定した後に、Enterキーをもう一度押します。「記」の文字が自動で「中央揃え」になり、1行空けたところに「以上」の文字が右揃えで入力されます（入力オートフォーマット機能）。

り開催いたします。↵
敬具↵
記↵
↵
以上↵
↵

最後に「記」の次の行に、項目名と内容を入力していきます。

敬具

記

日□程：□□令和５年１１月２０日（月）

時□間：□□１０：００～１５：００

定□員：□□１５名（先着順□定員になり次第締め切ります）

受講料：□□５，０００円（税込）

会□場：□□株式会社スプリング□２階パソコン室

以上

注　意　このとき、空白（スペース）と数字の全角に気を付けて入力してください。

⑩記書きの内容に、箇条書き記号の「●」をつけてください。

以下の手順で変更します。

[1]「日程」から「会場」の行までドラッグして選択します。

[2]「ホーム」タブの「箇条書き」ボタンの「▼」をクリックします。

[3]行頭記号の「●」をクリックします。

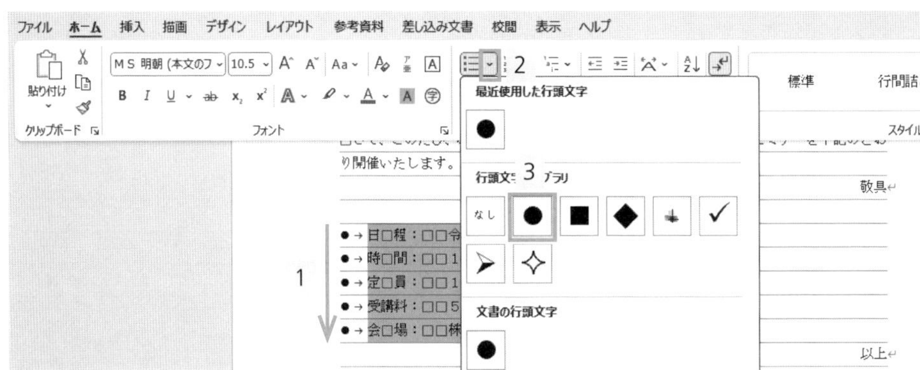

⑪「以上」の次の行に、「※　受講料は当日徴収いたします。」と入力してください。

「以上」の次の行にカーソルを置いて、指示された文章を入力してください。なお、「※」は「こめ」と入力して変換してください。

●→受講料：□□５，０００円（税込）

●→会□場：□□株式会社スプリング□２階パソコン室

以上

※□受講料は当日徴収いたします。

注意

「以上」の文字の前や後ろにカーソルを置いて改行しないでください。右端に余分な行ができてしまいます。日商PC検定では、余分な行を作成すると減点対象となりますので、注意が必要です。

「以上」の前にカーソルを置いてEnterキーを押すと、「以上」の文字が1行下がり、上に余分な行ができてしまいます。

「以上」の後ろにカーソルを置いてEnterキーを押すと、「以上」の下に余分な行ができてしまいます。

●完成見本

文書番号の入力・右揃え

営業１０２５号

令和５年１０月２５日

スマイル販売株式会社

発信日付・右揃え

□販売部長□今村真一□様

あて先の入力
敬称の付け方

株式会社スプリング

営業部□大山和樹

発信者・右揃え

標題　文字の拡大・下線・中央揃え

年賀状ソフトセミナー開催のお知らせ

時候の挨拶

拝啓□秋冷の候、ますますご清祥のこととお喜び申しあげます。

□さて、このたび、わが社では、使いやすさで評判の年賀状ソフトのセミナーを下記のとおりいたします。

接続詞　文章の入力

敬具

箇条書きの設定

記　記書きの入力

- 日□程：□□令和５年１１月２０日（月）
- 時□間：□□１０：００～１５：００
- 定□員：□□１５名（先着順□定員になり次第締め切ります）
- 受講料：□□５，０００円（税込）
- 会□場：□□株式会社スプリング□２階パソコン室

以上

※□受講料は当日徴収いたします。　文章の入力

3-2 箇条書きと段落番号

3-2-1 箇条書きと段落番号の練習　初級

フォルダー「2.箇条書きと段落番号」の「箇条書きと段落番号 練習問題【1】」を開いてください。

令和５年１０月２３日

社員

令和５年度社員旅行のお知らせ

令和５年度の社員旅行を下記日程にて実施いたしますので、お知らせいたします。

今回は、盛りだくさんの企画を用意して、皆様のご参加をお待ちしております。都合で参加できない方は、総務部□木原までご連絡ください。

記

月日 → 令和５年１１月２６日（日）～２７日（月）

行き先→箱根温泉

宿泊先→ホテル□うみや

集合 → ２６日□午前８時００分□東京駅

解散 → ２７日□午後６時３０分□上記集合場所

以上

以下の指示に従って、文書を編集してください。

①あて名の「社員」に適切な敬称をつけること。
②発信者は「総務部　仲井弘治」とし、適切な位置に入力すること。
③標題は、MSゴシック・18pt・太字・波線の下線をつけ、中央に配置すること。
④本文と標題の間を1行空け、さらに本文の行頭を1文字分「字下げ」すること。
⑤「記」書きの項目は、4文字分の均等割り付けにし、箇条書きの「●」をつけること。さらに、2文字分のインデントを設定すること。
⑥本文内の「都合で参加できない方は」の前に、下記の語群から適切なものを選んで挿入すること。
【語群】しかしながら、　さて、　なお、

解説

①あて名の「社員」に適切な敬称をつけること。

「社員」は複数のあて先なので「各位」をつけます。

令和５年１０月２３日

社員各位

令和５年度社員旅行のお知らせ

令和５年度の社員旅行を下記日程にて実施いたしますので、お知らせいたします。

②発信者は「総務部　仲井弘治」とし、適切な位置に入力すること。

「社員各位」の後ろでEnterキーを押して改行、3行目に入力、「右揃え」を設定します。

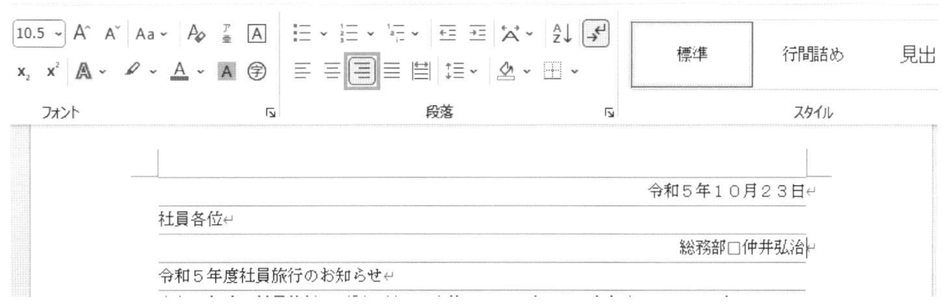

③標題は、MSゴシック・18pt・太字・波線の下線をつけ、中央に配置すること。

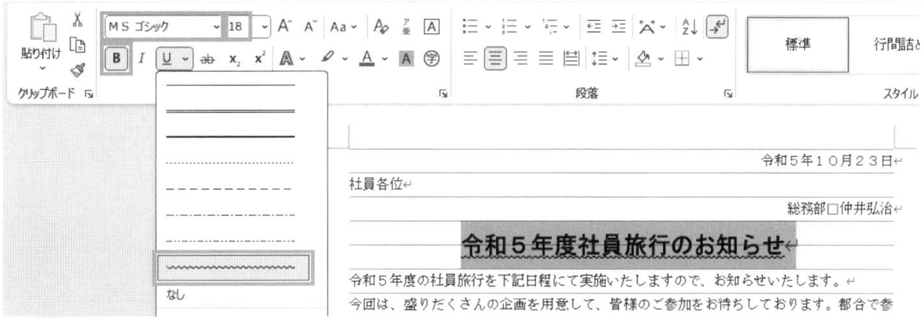

注意

「フォントの種類」で「MSゴシック」を選択する際は、「テーマのフォント」にある「MSゴシック　見出し」を選択してはいけません。必ず、その下にある「すべてのフォント」の中から「MSゴシック」を選択してください。

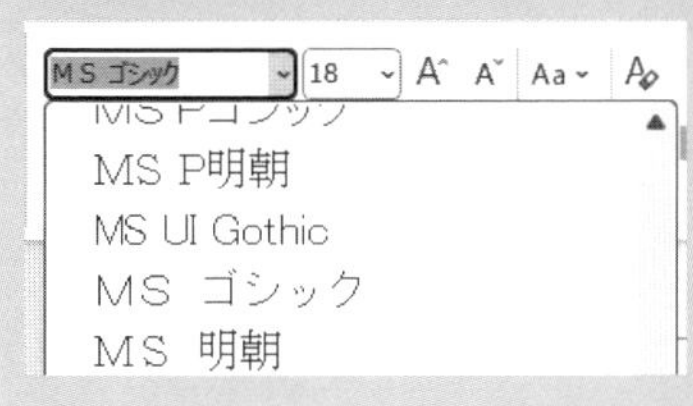

④本文と標題の間を1行空け、さらに本文の行頭を1文字分「字下げ」すること。

「本文」の前にカーソルを置いてEnterキーで改行します。

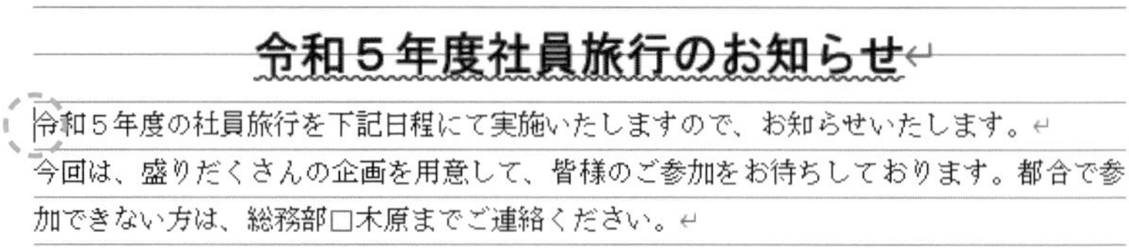

令和５年度社員旅行のお知らせ

令和５年度の社員旅行を下記日程にて実施いたしますので、お知らせいたします。
今回は、盛りだくさんの企画を用意して、皆様のご参加をお待ちしております。都合で参加できない方は、総務部□木原までご連絡ください。

改行後は以下のようになります。

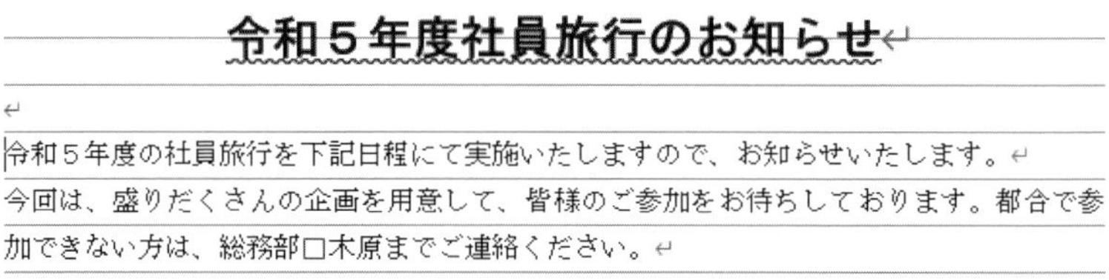

令和５年度社員旅行のお知らせ

令和５年度の社員旅行を下記日程にて実施いたしますので、お知らせいたします。
今回は、盛りだくさんの企画を用意して、皆様のご参加をお待ちしております。都合で参加できない方は、総務部□木原までご連絡ください。

注意

標題「～～のお知らせ」の後ろにカーソルを置いて改行すると、下の行にも「MSゴシック・18pt・太字・波線の下線」がつきますので、避けてください。

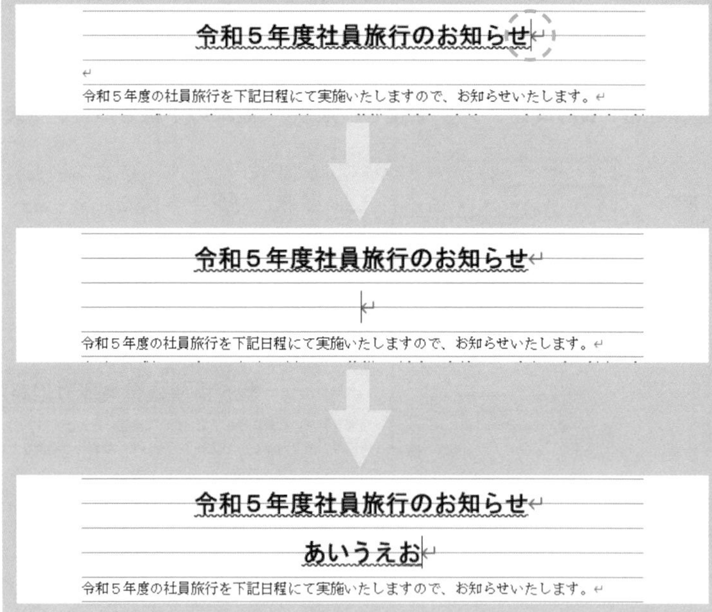

令和５年度社員旅行のお知らせ

令和５年度の社員旅行を下記日程にて実施いたしますので、お知らせいたします。

令和５年度社員旅行のお知らせ

令和５年度の社員旅行を下記日程にて実施いたしますので、お知らせいたします。

令和５年度社員旅行のお知らせ

あいうえお

令和５年度の社員旅行を下記日程にて実施いたしますので、お知らせいたします。

本文の行頭を1文字分「字下げ」します。本文最初の「令和」の前にカーソルを置いて「段落」の矢印をクリックして、「段落」ダイアログボックスを表示させます。「最初の行」で「字下げ」を選択して、「OK」をクリックします。同様に「今回は、」の前にカーソルを置いて、再度同じように「最初の行」を「字下げ」にしてください。

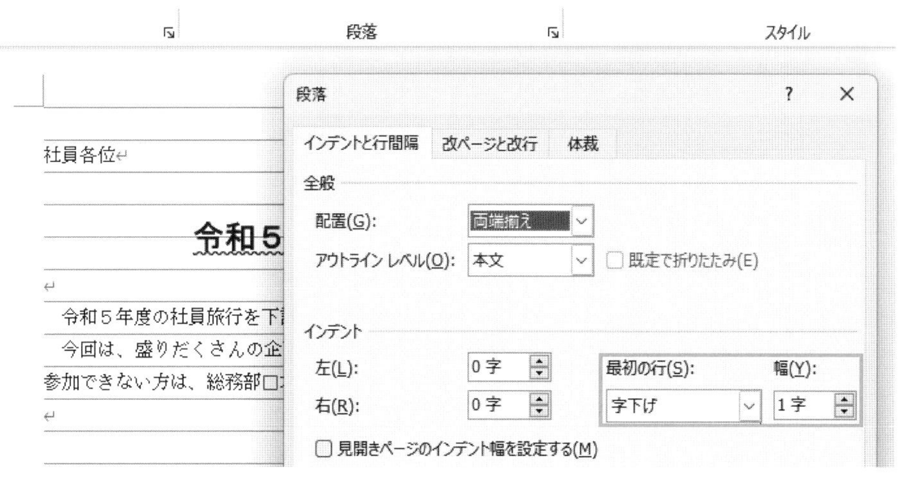

「字下げ」は「インデント」ともいわれます。インデントボタンを使っても字下げできますが、2行目以降も字下げになってしまうので、確実に1行目だけを字下げするには、「段落」より「最初の行」を「字下げ」にします。

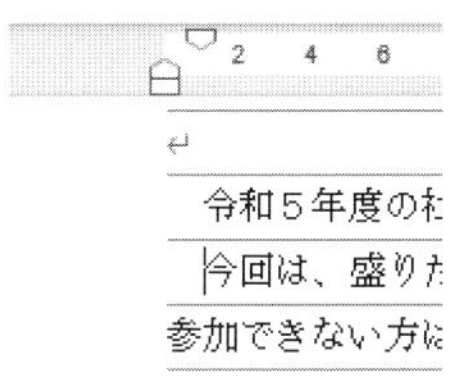

スペースキーで空白を入れることは、試験では減点となります。「字下げ」と「空白」は別のものです。下の例の場合、1行目は「インデント」で、2行目は「空白」です。気を付けましょう。

⑤**「記」書きの項目は、4文字分の均等割り付けにし、箇条書きの「●」をつけること。 さらに、2文字分のインデントを設定すること。**

4文字に均等割り付けします。

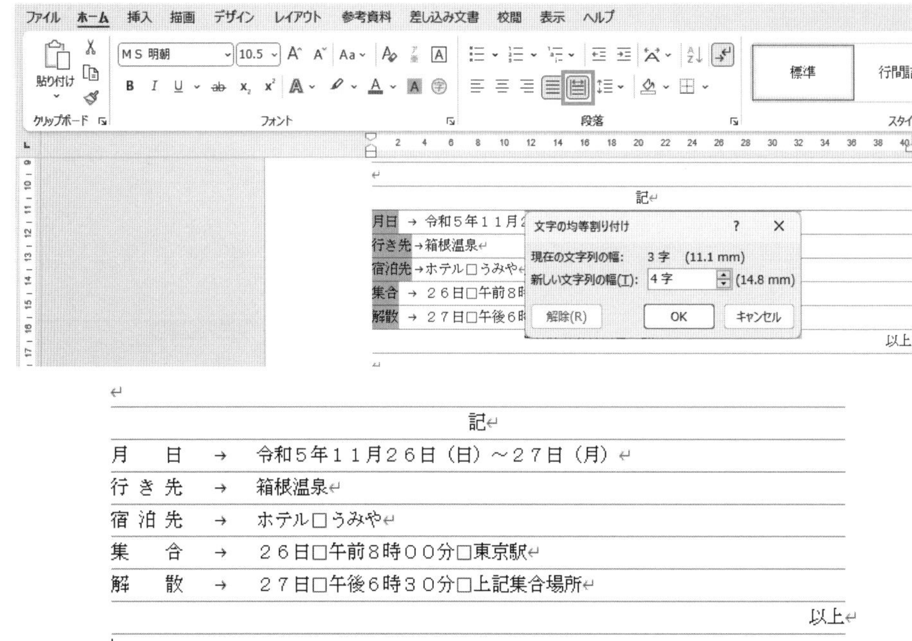

箇条書き「●」を設定します。

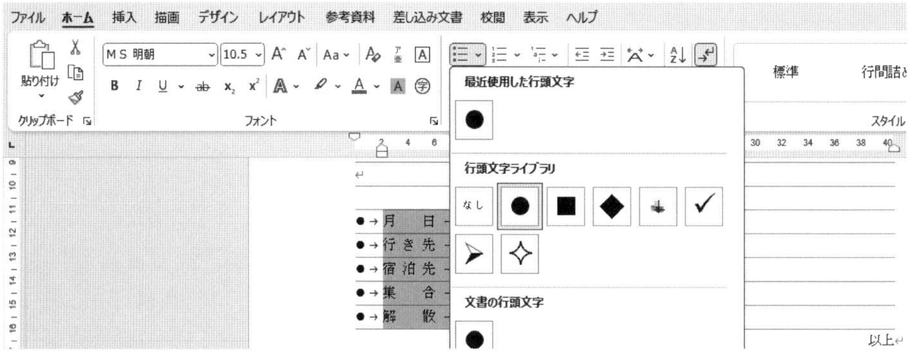

2文字分のインデントを設定します。

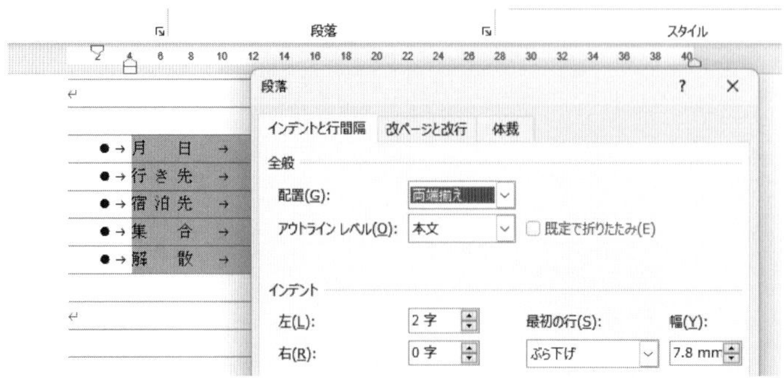

⑥本文内の「都合で参加できない方は」の前に、下記の語群から適切なものを選んで挿入すること。

【語群】しかしながら、　さて、　なお、

　令和５年度の社員旅行を下記日程にて実施いたしますので、お知らせいたします。↵
　今回は、盛りだくさんの企画を用意して、皆様のご参加をお待ちしております。なお、
都合で参加できない方は、総務部□木原までご連絡ください。↵
↵

●完成見本

敬称　　令和５年１０月２３日↵
社員各位↵　　発信者・右揃え
標題　　総務部□仲井弘治↵

令和５年度社員旅行のお知らせ↵

↵ 字下げ
　令和５年度の社員旅行を下記日程にて実施いたしますので、お知らせいたします。↵
　今回は、盛りだくさんの企画を用意して、皆様のご参加をお待ちしております。なお、
都合で参加できない方は、総務部□木原までご連絡ください。↵　接続詞
↵

記↵

- ●→月　　日　→　令和５年１１月２６日（日）～２７日（月）↵
- ●→行き先　→　箱根温泉↵
- ●→宿泊先　→　ホテル□うみや↵
- ●→集　　合　→　２６日□午前８時００分□東京駅↵
- ●→解　　散　→　２７日□午後６時３０分□上記集合場所↵

2文字分の字下げ・箇条書き・4文字分の均等割り付け　　以上↵

3-2-2　箇条書きと段落番号の練習　中級

フォルダー「2.箇条書きと段落番号」の「箇条書きと段落番号 練習問題【2】」を開いてください。

令和４年９月１３日

マネージャー各位

人材育成部長□仲井弘治

コミュニケーション能力研修会について

標題の件について下記日程にて実施いたします。必ず参加されるようお願い申し上げます。
なお、不命な点がありましたら、人材育成部□山田佳治までお問合せください。

記

1. →開催日時：令和４年９月２７日（火）
2. →研修会場：新宿本社ビル８階□第２研修室
3. →研修目的：部下の育成におけるコミュニケーション能力取得のため

以上

以下の指示に従って、文書を編集してください。

①文書番号を「人育05－0915号」として入力し、適切な位置に配置すること。
②発信日を「令和5年9月15日」に変更し、それに伴い必要な個所を修正すること。
③発信者名を適切な位置に配置すること。
④標題は、MSゴシック ・ 16pt ・ 太字にし、中央に配置すること。
⑤主文内に1箇所誤った漢字が使われている。 正しい漢字に修正すること。
⑥開催日時を「9月29日（金）」に変更すること。
⑦記書きの段落番号を、箇条書きの「◆」に変更すること。
⑧記書きの項目に、4文字分のインデントを設定すること。

解説

①文書番号を「人育05－0915号」として入力し、適切な位置に配置すること。

1行目「令和」の前をクリックして、Enterキーで改行します。

令和４年９月１３日
マネージャー各位
人材育成部長□仲井弘治

文書番号を入力します。文書番号は1行目に入力します。

人育０５－０９１５号
令和４年９月１３日
マネージャー各位
人材育成部長□仲井弘治

②発信日を「令和5年9月15日」に変更し、それに伴い必要な個所を修正すること。

人育０５－０９１５号
令和５年９月１５日
マネージャー各位
人材育成部長□仲井弘治

コミュニケーション能力研修会について

標題の件について下記日程にて実施いたします。必ず参加されるようお願い申し上げます。
なお、不命な点がありましたら、人材育成部□山田佳治までお問合せください。

記
1. →開催日時：令和５年９月２７日（火）
2. →研修会場：新宿本社ビル８階□第２研修室
3. →研修目的：部下の育成におけるコミュニケーション能力取得のため

以上

基本的に同じ文書内に異なる「年」があるのは間違いです。必ず「年」を揃えましょう。

③発信者名を適切な位置に配置すること。

発信者名は「右揃え」に設定します。

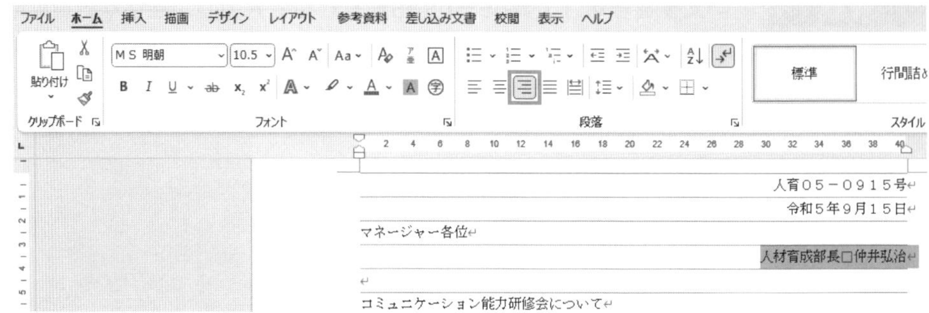

④標題は、MSゴシック・16pt・太字にし、中央に配置すること。

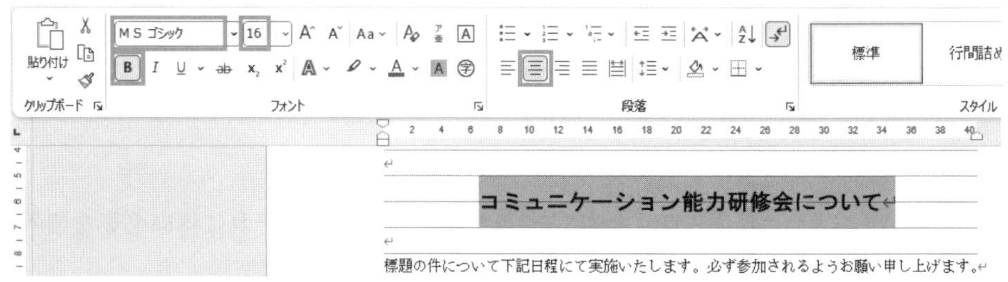

⑤主文内に1箇所誤った漢字が使われている。正しい漢字に修正すること。

「不命」を「不明」に修正します。

標題の件について下記日程にて実施いたします。必ず参加されるようお願い申し上げます。
なお、不明な点がありましたら、人材育成部□山田佳治までお問合せください。

⑥開催日時を「9月29日（金）」に変更すること。

記

1. →開催日時：令和５年９月２９日（金）
2. →研修会場：新宿本社ビル８階□第２研修室
3. →研修目的：部下の育成におけるコミュニケーション能力取得のため

以上

⑦記書きの段落番号を、箇条書きの「◆」に変更すること。

⑧記書きの項目に、4文字分のインデントを設定すること。

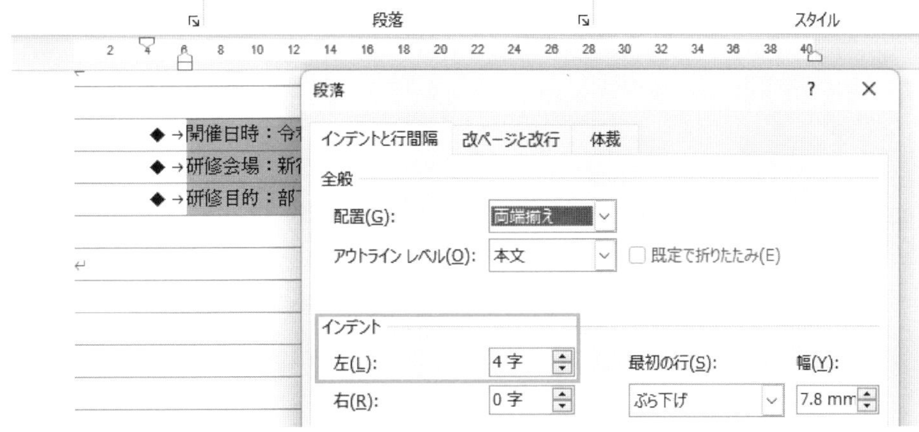

●完成見本

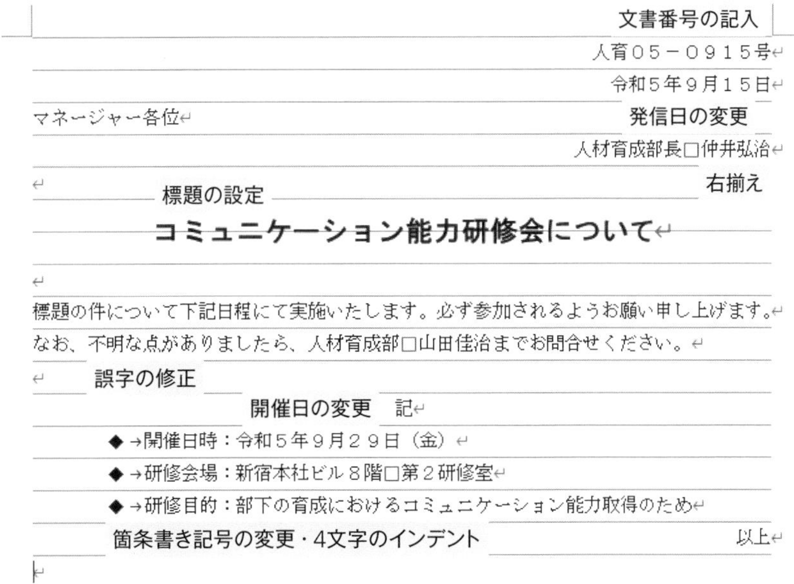

人育０５－０９１５号

令和５年９月１５日

マネージャー各位

人材育成部長□仲井弘治

コミュニケーション能力研修会について

標題の件について下記日程にて実施いたします。必ず参加されるようお願い申し上げます。なお、不明な点がありましたら、人材育成部□山田佳治までお問合せください。

記

◆→開催日時：令和５年９月２９日（金）

◆→研修会場：新宿本社ビル８階□第２研修室

◆→研修目的：部下の育成におけるコミュニケーション能力取得のため

以上

3-2-3　箇条書きと段落番号の練習　上級

フォルダー「2.箇条書きと段落番号」の「箇条書きと段落番号 練習問題【3】」を開いてください。

会員各位↵
新規講座のお知らせ↵
新しく開設する女性のための講座です。みなさんふるってご参加ください。↵
↵
記↵
◆→日時：９月８日・１５日・２２日（毎週金曜日）午後６時～午後８時↵
◆→場所：橿原市民ホール第２会議室↵
◆→定員：１５名先着順↵
以上↵
↵

以下の指示に従って、文書を編集してください。

①発信日「令和5年10月2日」を適切な位置に記入すること。
②標題は、拡大・斜体、ゴシック体にし、中央に配置すること。
③記書きに、以下の項目を追加すること。
「日時」の上に　　講座名：アロマセラピー講座
「定員」の下に　　受講料：8,000円（教材費・税込）
④箇条書きの「◆」を「●」に変更すること。さらに、記書きの項目に、4文字分の均等割り付けを設定すること。

解説

①発信日「令和5年10月2日」を適切な位置に記入すること。

「会員各位」の前にカーソルを置いて、Enterキーで改行します。

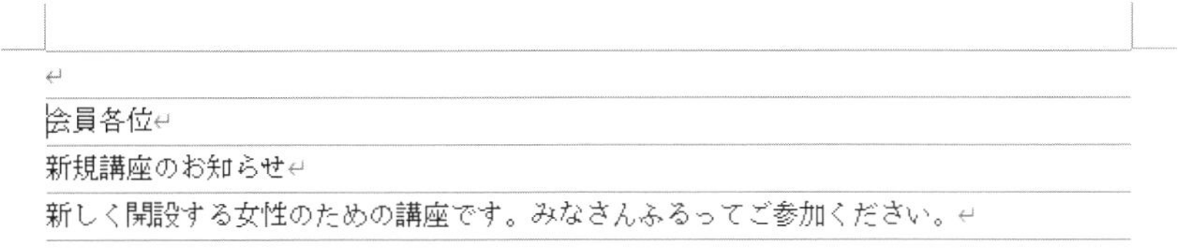

1行目に「令和5年10月2日」と入力して、「右揃え」にします。

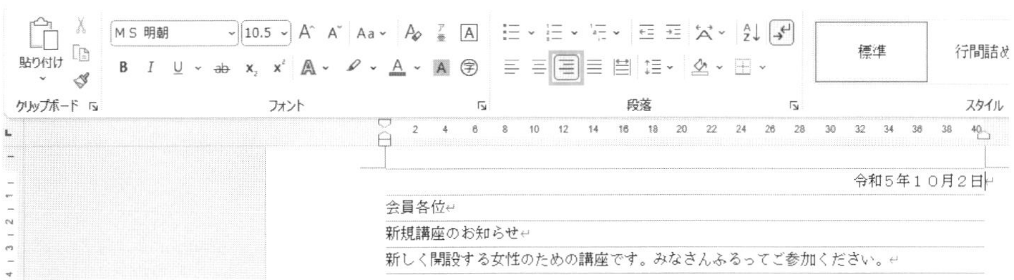

②標題は、拡大・斜体、ゴシック体にし、中央に配置すること。

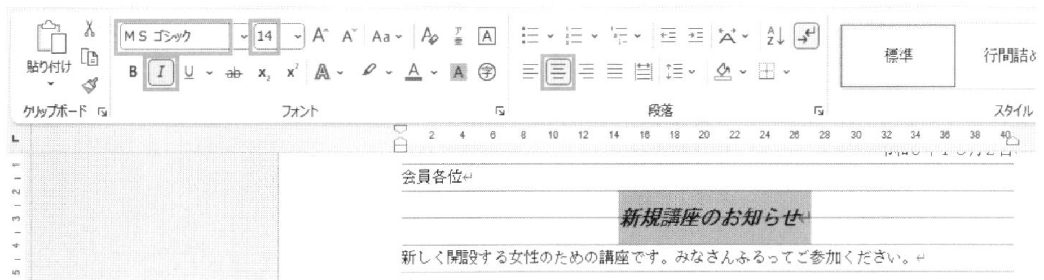

③記書きに、以下の項目を追加すること。

「日時」の上に　　講座名：アロマセラピー講座

「定員」の下に　　受講料：8,000円（教材費・税込）

まず、「日時」の前にカーソルを置いて、Enterキーで改行します。

記

◆→日時：９月８日・１５日・２２日（毎週金曜日）午後６時～午後８時

◆→場所：橿原市民ホール第２会議室

◆→定員：１５名先着順

以上

次に、「日時」の上にできた行に、「講座名」の項目と内容を入力します。

記
◆→
◆→日時：９月８日・１５日・２２日（毎週金曜日）午後６時～午後８時
◆→場所：橿原市民ホール第２会議室
◆→定員：１５名先着順
以上

同様に、「先着順」の文字の後ろにカーソルを置いて、Enterキーを押します。「定員」の下に1行できるので、「受講料：8,000円（教材費・税込）」を入力します。

記
◆→講座名：アロマセラピー講座
◆→日時：９月８日・１５日・２２日（毎週金曜日）午後６時～午後８時
◆→場所：橿原市民ホール第２会議室
◆→定員：１５名先着順
◆→
以上

入力が完成しました。

記
◆→講座名：アロマセラピー講座
◆→日時：９月８日・１５日・２２日（毎週金曜日）午後６時～午後８時
◆→場所：橿原市民ホール第２会議室
◆→定員：１５名先着順
◆→受講料：８，０００円（教材費・税込）
以上

④箇条書きの「◆」を「●」に変更すること。さらに、記書きの項目に、4文字分の均等割り付けを設定すること。

箇条書き記号を変更します。

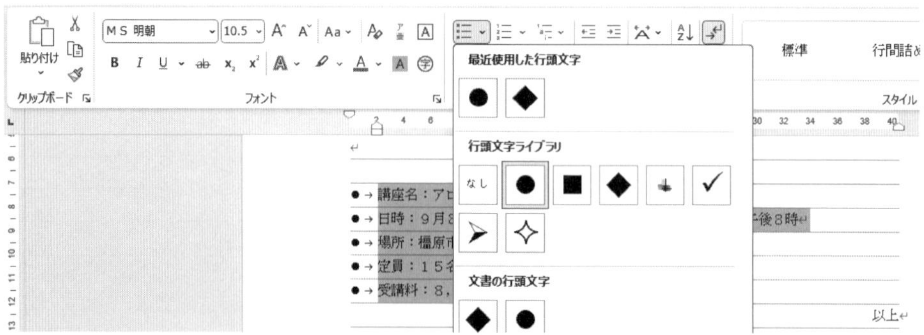

4文字分の均等割り付けを設定します。

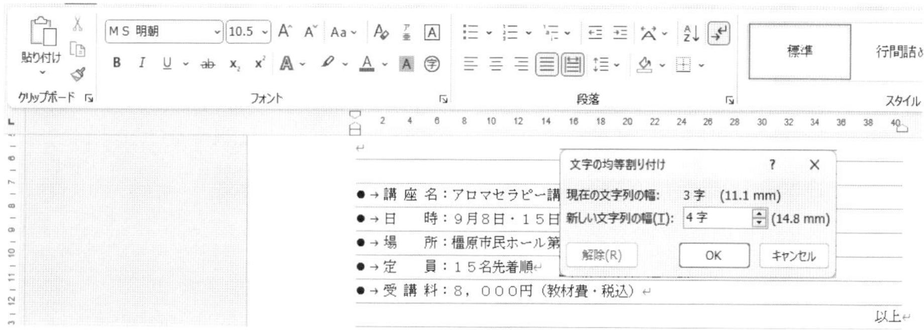

●完成見本

発信日の記入

令和５年１０月２日

会員各位

標題の設定

新規講座のお知らせ

新しく開設する女性のための講座です。みなさんふるってご参加ください。

記

●→講 座 名：アロマセラピー講座　記書きの項目追加

●→日　　時：９月８日・１５日・２２日（毎週金曜日）午後６時～午後８時

●→場　　所：橿原市民ホール第２会議室

●→定　　員：１５名先着順

●→受 講 料：８，０００円（教材費・税込）　記書きの項目追加

箇条書き記号の変更・4文字の均等割り付け

以上

3-3 表

3-3-1 表作成の練習　初級

フォルダー「3.表」の中の「表の練習問題【1】」を開いてください。

美容講習について

時間	内容	講師
１３：００～	洗顔とマッサージ	中山美枝子
１０：３０～	毎日のお手入れについて	香原洋子
１３：００～	春のメイクのポイント	松原令子

以下の指示に従って、文書を編集してください。

①標題「美容講習について」を「美容講習日程表」と変更し、拡大し、下線をつけ、中央に配置すること。

②「日にち」の項目を表の適切な位置に追加すること。

日にち
３月１５日（金）
３月２２日（金）
３月２９日（金）

③講師の項目の右横に「場所」の項目を追加すること。 場所は「雅ホール」である。 その際、セルを結合し、文字は縦書き ・ 中央揃えとすること。

④表内の項目に、セルの網かけ、中央揃え、セル内で均等割り付けを設定すること。

⑤表の外枠は太線にし、項目行の下の線を二重線にすること。

解説

①標題「美容講習について」を「美容講習日程表」と変更し、拡大し、下線をつけ、中央に配置すること。

「美容講習について」の文字を「美容講習日程表」に変更します。

美容講習日程表

時間	内容	講師
１３：００～	洗顔とマッサージ	中山美枝子
１０：３０～	毎日のお手入れについて	香原洋子
１３：００～	春のメイクのポイント	松原令子

文字の拡大をし、下線をつけ、中央に配置します。

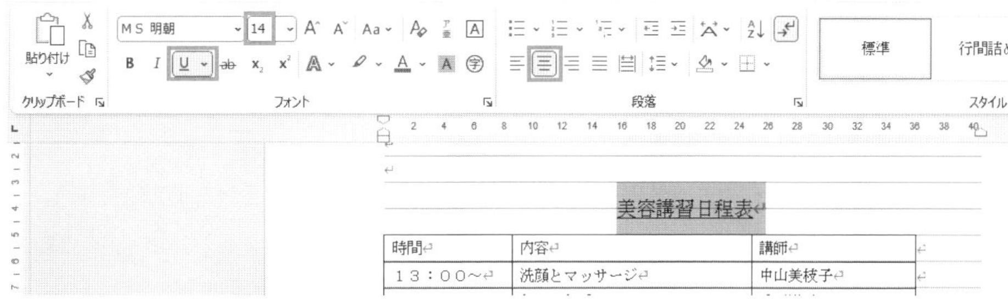

日商PC検定の試験で「拡大」とは、特に指定がない限りフォントサイズを大きくすることをいいます。大きさは、「14pt」か「16pt」を選択するようにしてください（大きすぎても、小さいままでもいけません）。

②「日にち」の項目を表の適切な位置に追加すること。

日にち
３月１５日（金）
３月２２日（金）
３月２９日（金）

「時間」のセル内をクリックして、表の「レイアウト」タブをクリックして、「左に列を挿入」ボタンをクリックします。

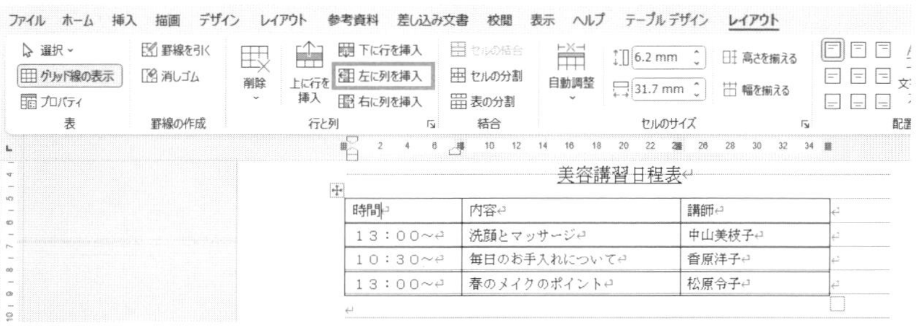

「時間」の列の左側に、新しい列が挿入されました。

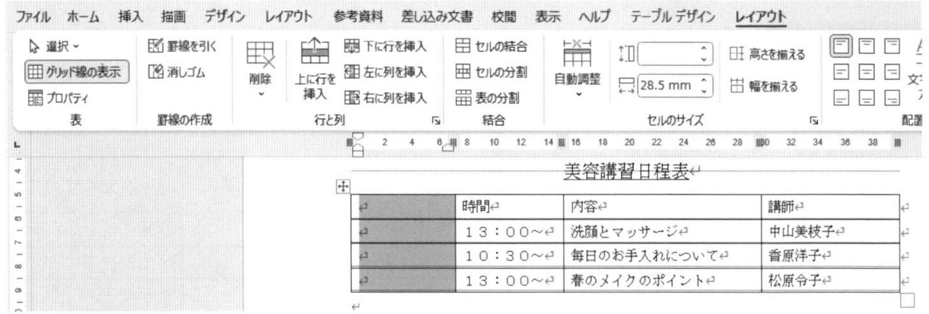

表の「テーブルデザイン」タブと「レイアウト」タブ

この2つのタブは、表を作成すると表示されます。

カーソルが表以外のところにあると、非表示となります。

表内をクリックすると、再び表示されるようになります。

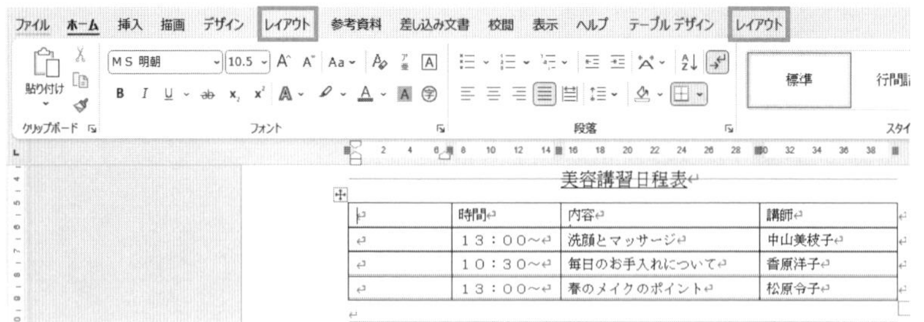

このとき、タブの並びには「レイアウト」タブが2つ表示されることになります。ページ設定に使う「レイアウト」タブと、表内の設定に使う「レイアウト」タブです。しっかりと使い分けましょう。

列の挿入ができたら、「日にち」の項目と日付を入力します。

美容講習日程表

日にち	時間	内容	講師
３月１５日（金）	１３：００～	洗顔とマッサージ	中山美枝子
３月２２日（金）	１０：３０～	毎日のお手入れについて	香原洋子
３月２９日（金）	１３：００～	春のメイクのポイント	松原令子

このとき、日付の数字は「全角」で入力してください。必ず、元のファイルの数字に合わせます。

✓ チェック

以下の例では上の行の「３月２９日」は全角、下の行の「3月29日」は半角です。並べると違いがわかります。

日にち	時間	内
３月１５日(金)	１３：００～	洗
３月２２日(金)	１０：３０～	毎
３月２９日(金)	全角 ００～	春
3月29日（金）	半角	

③講師の項目の右横に「場所」の項目を追加すること。場所は「雅ホール」である。その際、セルを結合し、文字は縦書き・中央揃えとすること。

「講師」のセル内をクリックして、「右に列を挿入」をクリックします。

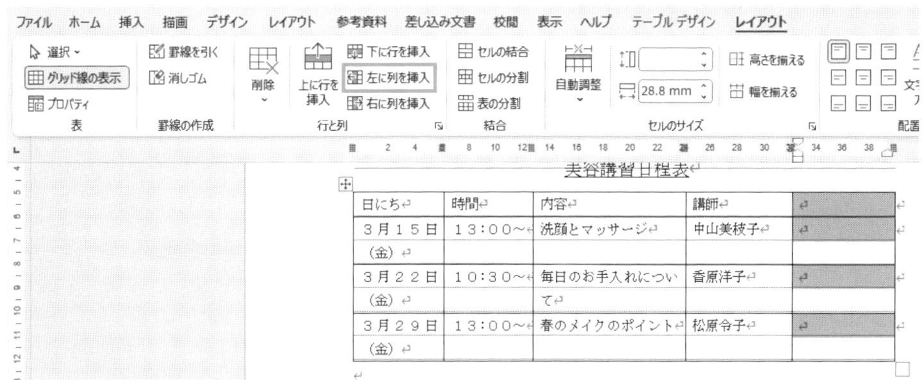

項目名に「場所」と入力します。

日にち	時間	内容	講師	場所
３月１５日（金）	１３：００～	洗顔とマッサージ	中山美枝子	
３月２２日（金）	１０：３０～	毎日のお手入れについて	香原洋子	
３月２９日（金）	１３：００～	春のメイクのポイント	松原令子	

「セルの結合」をします。「場所」の下3つのセルをドラッグして選択し、「レイアウト」タブの「セルの結合」ボタンをクリックします。

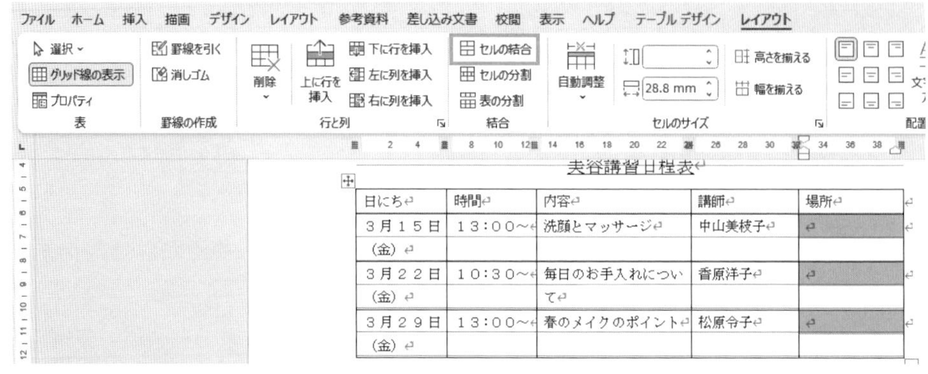

3つのセルが1つに結合されました。

日にち	時間	内容	講師	場所
３月１５日（金）	１３：００～	洗顔とマッサージ	中山美枝子	
３月２２日（金）	１０：３０～	毎日のお手入れについて	香原洋子	
３月２９日（金）	１３：００～	春のメイクのポイント	松原令子	

結合したセルに「雅ホール」と入力します。

日にち	時間	内容	講師	場所
３月１５日（金）	１３：００～	洗顔とマッサージ	中山美枝子	雅ホール
３月２２日（金）	１０：３０～	毎日のお手入れについて	香原洋子	
３月２９日（金）	１３：００～	春のメイクのポイント	松原令子	

縦書きに設定します。「レイアウト」タブの「文字列の方向」をクリックしてください。

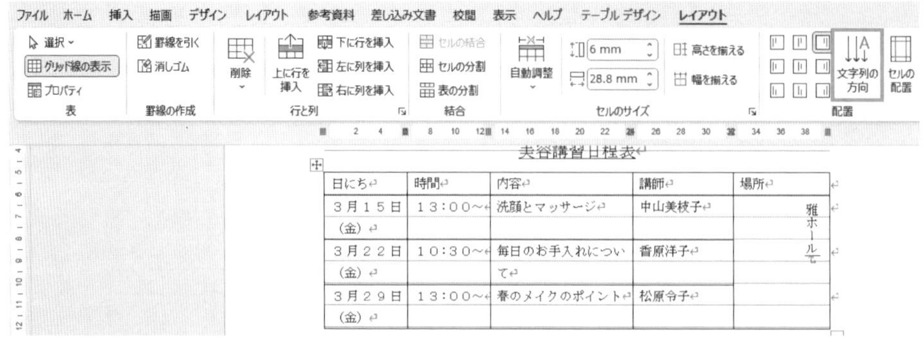

「レイアウト」タブの「文字列の方向」ボタンで、表内の文字の、縦書きと横書きを切り替えることができます。クリックするたびに、縦書きと横書きが切り替わります。

セル内で中央揃えにします。「レイアウト」タブの「中央揃え」をクリックしてください。

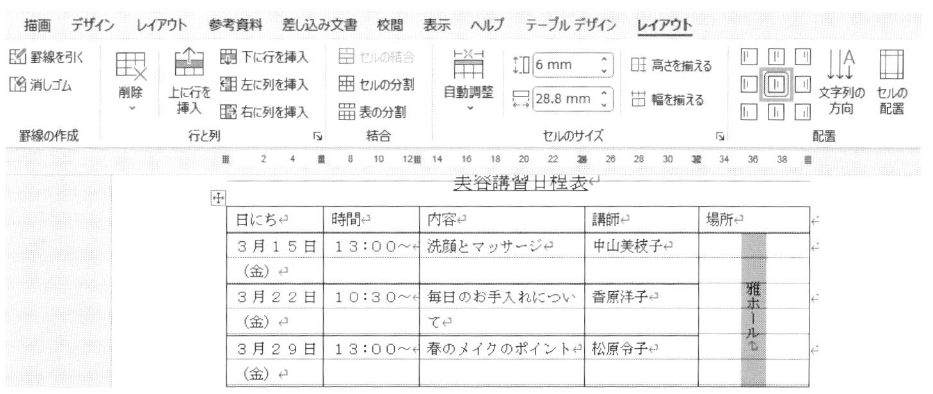

! 注意

表内の文字の配置は、必ず「レイアウト」タブより設定してください。「ホーム」タブの「中央揃え」を使うと減点となります。注意してください。

④表内の項目に、セルの網かけ、中央揃え、セル内で均等割り付けを設定すること。

「表内の項目」とは、見出し行となっている1行目の「日にち」から「場所」までのことを指します。1行目を選択して、「テーブルデザイン」タブをクリックし、「塗りつぶし」で色を設定します。

このときの色は、どの色でも構いませんが、特に指示がなければ、灰色を選択しておくと無難です。

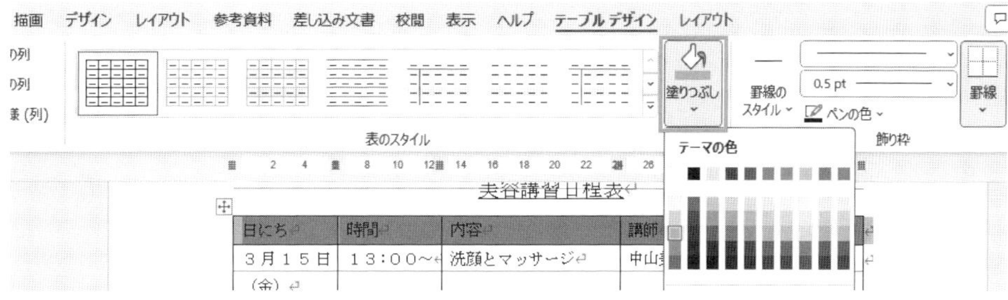

「中央揃え」を設定します。「レイアウト」タブの「中央揃え」をクリックしてください。

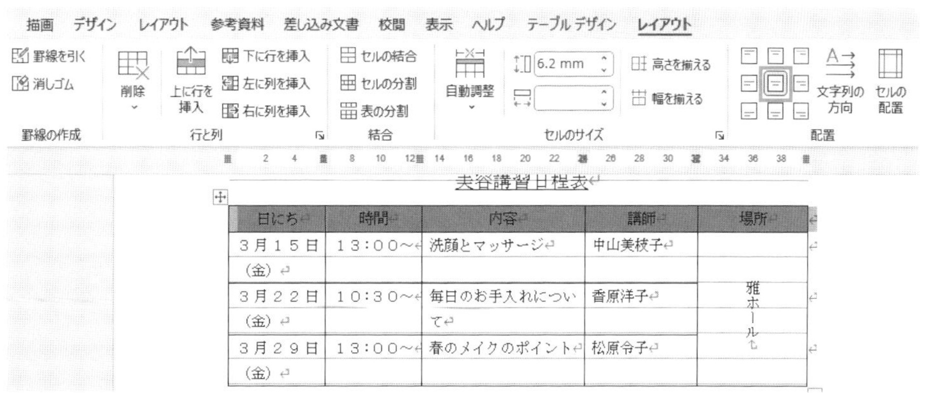

セル内で均等割り付けを設定します。「セル内で均等割り付け」とは、セルの幅に合わせて全体に均等に広がるように文字を割り付けることです。1行目を選択して、「ホーム」タブの「均等割り付け」をクリックしてください。

セル内で均等割り付けを行う場合は、必ず「セル全体」を選択して均等割り付けをしてください。以下のようにセル内の文字だけを選択して均等割り付けするのは間違いです。

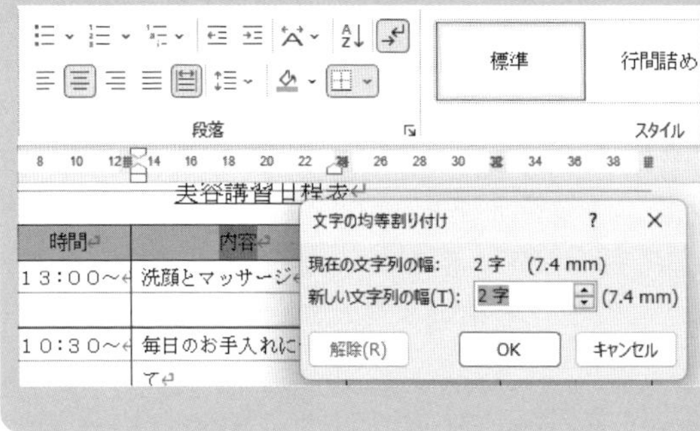

✓ チェック

セル内の文字のみを選択したい場合は、最後の改行マークを含めない形で文字を選択します。

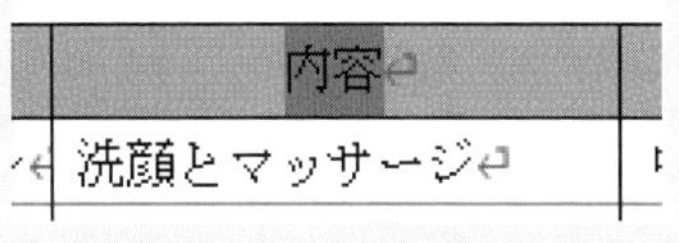

最後の改行を含めた場合は、セル全体の選択になります。

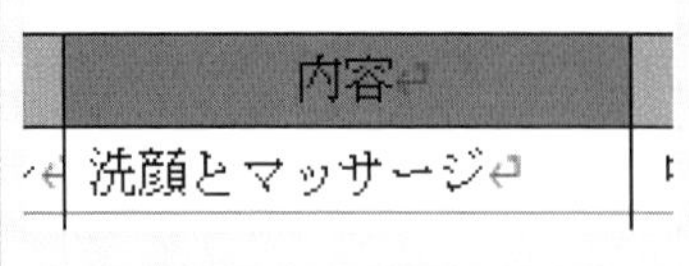

⑤表の外枠は太線にし、項目行の下の線を二重線にすること。

表の外枠を太線に設定します。表全体を選択し、「テーブルデザイン」タブより、「ペンの太さ」を「1.5pt」にします。罫線の下の「▼」をクリックして、「外枠」をクリックします。

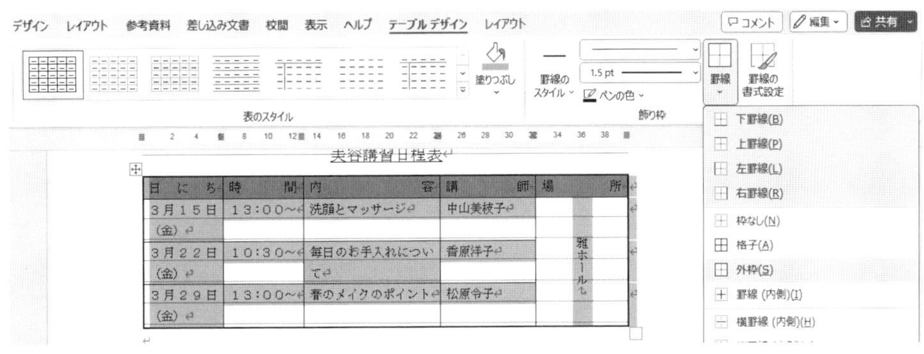

項目行の下の線を二重線に設定します。

[1]「ペンのスタイル」で「二重線」を選択します。

[2]マウスがペンの形になるので、項目行の下の線をなぞるようにドラッグしてください。

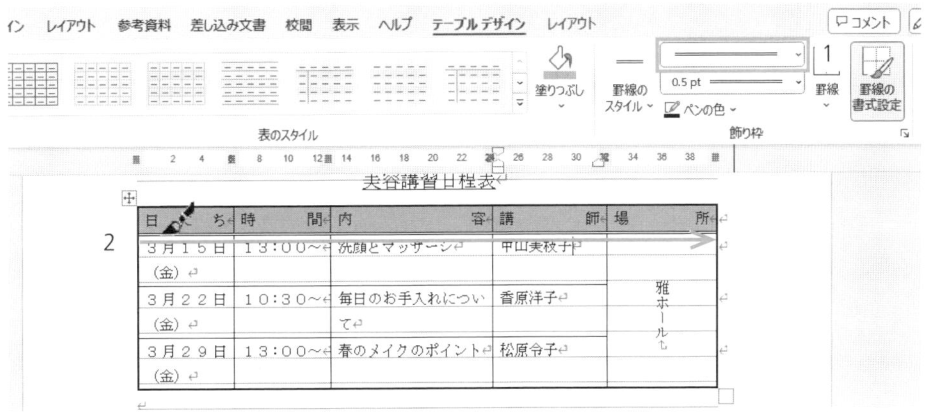

最後に、表内の文字が1行に表示されるよう、列の幅を調節します。

美容講習日程表

日　に　ち	時　　間	内　　容	講　　師	場　　所
3月15日（金）	13:00～	洗顔とマッサージ	中山美枝子	雅ホール
3月22日（金）	10:30～	毎日のお手入れについて	香原洋子	
3月29日（金）	13:00～	春のメイクのポイント	松原令子	

表作成時には、状況に応じてマウスカーソルが以下のように変わります。

- 罫線の書式設定が選択されている場合

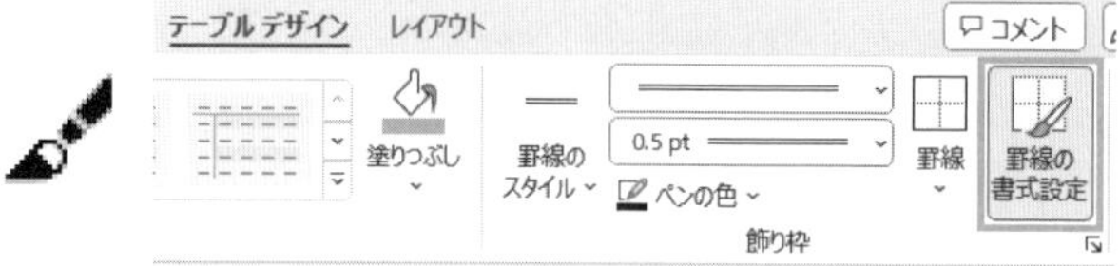

- 罫線の書式設定が選択されていない場合

- 表全体を選択（マウスを表内に持ってくると表示されます）

- 表全体のサイズを変更（ドラッグで表全体の大きさを変更します）

- 表の列の幅、行の高さを変更

- 表内のセルを選択

●完成見本

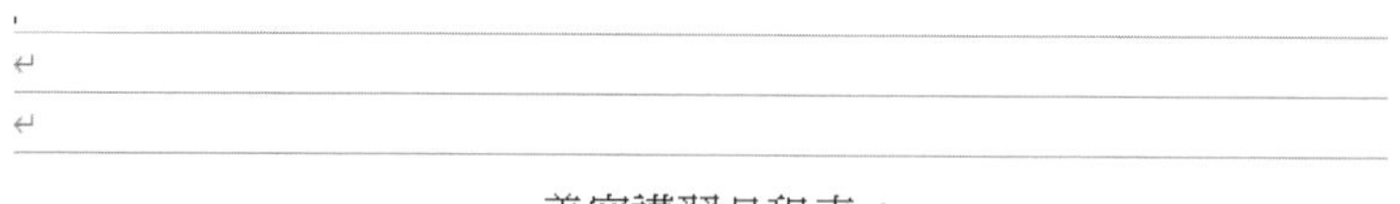

美容講習日程表

日　に　ち	時　間	内　容	講　師	場　所
3月15日（金）	13：00～	洗顔とマッサージ	中山美枝子	雅ホール
3月22日（金）	10：30～	毎日のお手入れについて	香原洋子	
3月29日（金）	13：00～	春のメイクのポイント	松原令子	

3-3-2 表作成の練習　中級

フォルダー「3.表」の中の「表の練習問題【2】」を開いてください。

書籍仕入状況

整理番号	ジャンル	書籍名	冊数
10-234	小説	ぼっちゃん	3
10-238	絵本	ぐりとぐら	10
12-123	漫画	マンガ少年ファイト	20
13-456	教育図書	科学のとびら	15

以下の指示に従って、文書を編集してください。

①標題は、ゴシック体にし、拡大、囲み線をつけ、中央に配置すること。
②項目「出版社」の列を、「ジャンル」の右に追加すること。

ジャンル	出版社
小説	丸川書房
絵本	やまと書籍
漫画	キング出版
教育図書	英数書籍
女性週刊誌	レディ出版

③「出版社」と「ジャンル」の列を入れ替えること。
④「漫画」の行を削除すること。
⑤「教育図書」の行を、「小説」の上に移動すること。
⑥表の外枠を二重線にし、表の項目に網かけ・中央揃えを設定すること。

解説

①標題は、ゴシック体にし、拡大、囲み線をつけ、中央に配置すること。

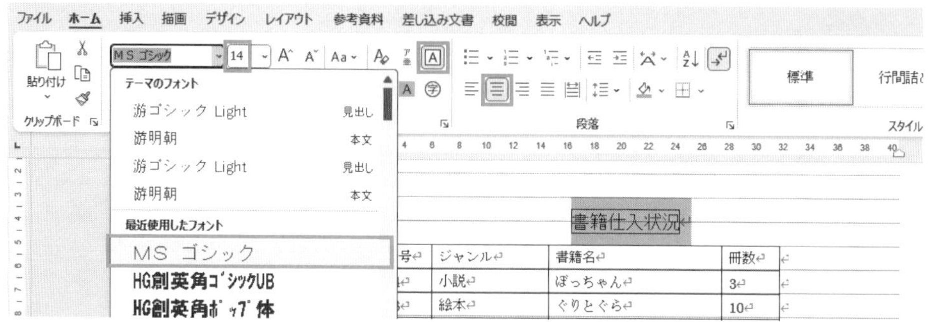

フォントを「ゴシック体」にする指示があった場合、必ず「MSゴシック」を選択するようにしてください。その際、「テーマのフォント」にある「MSゴシック　見出し」を選択するのは間違いになります。「最近使用したフォント」に「MSゴシック」が見当たらない場合は、「すべてのフォント」から「MSゴシック」を探して選択してください。

②項目「出版社」の列を、「ジャンル」の右に追加すること。

「ジャンル」のセル内をクリックして「右に列を挿入」をクリックしてください。

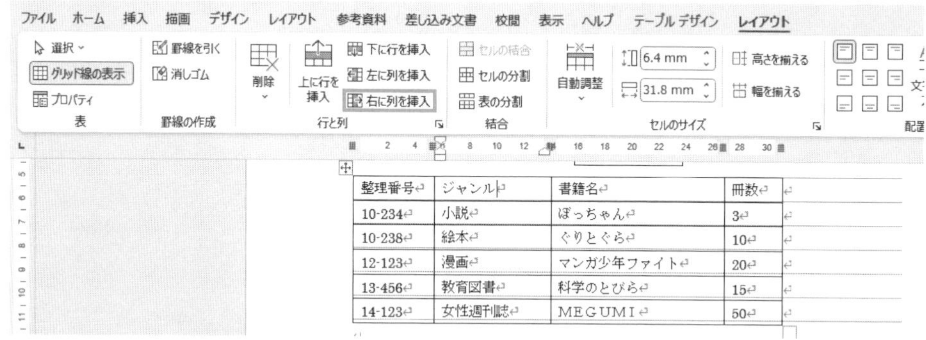

追加した列に文字を入力します。

整理番号	ジャンル	出版社	書籍名	冊数
10-234	小説	丸川書房	ぼっちゃん	3
10-238	絵本	やまと書籍	ぐりとぐら	10
12-123	漫画	キング出版	マンガ少年ファイト	20
13-456	教育図書	英数書籍	科学のとびら	15
14-123	女性週刊誌	レディ出版	MEGUMI	50

③「出版社」と「ジャンル」の列を入れ替えること。

列の移動には、切り取り・貼り付けを使います。「出版社」の列を選択して、左上にあるハサミのアイコンの「切り取り」ボタンをクリックします。

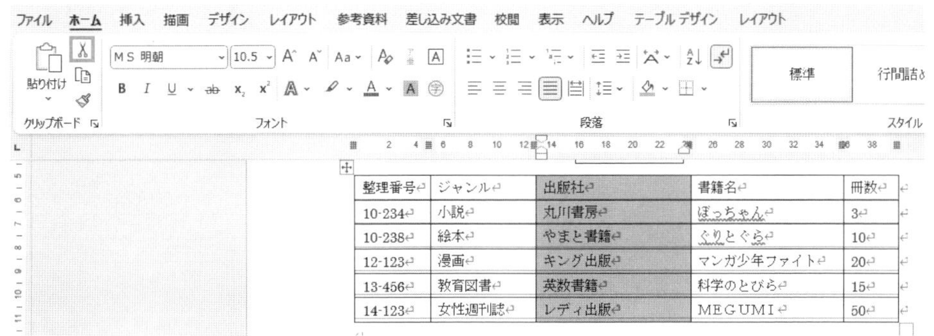

整理番号	ジャンル	出版社	書籍名	冊数
10-234	小説	丸川書房	ぼっちゃん	3
10-238	絵本	やまと書籍	ぐりとぐら	10
12-123	漫画	キング出版	マンガ少年ファイト	20
13-456	教育図書	英数書籍	科学のとびら	15
14-123	女性週刊誌	レディ出版	MEGUMI	50

表の2列目「ジャンル」のセル内をクリックします。

整理番号	ジャンル	書籍名	冊数
10-234	小説	ぼっちゃん	3
10-238	絵本	ぐりとぐら	10
12-123	漫画	マンガ少年ファイト	20
13-456	教育図書	科学のとびら	15
14-123	女性週刊誌	MEGUMI	50

「貼り付け」ボタンをクリックしてください。

整理番号	出版社	ジャンル	書籍名	冊数
10-234	丸川書房	小説	ぼっちゃん	3
10-238	やまと書籍	絵本	ぐりとぐら	10
12-123	キング出版	漫画	マンガ少年ファイト	20
13-456	英数書籍	教育図書	科学のとびら	15
14-123	レディ出版	女性週刊誌	MEGUMI	50

④「漫画」の行を削除すること。

「漫画」の行を選択します（必ず、表の外側をクリックして行全体を選択）。「レイアウト」タブより「削除」ボタンをクリックし、「行の削除」をクリックします。

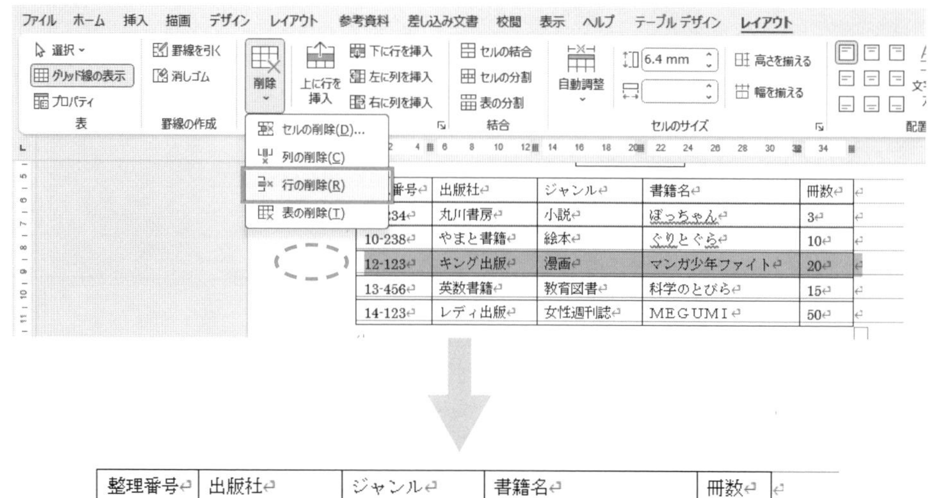

整理番号	出版社	ジャンル	書籍名	冊数
10-234	丸川書房	小説	ぼっちゃん	3
10-238	やまと書籍	絵本	ぐりとぐら	10
13-456	英数書籍	教育図書	科学のとびら	15
14-123	レディ出版	女性週刊誌	MEGUMI	50

⑤「教育図書」の行を、「小説」の上に移動すること。

「教育図書」の行を選択して、「切り取り」ボタンをクリックします。

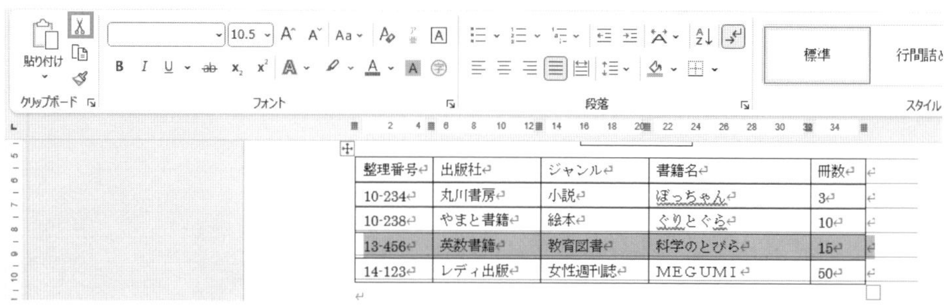

表の2行目「整理番号10-234」のセルの中をクリックして、「貼り付け」ボタンを選択します。クリックした行の上側に切り取った行が貼りつきます。

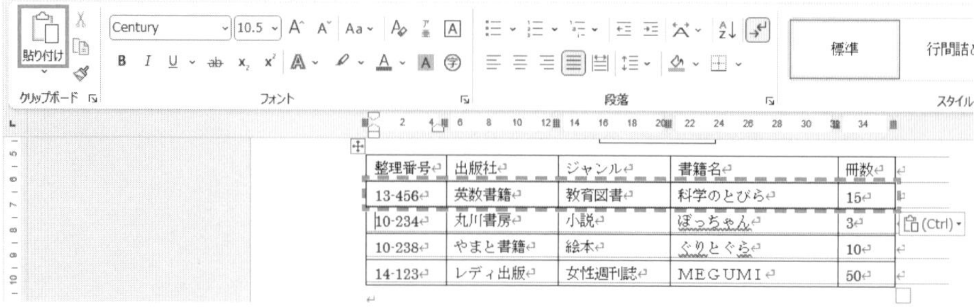

⑥**表の外枠を二重線にし、表の項目に網かけ・中央揃えを設定すること。**

「テーブルデザイン」タブ→「二重線」→「外枠」を選択します。

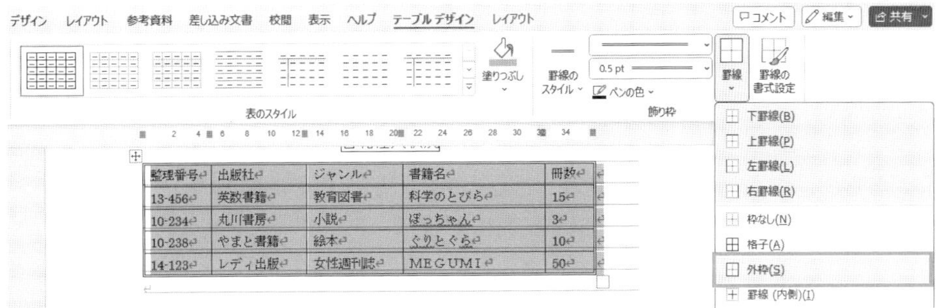

項目行に「塗りつぶし」→「灰色」を選択してください。

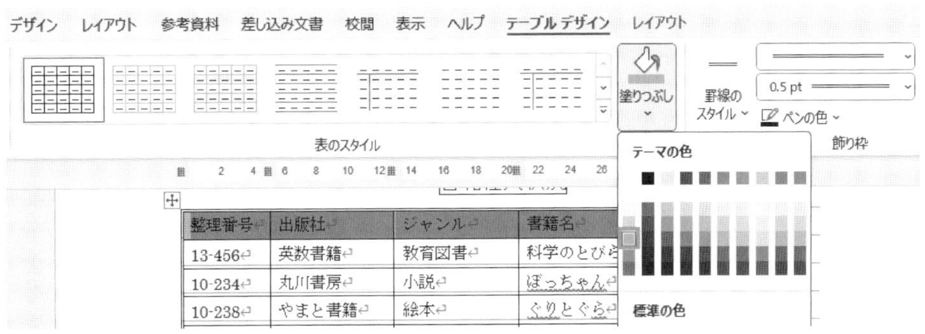

「レイアウト」タブから中央揃えに設定します。

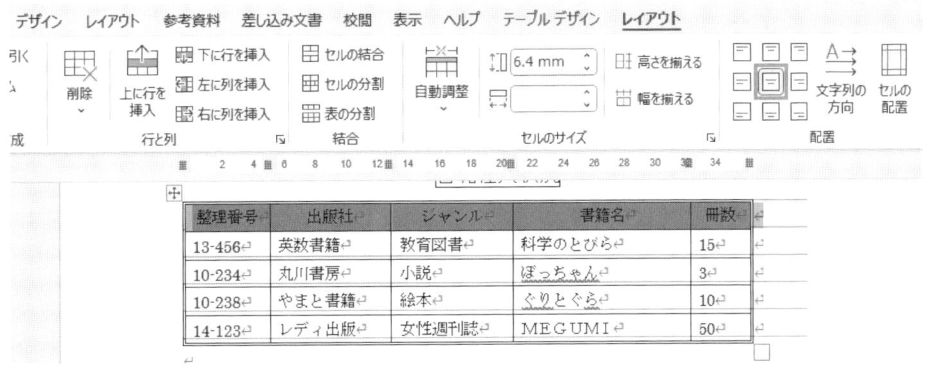

● **完成見本**

書籍仕入状況

整理番号	出版社	ジャンル	書籍名	冊数
13-456	英数書籍	教育図書	科学のとびら	15
10-234	丸川書房	小説	ぼっちゃん	3
10-238	やまと書籍	絵本	ぐりとぐら	10
14-123	レディ出版	女性週刊誌	MEGUMI	50

3-3-3 表作成の練習 上級

フォルダー「3.表」の中の「表の練習問題【3】」を開いてください。

企業セミナー参加申込書

企業名		所属部署	
氏名		電話番号	
ご住所	〒		

以下の指示に従って、文書を編集してください。

①標題は、ゴシック体にして拡大し、下線をつけ、中央に配置すること。
②以下の項目を、住所の下に追加すること。

メールアドレス	

③「メールアドレス」の項目行を、住所の上に移動すること。
④「氏名」「電話番号」の項目行を、表の一番上の行に移動すること。
⑤表の一番下に、以下の項目を追加すること。

希望コース	ビジネスマナー講座	ビジネス起業講座	経営者育成講座

⑥「ビジネスマナー講座」と「経営者育成講座」の文字を入れ替えること。
⑦各項目は、セルの網かけ、中央揃えにし、均等割り付けすること。
⑧表の外枠を、二重線にすること。
⑨「希望コース」の項目欄の、「講座」の文字を「コース」に置き換えること。

解説 ①標題は、ゴシック体にして拡大し、下線をつけ、中央に配置すること。

②以下の項目を、住所の下に追加すること。

メールアドレス	

「ご住所」の下に1行追加して、追加した行に「メールアドレス」と入力します。

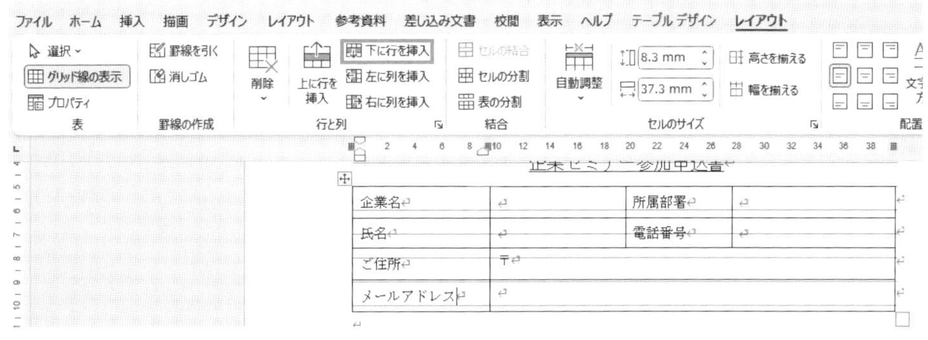

③「メールアドレス」の項目行を、住所の上に移動すること。

「メールアドレス」の行を選択して「切り取り」をクリックします。

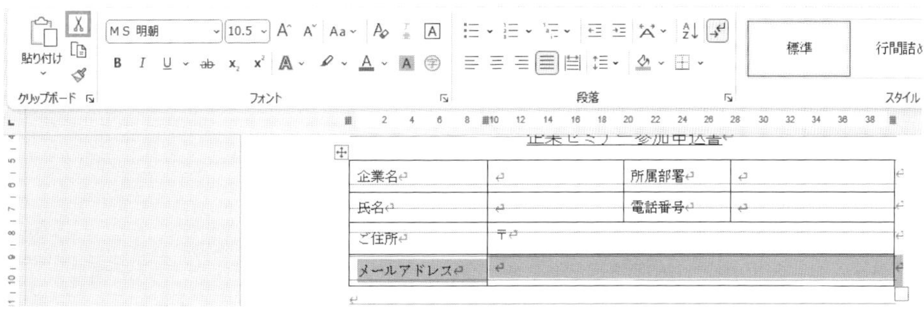

「ご住所」のセル内をクリックして、「貼り付け」ボタンをクリックしてください。クリックした「ご住所」の上の行に、切り取った「メールアドレス」の行が貼りつきます。

④「氏名」「電話番号」の項目行を、表の一番上の行に移動すること。

「氏名」「電話番号」の行を選択して、「切り取り」をクリックします。

「企業名」のセル内をクリックして、「貼り付け」ボタンをクリックします。

⑤表の一番下に、以下の項目を追加すること。

希望コース	ビジネスマナー講座	ビジネス起業講座	経営者育成講座

表の一番下に、1行追加します（「ご住所」のセル内をクリックして、「下に行を挿入」をクリック）。

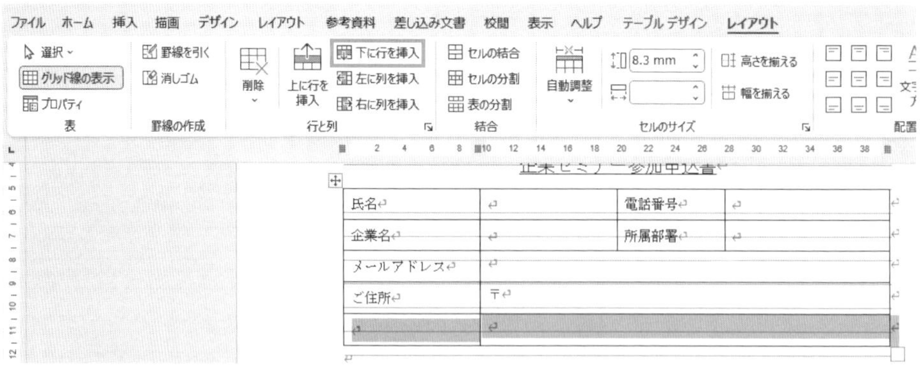

「セルの分割」をします。右側のセル内をクリックして、「セルの分割」より列数を「3」にして「OK」をクリックしてください。

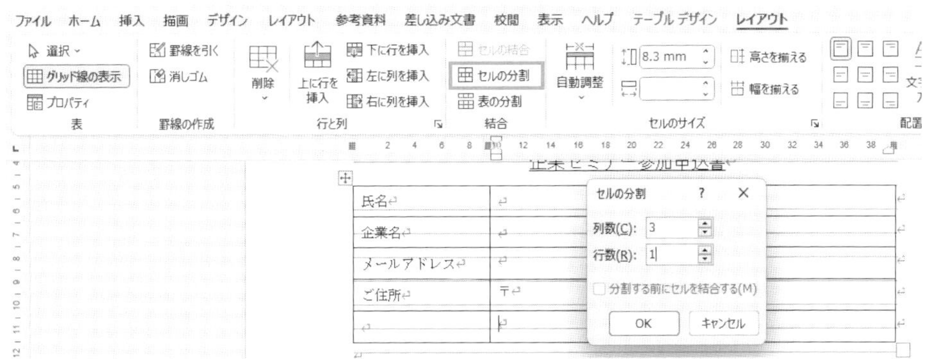

右側のセルが3つに分割されました。追加した行に文字を入力します。

ご住所	〒		
希望コース	ビジネスマナー講座	ビジネス起業講座	経営者育成講座

⑥「ビジネスマナー講座」と「経営者育成講座」の文字を入れ替えること。

「ビジネスマナー講座」の文字をドラッグして「切り取り」し、「経営者育成講座」の文字の後ろをクリックして「貼り付け」てください。

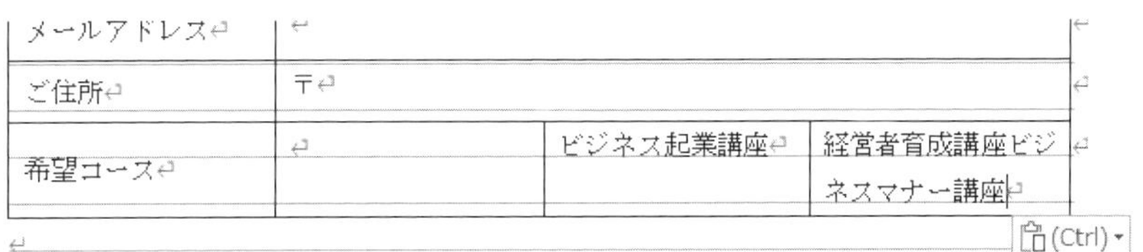

次に、「経営者育成講座」の文字をドラッグして「切り取り」し、移動先のセルに「貼り付け」てください。

⑦**各項目は、セルの網かけ、中央揃えにし、均等割り付けすること。**

セルの網かけは「テーブルデザイン」タブの「塗りつぶし」から行います。

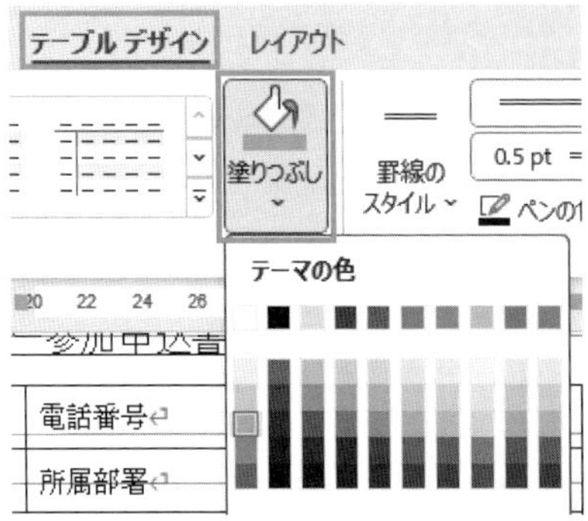

中央揃えは表の「レイアウト」タブから行います。

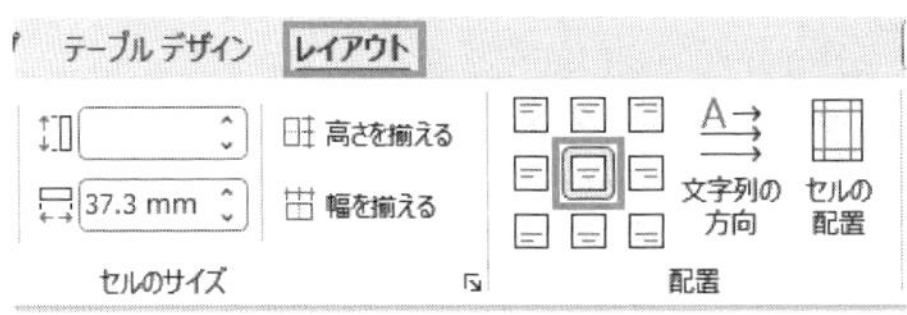

均等割り付けは「ホーム」タブから行います。

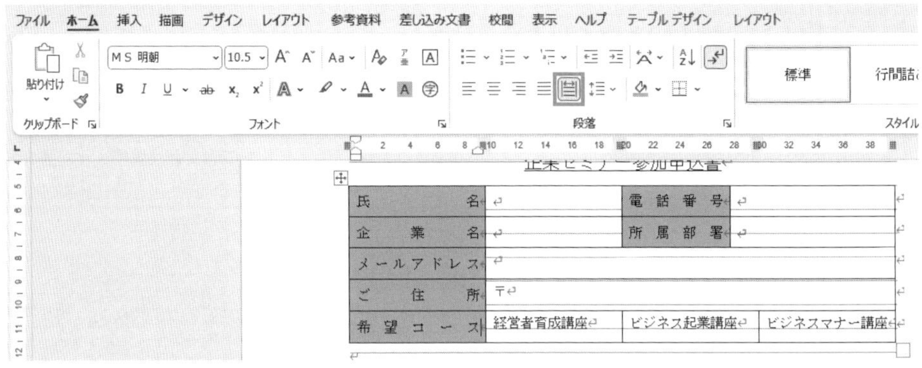

⑧**表の外枠を、二重線にすること。**

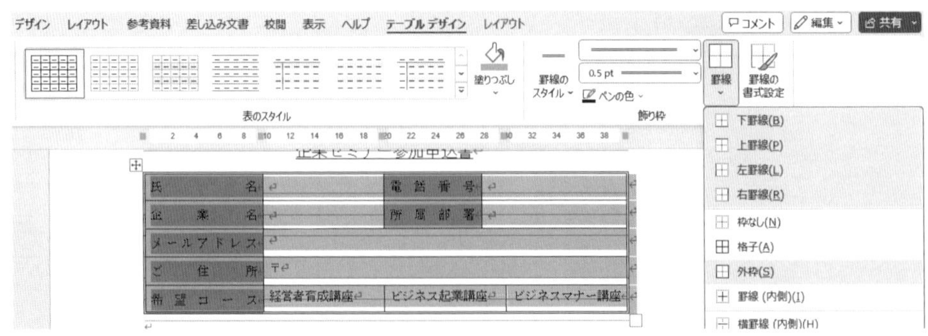

⑨「希望コース」の項目欄の、「講座」の文字を「コース」に置き換えること。

「ホーム」タブより「置換」をクリックし、「検索する文字列」に「講座」と入力してください。「検索後の文字列」に「コース」と入力してから、「すべて置換」をクリックしてください。

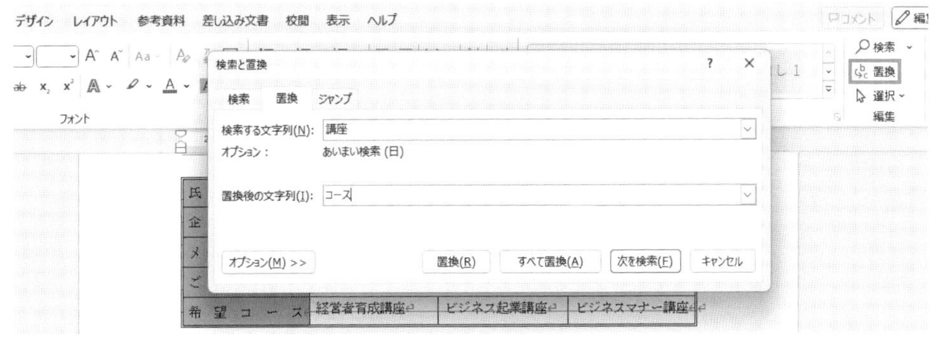

「OK」をクリックしてください。

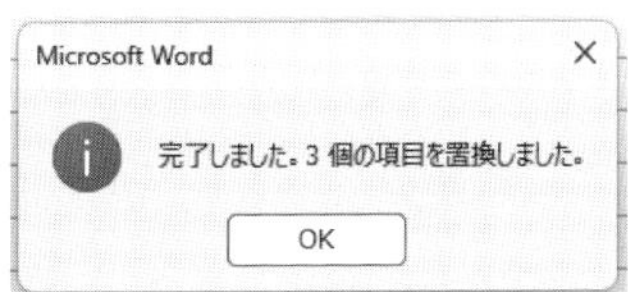

●完成見本

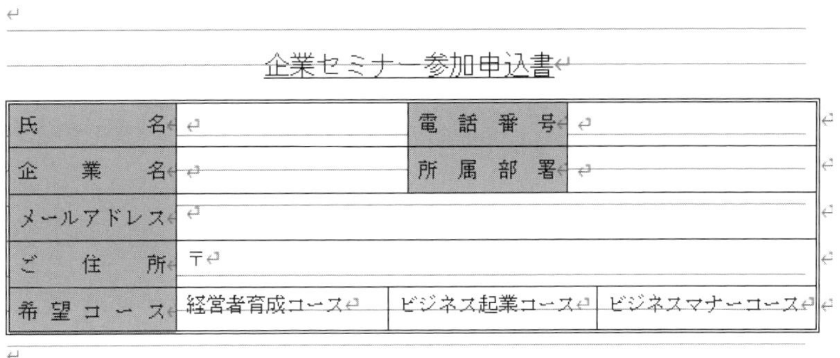

企業セミナー参加申込書

氏　　名		電話番号	
企　業　名		所属部署	
メールアドレス			
ご　住　所	〒		
希望コース	経営者育成コース	ビジネス起業コース	ビジネスマナーコース

3-4 図形

3-4-1 図形の練習　初級

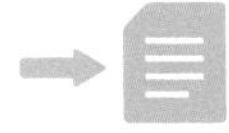

フォルダー「4.図形」の中の「図形の練習問題【1】」を開いてください。

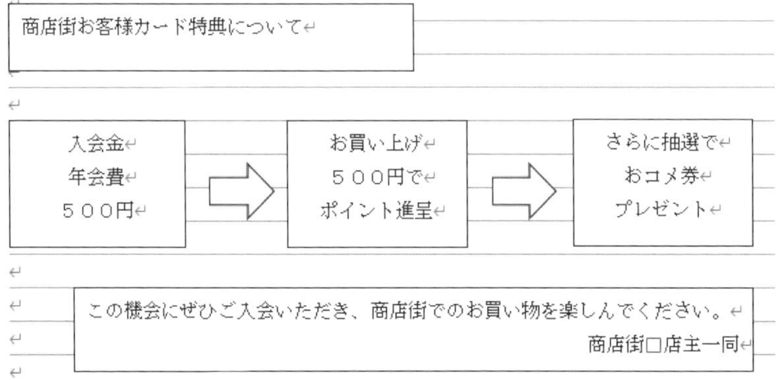

以下の指示に従って、文書を編集してください。

①標題の図形を「四角形 ： 角を丸くする」に変更すること。 さらに、線の種類を二重線に変更し、用紙の中央に配置すること。
②標題の文字を、MSゴシック ・ 14ptとすること。 なお、図形の大きさは、文字が表示されるサイズに変更すること。
③特典の内容と図形を以下のように変更すること。

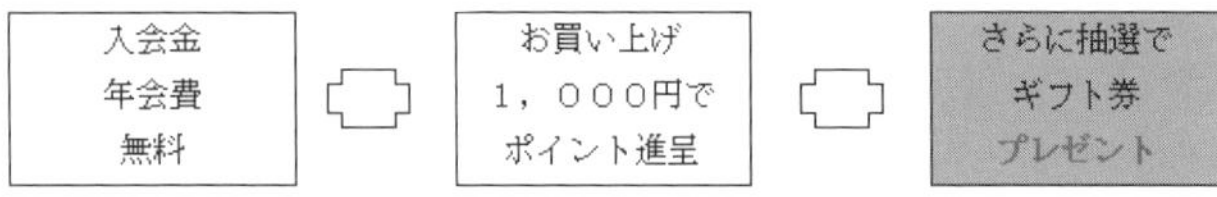

※「プレゼント」のフォントの色は「赤」、図形の塗りつぶしは「水色」です。

解説

①標題の図形を「四角形 ： 角を丸くする」に変更すること。 さらに、線の種類を二重線に変更し、用紙の中央に配置すること。

図形の変更をします。 標題の図形を選択して、「図形の書式」タブをクリックしてください。「図形の編集」ボタンから「図形の変更」を選び「四角形 ： 角を丸くする」を選択します。

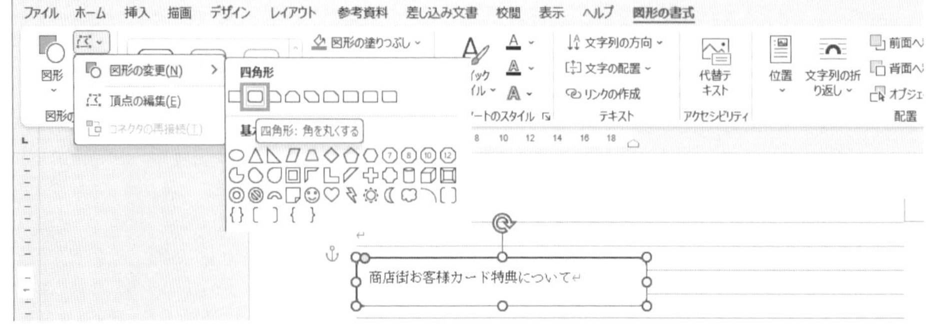

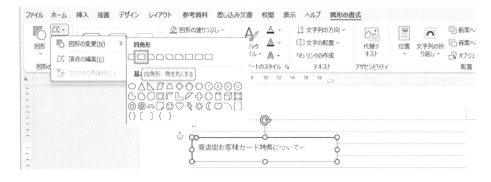

線の種類を「二重線」に変更します。
[1]「図形の書式設定」をクリックしてください。
[2]「線」を選択してください。
[3]幅を「3pt」に設定します。
[4]一重線/多重線は「二重線」を選択します。

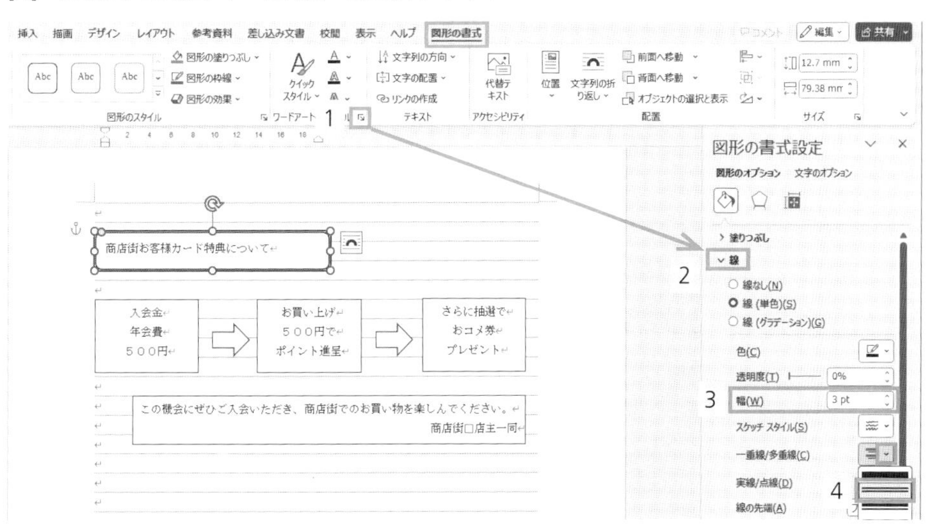

用紙の中央に配置します。「図形の書式」タブ→「配置」→「左右中央揃え」をクリックしてください。

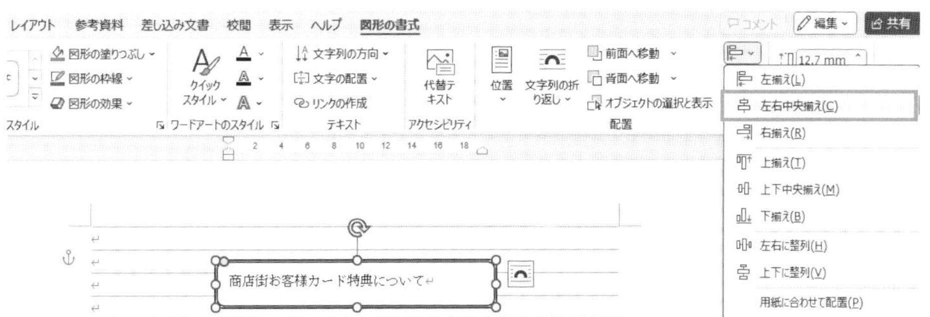

②標題の文字を、MSゴシック・14ptとすること。なお、図形の大きさは、文字が表示されるサイズに変更すること。

文字が表示されるように、上下左右に図形をドラッグして広げてください。

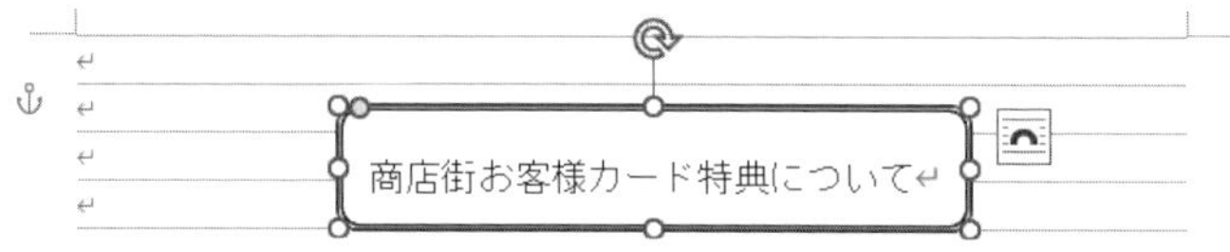

③特典の内容と図形を以下のように変更すること。

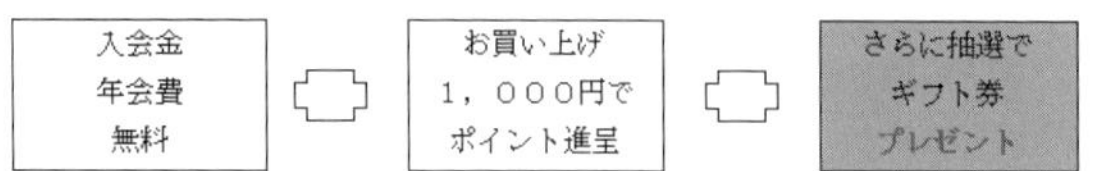

図形の変更をします。「ブロック矢印」を「十字形」に変更してください。

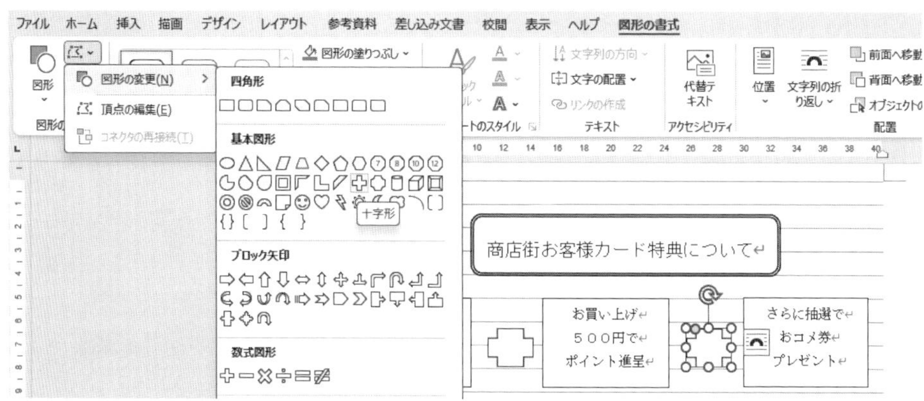

特典の内容を以下のように変更します。

・「入会金年会費500円」 → 「入会金年会費無料」
・「お買上500円」 → 「お買上1,000円」
・「抽選でおコメ券」 → 「抽選でギフト券」
・「プレゼント」のフォントの色を「赤」に変更し、「プレゼント」の図形の塗りつぶしを「水色」に変更します。

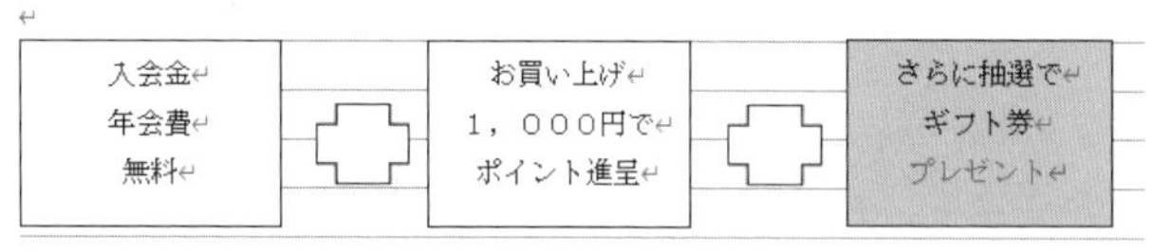

●完成見本

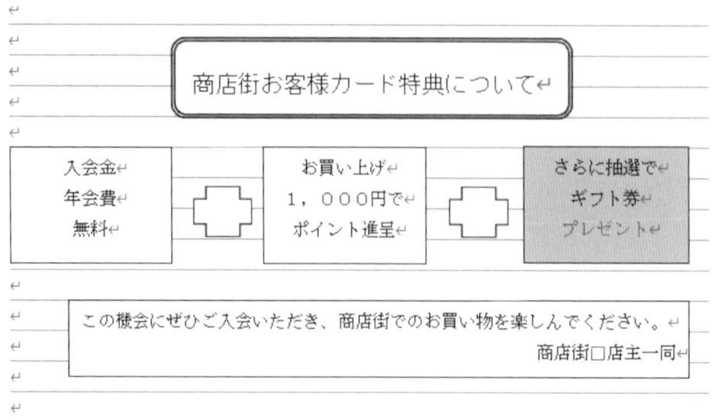

3-4-2 図形の練習　上級

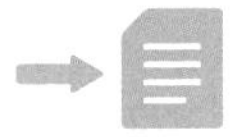

フォルダー「4.図形」の中の「図形の練習問題【2】」を開いてください。

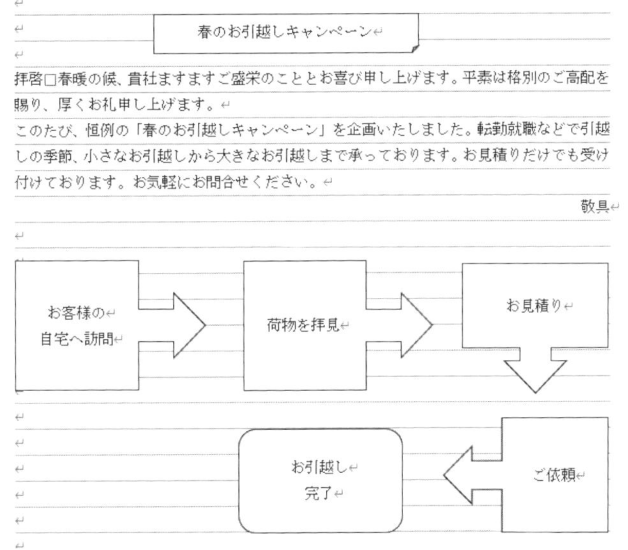

春のお引越しキャンペーン

拝啓□春暖の候、貴社ますますご盛栄のこととお喜び申し上げます。平素は格別のご高配を賜り、厚くお礼申し上げます。

このたび、恒例の「春のお引越しキャンペーン」を企画いたしました。転勤就職などで引越しの季節、小さなお引越しから大きなお引越しまで承っております。お見積りだけでも受け付けております。お気軽にお問合せください。

敬具

お客様の自宅へ訪問

荷物を拝見

お見積り

ご依頼

お引越し完了

以下の指示に従って、文書を編集してください。

①標題は、「MSゴシック」「14ポイント」「均等割り付け」に設定すること。それに伴って図の大きさも変更し、用紙の中央に配置すること。

②「四角形：角を丸くする」を、図形の「星：8pt」に変更し、文字は、「MSゴシック」「12ポイント・太字」「均等割り付け」に変更すること。

③「お引越完了」の図形の左に、図形「星：16pt」を入れること。下の見本のように、文字と色を設定してください。

※色は、星の枠線、中の文字とも赤です。

解説

①標題は、「MSゴシック」「14ポイント」「均等割り付け」に設定すること。それに伴って図の大きさも変更し、用紙の中央に配置すること。

標題のフォント変更・均等割り付けをして、図形を拡大します。

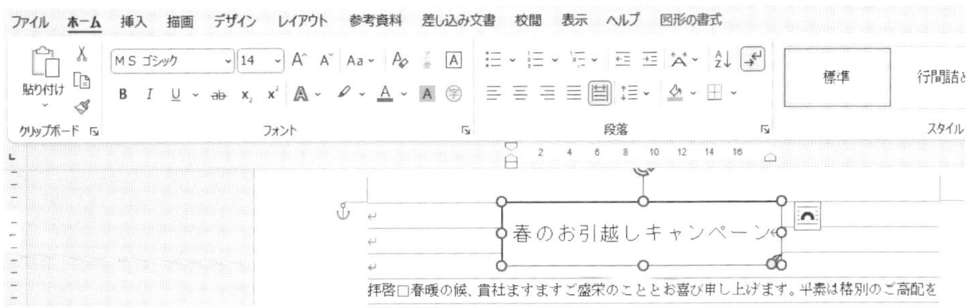

用紙の中央に配置します。

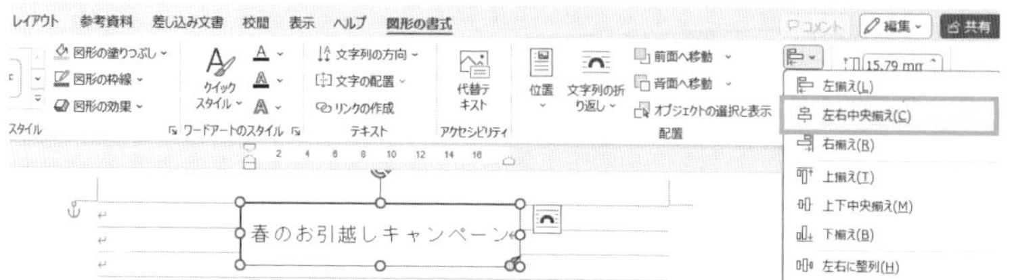

② **「四角形 ： 角を丸くする」を、図形の「星 ： 8pt」に変更し、文字は、「MSゴシック」「12ポイント ・ 太字」「均等割り付け」に変更すること。**

図形の変更を行います。

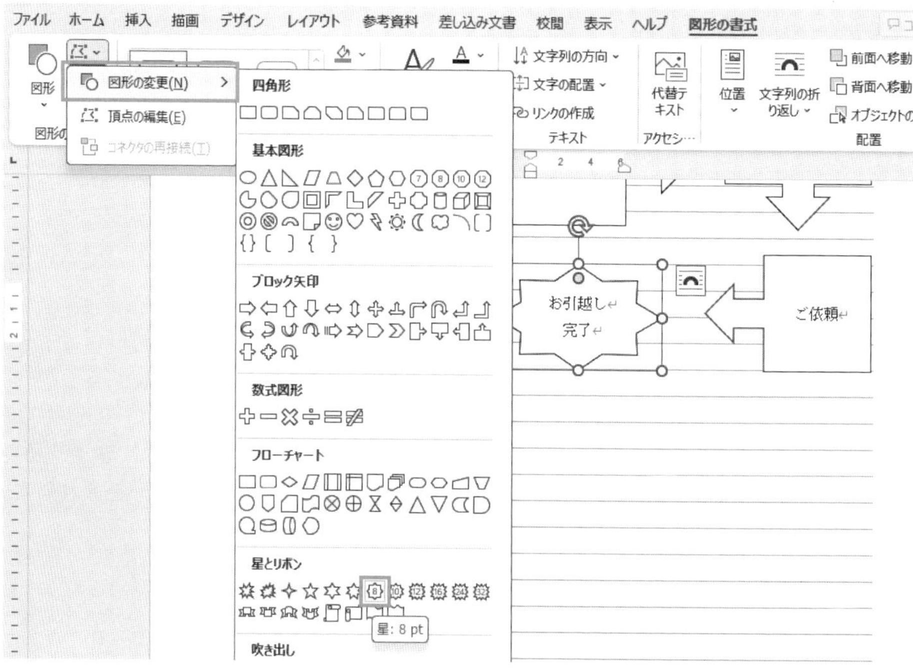

図形内の文字を均等割り付けします。

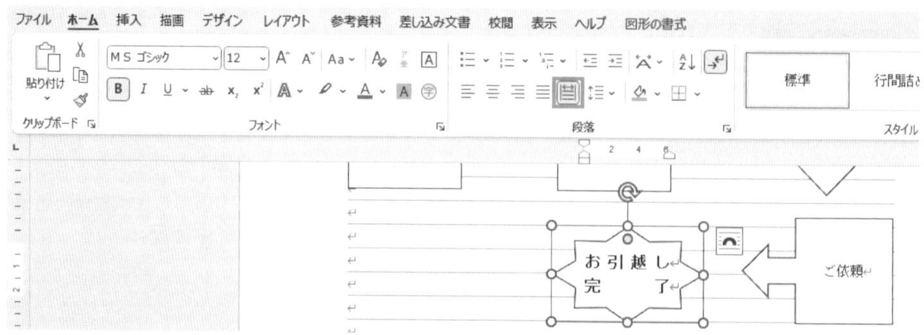

必ず、図形内で均等割り付けするようにしてください。右図のように「文字の均等割り付け」が表示される場合は、文字のみをドラッグしている状態です。図形の枠線上をクリックして、図形を選択した状態で「均等割り付け」をクリックするようにしてください。

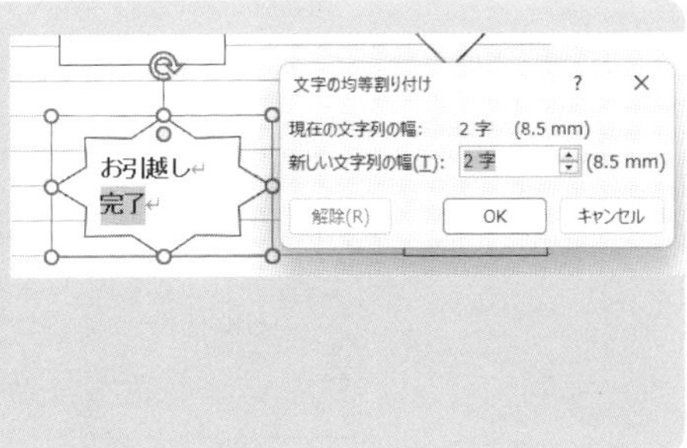

③「お引越完了」の図形の左に、図形「星：16pt」を入れること。下の見本のように、文字と色を設定してください。

※色は、星の枠線、中の文字とも赤です。

図形を作成します。

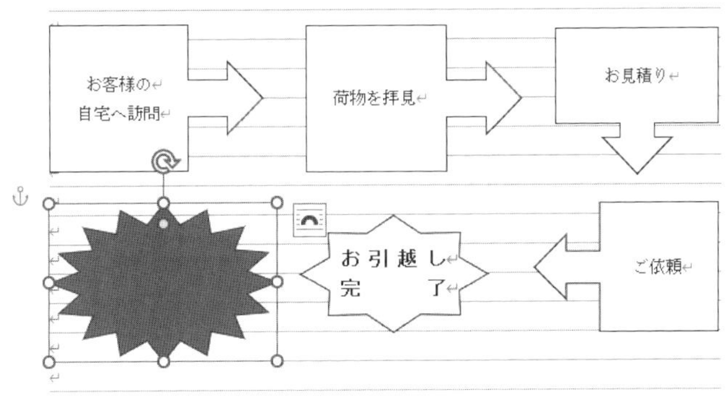

図形に文字を入力します。図形を選択した状態で、直接キーボードで文字を入力してください。カーソル位置に関係なく、図形の中に文字が入力されます。

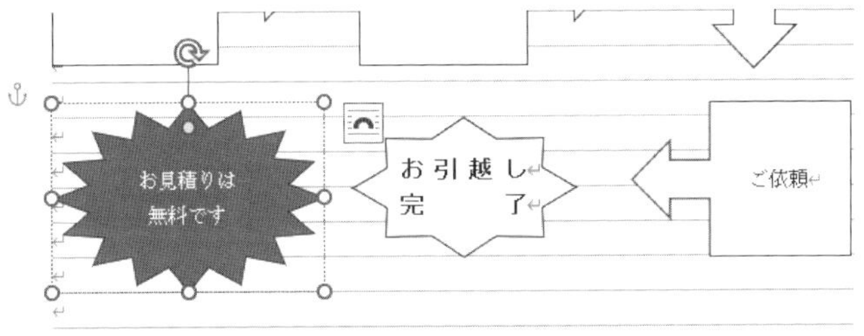

もし、図形の中に直接文字の入力ができない場合は、図形の上で「右クリック」して、「テキストの追加」をクリックし、文字を入力するようにしてみてください。

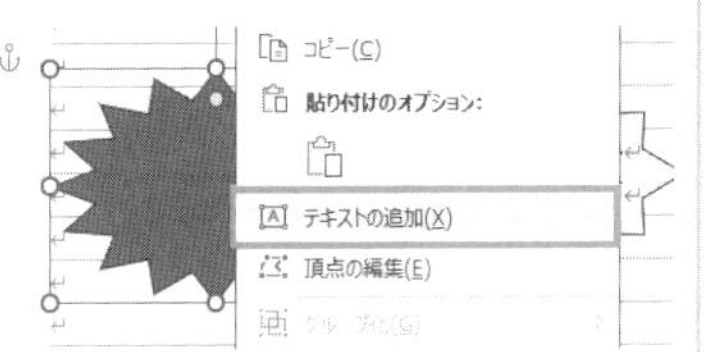

図形と文字の書式を設定します。図形の塗りつぶしは「白」、図形の枠線は「赤」、フォントの色は「赤」です。

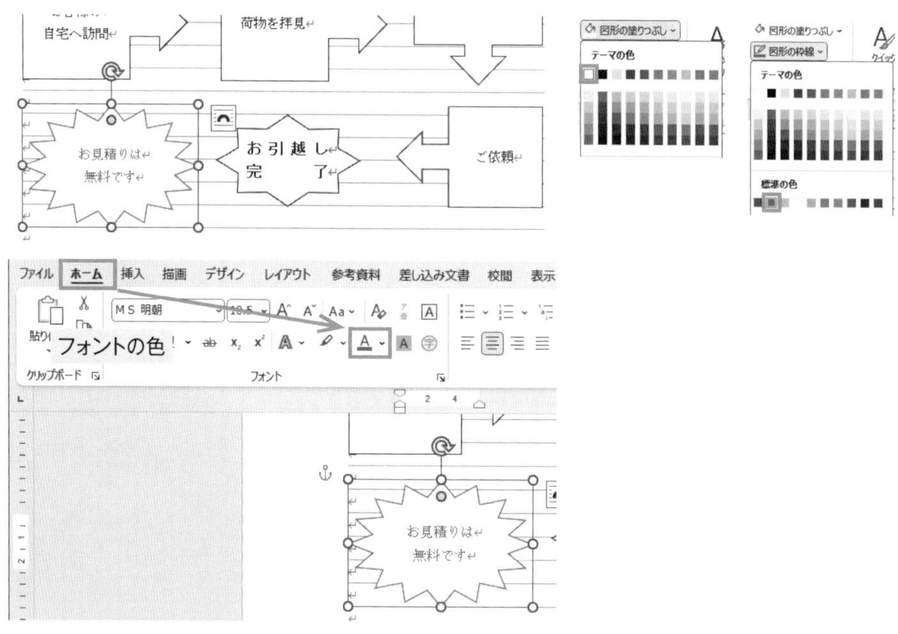

●**完成見本**

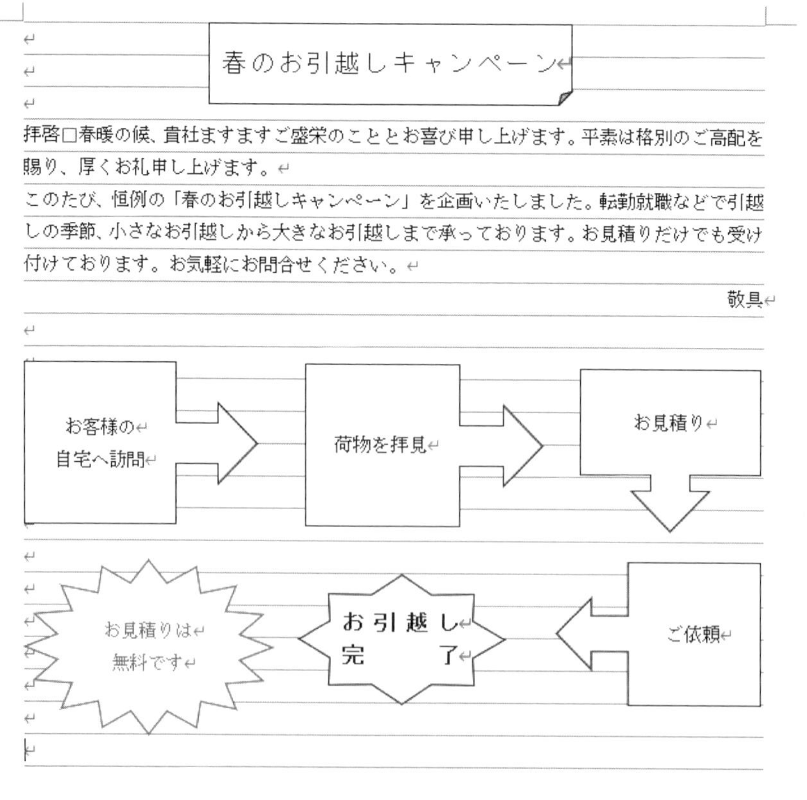

3-5 スタイル

フォルダー「5.スタイル」の「スタイルの練習問題【1】」を開いてください。

令和４年４月吉日

社員各位

福利厚生課□高井信二

社内診療所開設のご案内

このたび、当社に「みどり診療所」が開設しました。

当診療所は、社員の皆様の健康相談、食生活や体力のチェックなど、健康と生活を考える診療所です。

社員の皆様で健康に関心のある方は、どうぞご利用ください。

記

【診療時間】

時□□間	診療内容	医□師
午前□９：００～１２：００	内科・皮膚科	斉藤みどり

電話番号□内線□２３０７

メール□shinryoujo@****.jp

※□社員の方がご利用の際は、社員証をご提示ください。

以下の指示に従って、文書を編集してください。

①発信日と発信者名を適切な位置に配置してください。
②標題を「社内診療所開院のお知らせ」に変更し、拡大し、用紙中央に配置してください。
③本文の行頭を1文字分字下げしてください。
④本文「どうぞご利用ください。」と「記」の間を1行空けてください。
⑤表内の「時間」に「午後14：00～17：00」を追加してください。午前と午後の時間が、2行になるように適切な位置で改行してください。
⑥記書きの最終行に、「以上」と入力し、適切な位置に配置してください。

解説

①発信日と発信者名を適切な位置に配置してください。

発信日、発信者名ともに、「右揃え」が基本です。

②標題を「社内診療所開院のお知らせ」に変更し、拡大し、用紙中央に配置してください。

Wordでは、文字に設定された「フォントの種類」「フォントサイズ」「色」「中央揃え」など、各種の設定をまとめて「書式」といいます。
発信日と発信者名には「右揃えの書式」が、標題には「フォントサイズ」と「中央揃え」の書式が設定されている、という意味になります。この様々な「書式」を一括で管理するものを「スタイル」といいます。文書作成3級の試験では「スタイル」を扱う問題は出題されませんが、「書式」の意味は覚えておきましょう。

③本文の行頭を1文字分字下げしてください。

文章の2行目以降も字下げにならないように、必ず「最初の行」を「字下げ」するようにしてください。

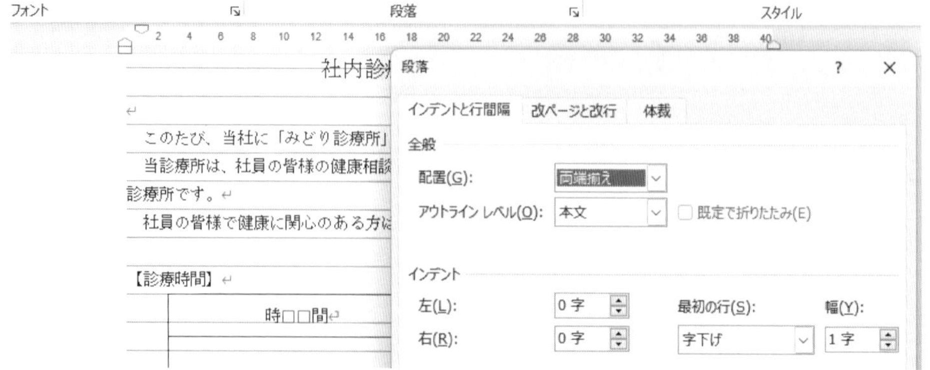

注意

「インデント」ボタンを使って字下げすると、以下のように2行目以降も字下げになってしまいます。しっかりと区別するようにしてください。

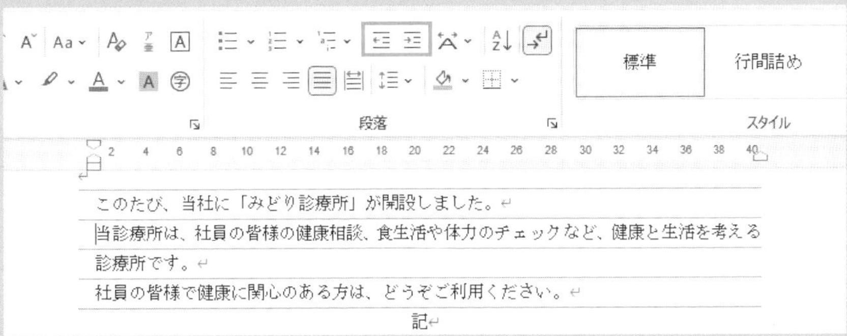

このたび、当社に「みどり診療所」が開設しました。
当診療所は、社員の皆様の健康相談、食生活や体力のチェックなど、健康と生活を考える
診療所です。
社員の皆様で健康に関心のある方は、どうぞご利用ください。
記

「インデント」と「最初の行の字下げ」は、意味も操作結果も変わります。「書式」が「違う」と判断されますので、試験の際は避けてください。設定されている「書式」が違うと、採点に影響が出るケースがありますので、正しい「書式」を使うようにしましょう。

④本文「どうぞご利用ください。」と「記」の間を1行空けてください。

「どうぞご利用ください。」の文字の後ろにカーソルを置いて、改行します。

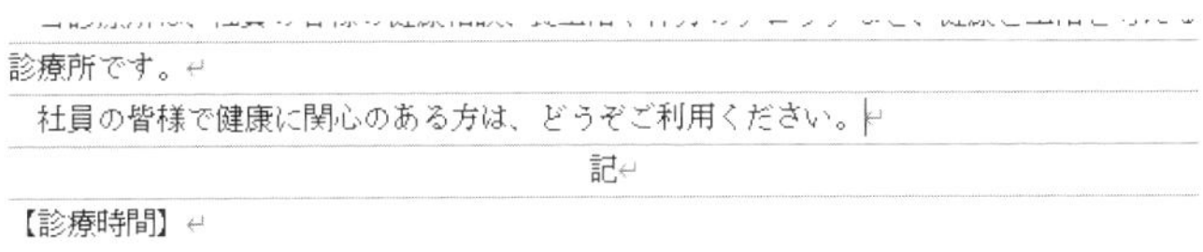

診療所です。
社員の皆様で健康に関心のある方は、どうぞご利用ください。
記
【診療時間】

「記」の行が1行下がります。

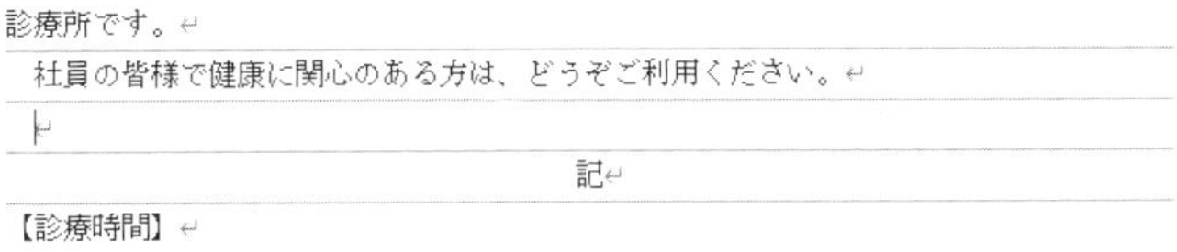

診療所です。
社員の皆様で健康に関心のある方は、どうぞご利用ください。

記
【診療時間】

注意

このとき、「記」の前にカーソルを置いて、改行すると、「記」の上に1行できますが、「記」と同じスタイル（中央揃え）の行ができてしまいます。スタイルの違う「行」が挿入されたと判断されますので、試験ではこの方法は避けてください。

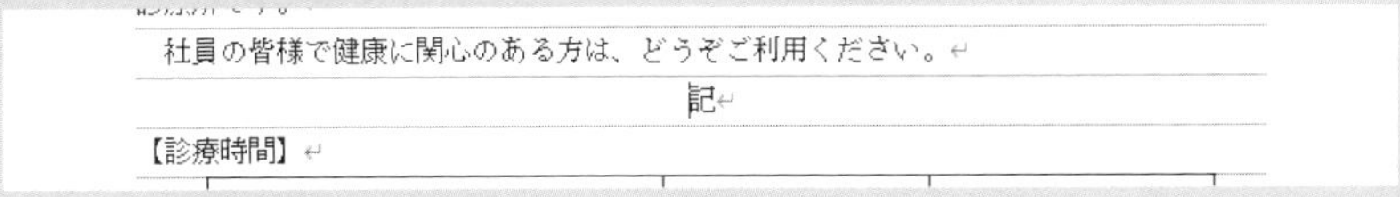

社員の皆様で健康に関心のある方は、どうぞご利用ください。
記
【診療時間】

どの位置にカーソルを置いて改行するか、によって、結果が異なります。標題のように、文字の大きさや各種書式設定をした行の終わりにカーソルを置いて改行すると、次の行にも同じ書式が設定されてしまいます（46ページも参照のこと）。今回の問題も、「記」の前で改行するのは避けましょう。

⑤表内の「時間」に「午後14：00～17：00」を追加してください。 午前と午後の時間が、2行になるように適切な位置で改行してください。

「12：00」の後ろにカーソルを置いて改行し入力します。

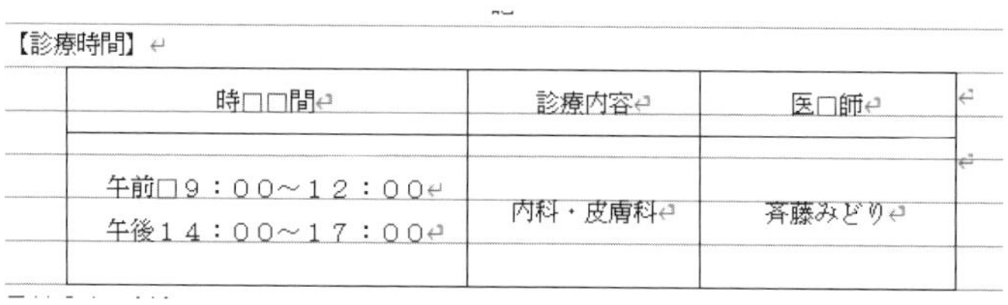

【診療時間】

時□□間	診療内容	医□師
午前□９：００～１２：００ 午後１４：００～１７：００	内科・皮膚科	斉藤みどり

⑥記書きの最終行に、「以上」と入力し、適切な位置に配置してください。

「社員証をご提示ください。」の後ろにカーソルを置いて改行します。

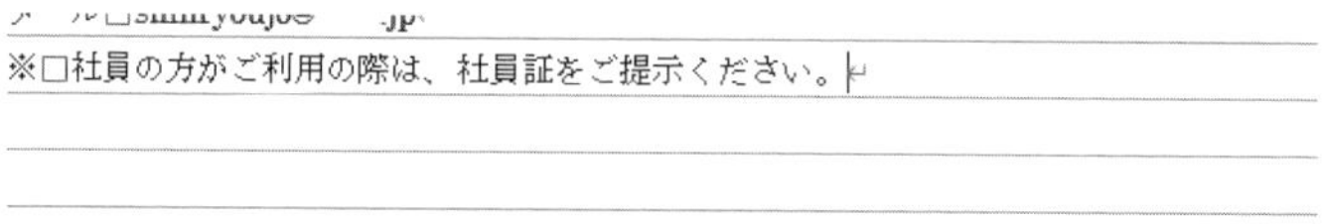

※□社員の方がご利用の際は、社員証をご提示ください。

「ご提示ください。」の次に新しい行が1行できます。

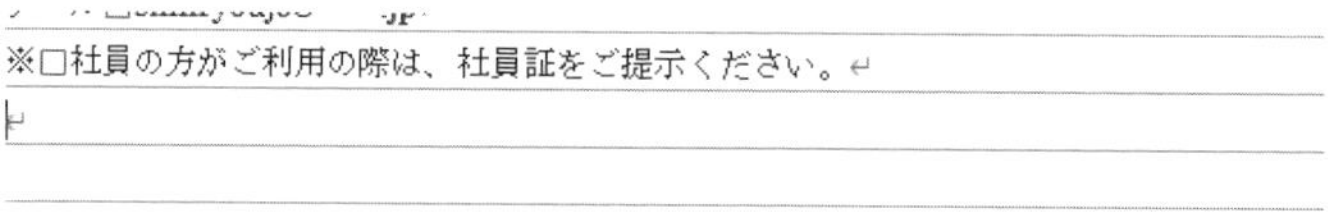

※□社員の方がご利用の際は、社員証をご提示ください。

新しい行に「以上」と入力します。

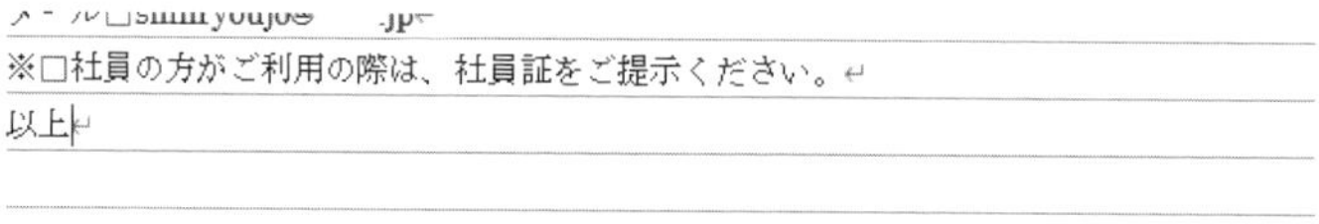

※□社員の方がご利用の際は、社員証をご提示ください。

以上

「以上」の文字を確定したら、そのままもう一度Enterキーを押します。 すると、自動的に右端に移動になります。

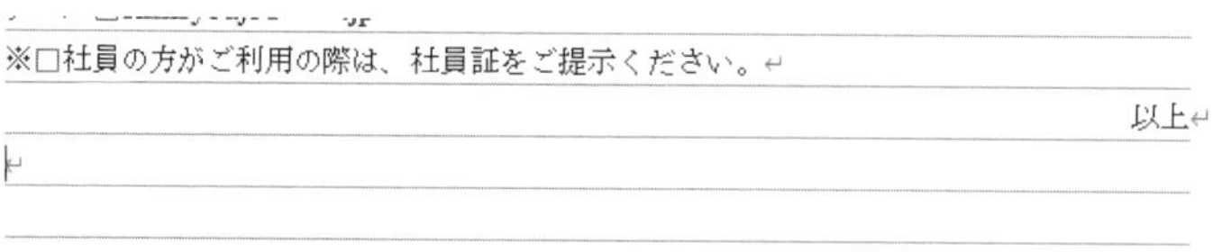

※□社員の方がご利用の際は、社員証をご提示ください。

以上

「以上」の文字しかない行は、「結語スタイル」といって自動的に右寄せになります。

「結語スタイル」

「拝啓」に続く「敬具」や、「記」書きの最後の「以上」のような文字を「結語」といいます。画面では「右揃え」になっているように見えますが、実際の文字のスタイルは「結語」といって、右揃えとは異なります。

この問題でも、**「以上」の行を選択して「右揃え」のボタンを使うのは間違いです。**

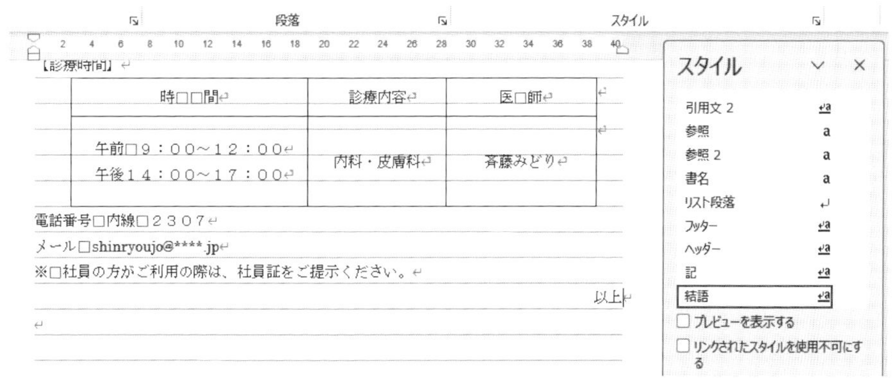

このように、「以上」の行にカーソルを置いて「スタイル」ウィンドウを見ると、「結語」というスタイルになっていることが確認できます。

「以上」の次には、自動的に新しい行が作成されます。「以上」の続きに文字を入力する時は、この新しい行を使います。

メール□shinryoujo@****.jp
※□社員の方がご利用の際は、社員証をご提示ください。
以上

●完成見本

令和４年４月吉日

社員各位

福利厚生課□高井信二

社内診療所開院のお知らせ

このたび、当社に「みどり診療所」が開設しました。

当診療所は、社員の皆様の健康相談、食生活や体力のチェックなど、健康と生活を考える診療所です。

社員の皆様で健康に関心のある方は、どうぞご利用ください。

記

【診療時間】

時□□間	診療内容	医□師
午前□９：００～１２：００ 午後１４：００～１７：００	内科・皮膚科	斉藤みどり

電話番号□内線□２３０７

メール□shinryoujo@****.jp

※□社員の方がご利用の際は、社員証をご提示ください。

以上

第4章 実技科目の練習

実際の試験問題に近い形式の練習問題を学習します。日商PC検定の試験問題は、問題文の画面とWordの画面を、左右に2つ並べて解答していきます。練習問題の学習から、Wordのウィンドウを3分の2くらいに縮小して練習するようにしてください。画面を縮小しているので、Wordのボタンが隠れてしまっている場合がありますが、普段からこの画面に慣れるようにしてください。

●ファイルを開く

「第4章　実技科目の練習」のフォルダーには、以下のWordファイルが入っています。問題ごとに、それぞれのWord文書をダブルクリックで開いて練習していきます。

- 1 教材送付
- 2 報告会開催のご案内
- 3 健康相談室開設のお知らせ
- 4 社員旅行案内
- 5 研修会
- 6 発表会のご案内
- 7 健康診断の実施
- 8 講座についてのご案内
- 9 旅行アンケート調査結果
- 10 議事録

4-1 教材送付

「1 教材送付」を開いてください。

あなたは、株式会社スキルアップの社員です。上司からこのたび、お客様へあてた教材送付の案内状を作成するように指示されました。この案内状はあなたが下書きしたものですが、修正等があり未完成です。

上司からの指示は以下の通りです。指示に従って文書を作成し、保存をしてください。

案内状は、以下の内容で完成させること。

- 上余白と下余白を「25mm」に変更すること。
- 文書番号「通教－２３０７１０」を適切な位置に記入すること。
- 発信日は「令和５年７月１０日」とし、適切な位置に記入すること。
- あて先は「細川咲子」とし、適切な敬称をつけること。
- 発信者名を適切な位置に配置すること。
- 標題は「『行政書士講座』教材送付について」とし、拡大し中央に配置すること。
- 主文内の「このたびは、…」の段落を下記の内容に修正すること。

  　このたびは、『行政書士講座』にお申し込みいただき、誠にありがとうございます。あなたが講座を修了されるまで、弊社の通信教育指導部がしっかりサポートさせていただきますので、ご質問などございましたらお気軽にご相談ください。

- 表を下記の内容に修正をすること。ただし、列数、行数などの表の形式は必要に応じて変更すること。

教材の種類	チェック	教材の種類	チェック
学習ガイドブック		過去問題と解答・解説	
問題集2冊		添削問題集	
テキスト全7冊		添削提出用シール	
合格ハンドブック		受講費振込用紙	

- 表の外枠を1.5ptの太線にすること。
- 表内の「テキスト全７冊」と「問題集２冊」の文字列を入れ替えること。
- 記書きの「指導期限」と「注意事項」の行を入れ替えること。
- 箇条書きの「◆」を段落番号「1.2.3.…」に変更すること。
- 「教材セット内容」「指導期限」「注意事項」の内容文に、２文字分のインデントを設定すること。
- A4用紙1枚に出力できるようにレイアウトすること。
- 作成したファイルは「教材送付について」として保存すること。

解説

● 上余白と下余白を「25mm」に変更すること。

「レイアウト」タブより「ページ設定」の矢印をクリックしてください。

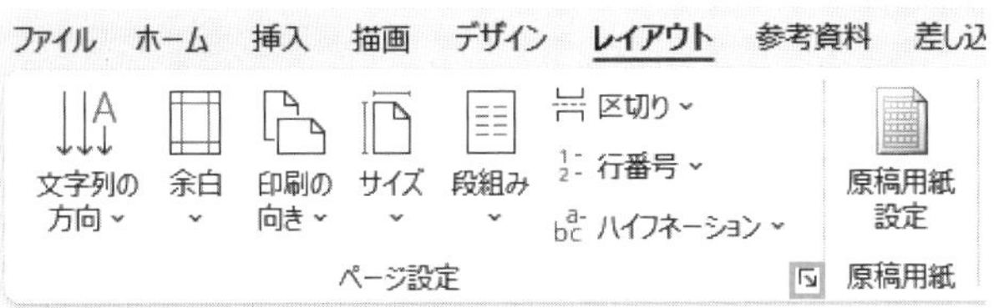

「余白」タブをクリックして、上余白と下余白の数字を「25mm」に設定し、「OK」ボタンをクリックします。

- [1]文書番号「通教－２３０７１０」を適切な位置に記入すること。
- [2]発信日は「令和５年７月１０日」とし、適切な位置に記入すること。
  文書番号、発信日ともに右揃えで記入しましょう。
- [3]あて先は「細川咲子」とし、適切な敬称をつけること。
  あて先を適切な位置に記入し、敬称をつけてください。
- [4]発信者名を適切な位置に配置すること。
  発信者名を右揃えにしましょう。
- [5]標題は「『行政書士講座』教材送付について」とし、拡大し中央に配置すること。
  標題の変更、フォントサイズの拡大、中央揃えを行ってください。
- [6]主文内の「このたびは、…」の段落を下記の内容に修正すること。
  主文内の指定の段落の文章を修正します。

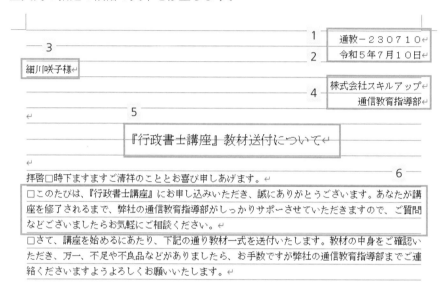

1 通教－２３０７１０↵
2 令和５年７月１０日↵
3 細川咲子様↵
4 株式会社スキルアップ↵
通信教育指導部↵
↵
5 『行政書士講座』教材送付について↵
↵
拝啓□時下ますますご清祥のこととお喜び申しあげます。↵
6 □このたびは、『行政書士講座』にお申し込みいただき、誠にありがとうございます。あなたが講座を修了されるまで、弊社の通信教育指導部がしっかりサポートさせていただきますので、ご質問などございましたらお気軽にご相談ください。↵
□さて、講座を始めるにあたり、下記の通り教材一式を送付いたします。教材の中身をご確認いただき、万一、不足や不良品などがありましたら、お手数ですが弊社の通信教育指導部までご連絡くださいますようよろしくお願いいたします。↵

注　意

文章を入力する際は、誤字脱字・数字の全角/半角に気をつけましょう。
・５年 ⇔ 5年
・申し込み ⇔ 申込
・ください ⇔ 下さい
また、人名の漢字も正しく入力するようにしましょう。

- 表を下記の内容に修正をすること。 ただし、列数、行数などの表の形式は必要に応じて変更すること。

教材の種類	チェック	教材の種類	チェック
学習ガイドブック		過去問題と解答・解説	
問題集2冊		添削問題集	
テキスト全7冊		添削提出用シール	
合格ハンドブック		受講費振込用紙	

表内の修正をします。まず、「問題集２冊」のセル内をクリックし、「下に行を挿入」をクリックします。

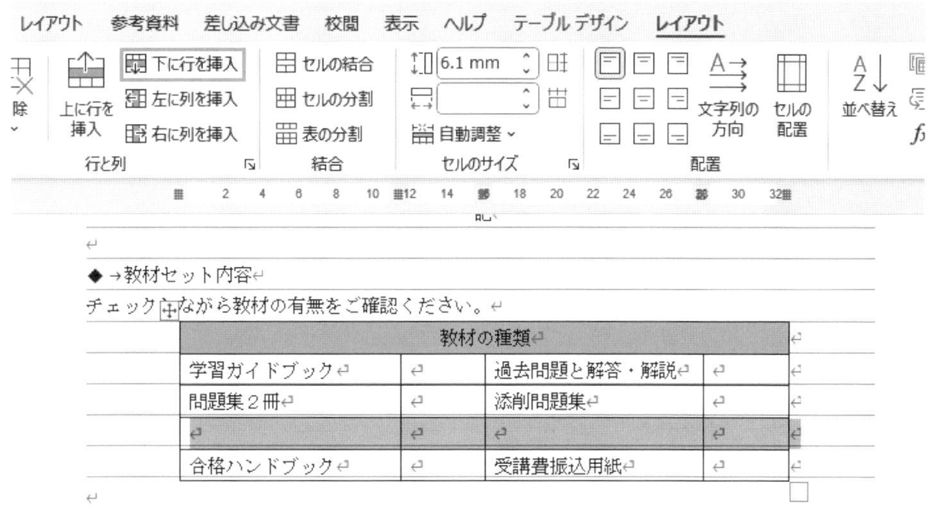

◆→教材セット内容

チェックしながら教材の有無をご確認ください。

教材の種類			
学習ガイドブック		過去問題と解答・解説	
問題集２冊		添削問題集	
合格ハンドブック		受講費振込用紙	

文字を入力します。

教材の種類			
学習ガイドブック		過去問題と解答・解説	
問題集２冊		添削問題集	
テキスト全７冊		添削提出用シール	
合格ハンドブック		受講費振込用紙	

1行目は、「セルの分割」で「4列」に分割します。

レイアウト　参考資料　差し込み文書　校閲　表示　ヘルプ　テーブル デザイン　レイアウト

削除　上に行を挿入　下に行を挿入　左に列を挿入　右に列を挿入　行と列

セルの結合　セルの分割　表の分割　結合

6.1 mm　自動調整　セルのサイズ

文字列の方向　セルの配置　配置

並べ替え

セルの分割

列数(C): 4

行数(R): 1

分割する前にセルを結合する(M)

OK　キャンセル

チェックしながら教材の有無をご確認ください。

教材の種類			
学習ガイドブック		過去問題と解答・解説	
問題集２冊		添削問題集	

列幅を調整し、文字を入力します。

教材の種類	チェック	教材の種類	チェック
学習ガイドブック		過去問題と解答・解説	
問題集２冊		添削問題集	
テキスト全７冊		添削提出用シール	
合格ハンドブック		受講費振込用紙	

列幅を調整する際にAltキーを押しながら ⇹ をドラッグすることで、列幅を微調整することができます。

●表の外枠を「1.5pt」の太線にすること。

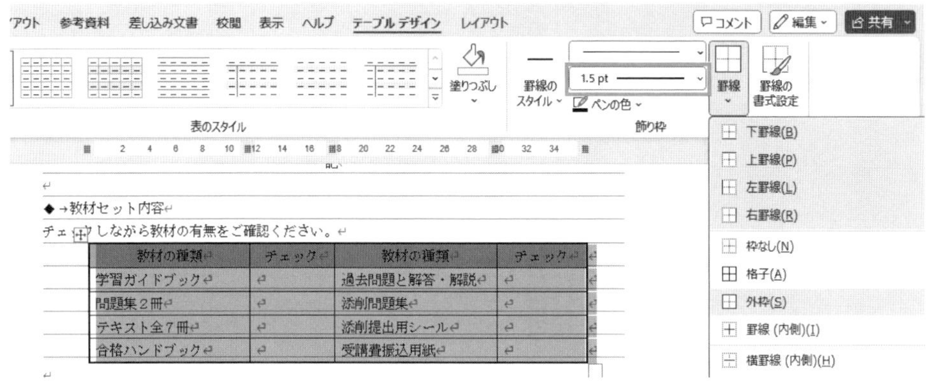

●表内の「テキスト全７冊」と「問題集２冊」の文字列を入れ替えること。

[1]「テキスト全７冊」の文字のみをドラッグして「切り取り」ます。

教材の種類	チェ
学習ガイドブック	
問題集２冊	
テキスト全７冊	
合格ハンドブック	

[2]「問題集２冊」の文字の後ろをクリックして「貼り付け」ます。

教材の種類	チェ
学習ガイドブック	
問題集２冊テキスト全７冊	
合格ハンドブック	

[3]「問題集２冊」の文字のみをドラッグして「切り取り」ます。

教材の種類	チェ
学習ガイドブック	
問題集２冊テキスト全７冊	
合格ハンドブック	

[4]「テキスト全７冊」の下のセルに「貼り付け」ます。

教材の種類	チェ
学習ガイドブック	
テキスト全７冊	
問題集２冊	
合格ハンドブック	

表の完成見本は以下の通りです。

◆→教材セット内容

チェックしながら教材の有無をご確認ください。

教材の種類	チェック	教材の種類	チェック
学習ガイドブック		過去問題と解答・解説	
テキスト全７冊		添削問題集	
問題集２冊		添削提出用シール	
合格ハンドブック		受講費振込用紙	

●記書きの「指導期限」と「注意事項」の行を入れ替えること。

「◆指導期限」の行から3行ドラッグして「切り取り」をクリックします。

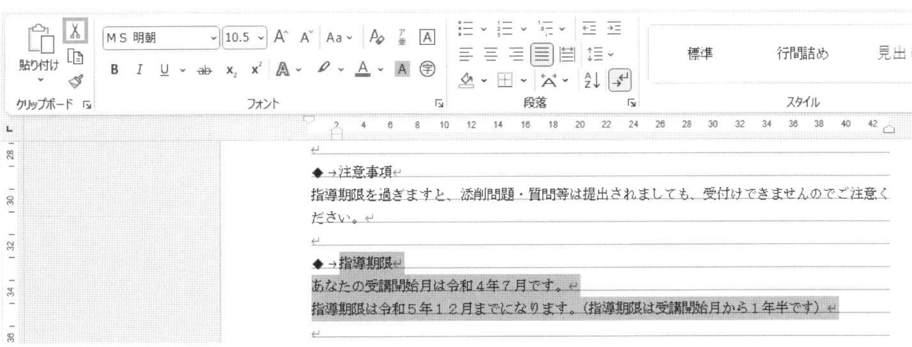

「◆注意事項」の上に1行改行して「貼り付け」をクリックします。

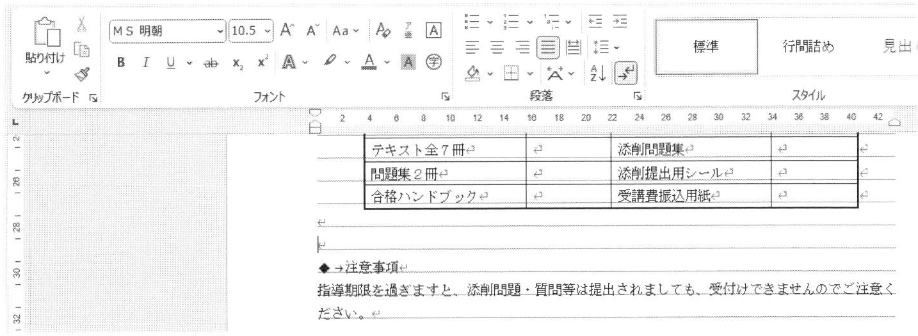

「注意事項」の説明文と「以上」の間が2行空いてしまうので、余分な1行は削除し、空白の行は1行だけにしてください。

◆→指導期限

あなたの受講開始月は令和４年７月です。

指導期限は令和５年１２月までになります。（指導期限は受講開始月から１年半です）

◆→注意事項

指導期限を過ぎますと、添削問題・質問等は提出されましても、受付けできませんのでご注意ください。

以上

●箇条書きの「◆」を段落番号「1.2.3.…」に変更すること。

[1]「◆」の箇条書きが設定されている行を選択します（2行目以降は、Ctrlキーを押しながら選択）。

[2]「ホーム」タブの「段落番号」の右側の「▼」をクリックし、「1.」から始まるものを選択してください。

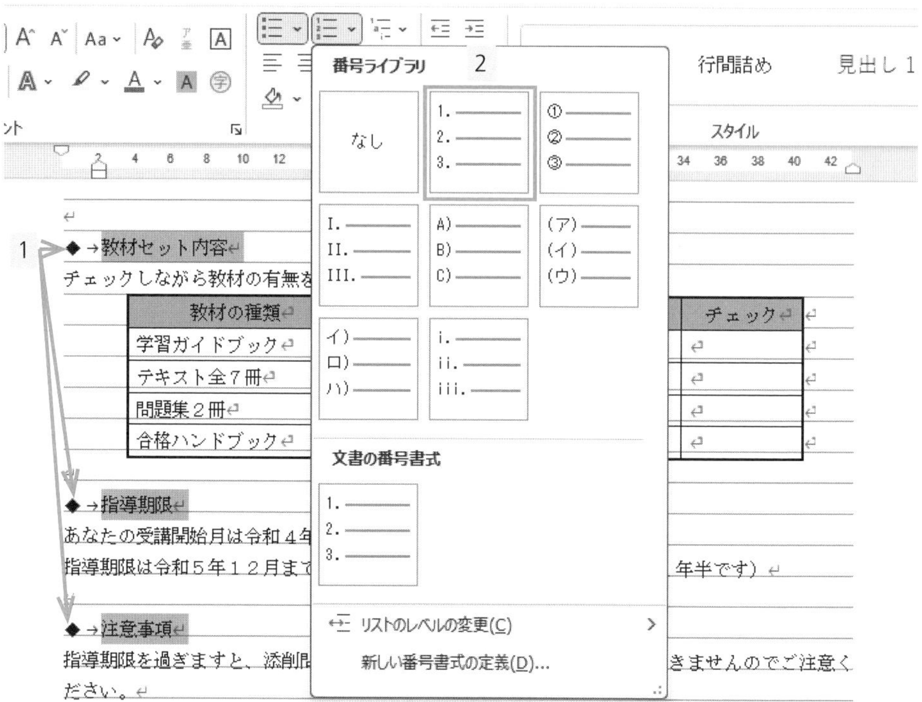

●「教材セット内容」「指導期限」「注意事項」の内容文に、2文字分のインデントを設定すること。

[1]インデントを設定する行を選択して、「段落」の矢印をクリックしてください。

[2]「インデント」の「左」を「2字」に設定して「OK」をクリックしてください。

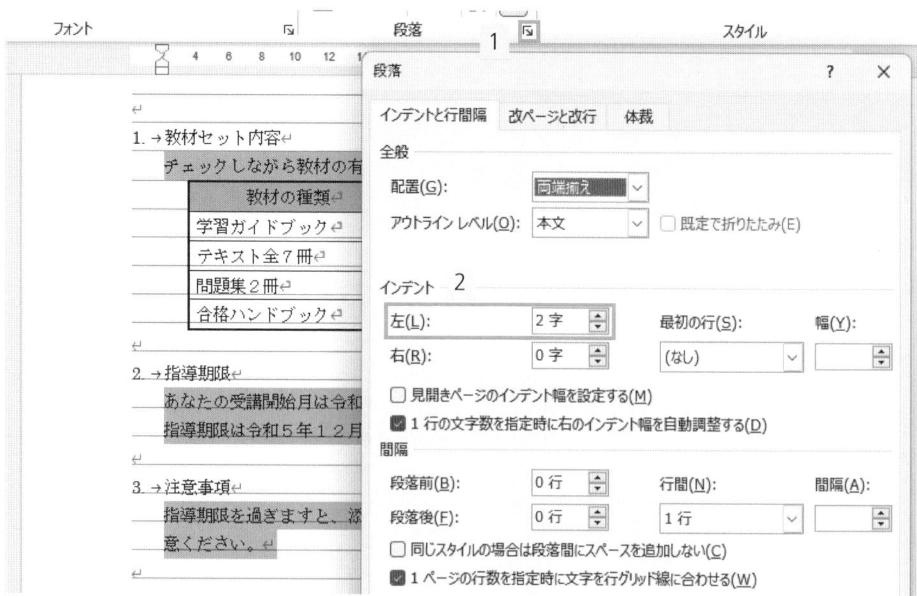

● A4用紙1枚に出力できるようにレイアウトすること。

「ファイル」をクリックし「印刷」をクリックします。印刷プレビューの画面で、用紙サイズが「A4」、ページ数が「1/1」になっていることを確認してください。ページ数が「1/2」となっている場合は、「ページ設定」ボタンをクリックし、「上下の余白を減らす」方法や「行数を増やす」方法で1ページに収まるように調節します。

なお、この問題は最初の指示で「上下の余白を25mmにすること」との指示がありますので、調整が必要な場合は「行数を増やす」ことで対応してください。

● 作成したファイルは「教材送付について」として保存すること。

[1]「ファイル」をクリックし、「名前を付けて保存」を選択してから「参照」ボタンをクリックし、練習問題のファイルが入っている現在のフォルダーが選択されていることを確認してください。

[2]ファイル名に「教材送付について」と入力して「保存」をクリックします。

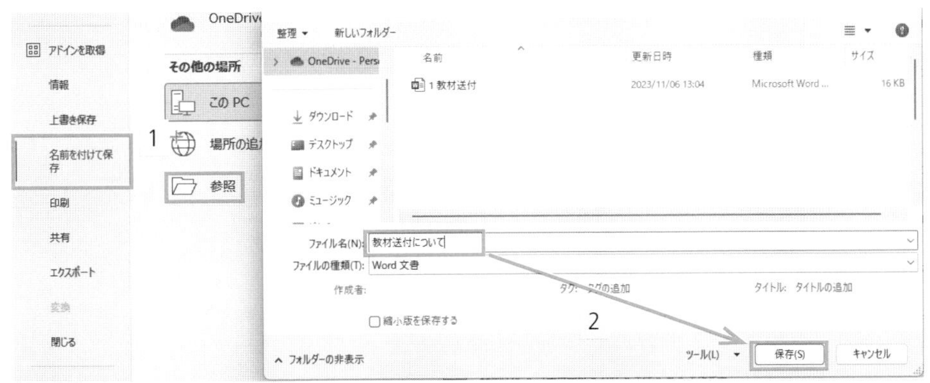

注意

練習問題の際は、保存場所は練習問題の入っているフォルダーを選択してください。実際の試験の場合は、「ドキュメント」内に「日商PC検定」というフォルダーがあります。本番はこの「日商PC検定」のフォルダーの中に保存します。

●解答見本

通教－２３０７１０
令和５年７月１０日

細川咲子様

株式会社スキルアップ
通信教育指導部

『行政書士講座』教材送付について

拝啓□時下ますますご清祥のこととお喜び申しあげます。
□このたびは、『行政書士講座』にお申し込みいただき、誠にありがとうございます。あなたが講座を修了されるまで、弊社の通信教育指導部がしっかりサポーさせていただきますので、ご質問などございましたらお気軽にご相談ください。
□さて、講座を始めるにあたり、下記の通り教材一式を送付いたします。教材の中身をご確認いただき、万一、不足や不良品などがありましたら、お手数ですが弊社の通信教育指導部までご連絡くださいますようよろしくお願いいたします。

敬具

記

1. 教材セット内容
チェックしながら教材の有無をご確認ください。

教材の種類	チェック	教材の種類	チェック
学習ガイドブック		過去問題と解答・解説	
テキスト全７冊		添削問題集	
問題集２冊		添削提出用シール	
合格ハンドブック		受講費振込用紙	

2. 指導期限
あなたの受講開始月は令和５年７月です。
指導期限は令和６年１２月までになります。（指導期限は受講開始月から１年半です）

3. 注意事項
指導期限を過ぎますと、添削問題・質問等は提出されましても、受付けできませんのでご注意ください。

以上

4-2 報告会開催のご案内

「2 報告会開催のご案内」を開いてください。

あなたは、株式会社星光インテリアの社員です。上司からこのたび、取引先へあてた案内状を作成するように指示されました。案内状は以前作成して保存されている文書ファイルがあります。

上司からの指示は以下の通りです。指示に従って文書を作成し保存してください。

案内状は、以下の内容で完成させること。

- 文書番号「営発１８１」を適切な位置に記入すること。
- 発信日は「令和５年４月１０日」とすること。
- あて先は「桜庭家具販売株式会社」とし、適切な敬称をつけること。
- 標題は「新人プランナー基礎研修報告会開催のご案内」とし、太字にし、斜体にすること。
- 主文の時候の挨拶は、発信日付を元に下記の語群から適切なものを選び、適切な位置に挿入すること。
  【語群】早春の候、　春暖の候、　初春の候、
- あいさつ文の「貴社ますます…お喜び申しあげます。」の後に、次の文章を入力すること。
  平素より格別のご高配を賜り、厚くお礼申し上げます。
- 主文内の「新人プランナーの基礎研修が…」の前に、下記の語群から適切なものを選んで挿入すること。
  【語群】さて、　なお、　しかしながら、
- 主文の冒頭、相手の発展を喜ぶ内容の「ご繁栄」の部分を、下記の語群から適切なものを選んで企業向けに修正すること。
  【語群】ご隆盛　ご活躍　ご清栄
- 主文内の「つきましては、」の前で改行すること。
- 報告会の開催日時は「４月２６日（水）」とすること。
- 記書きの「日時」「場所」「内容」「その他」の文字を、「４文字」に均等割り付けすること。
- 表を下記の内容に修正すること。ただし、列数、行数などの表の形式は必要に応じて変更すること。

報告会内容	時　間
研修進行状況の説明	１３：３０～
受講参観	１４：００～
当社プランナーとの面談	１４：３０～
意見交換会	１５：１５～

- 表の外枠を二重線にすること。
- 表の「報告会内容」の列と「時間」の列を入れ替えること。
- 記書きの「その他」の、「野々宮研修センター」と「吉村研修センター」の文字数が同じになるように均等割り付けすること。
- A4用紙1枚に出力できるようにレイアウトすること。
- 作成したファイルは「基礎研修報告会開催のご案内」として保存すること。

解説

- [1]文書番号「営発１８１」を適切な位置に記入すること。
- [2]発信日は「令和５年４月１０日」とすること。
- [3]あて先は「桜庭家具販売株式会社」とし、適切な敬称をつけること。
- [4]標題は「新人プランナー基礎研修報告会開催のご案内」とし、太字にし、斜体にすること。
- [5]主文の時候の挨拶は、発信日付を元に下記の語群から適切なものを選び、適切な位置に挿入すること。
  【語群】　早春の候、　春暖の候、　初春の候、
- [6]あいさつ文の「貴社ますます…お喜び申しあげます。」の後に、次の文章を入力すること。
  平素より格別のご高配を賜り、厚くお礼申し上げます。
- [7]主文内の「新人プランナーの基礎研修が…」の前に、下記の語群から適切なものを選んで挿入すること。
  【語群】　さて、　なお、　しかしながら、
- [8]主文の冒頭、相手の発展を喜ぶ内容の「ご繁栄」の部分を、下記の語群から適切なものを選んで企業向けに修正すること。
  【語群】　ご隆盛　ご活躍　ご清栄
- [9]主文内の「つきましては、」の前で改行すること。

1 営発１８１
2 令和５年４月１０日
3 桜庭家具販売株式会社御中

株式会社星光インテリア
部長□横井守男

4 ***新人プランナー基礎研修報告会開催のご案内***

5 拝啓□春暖の候、貴社ますますご隆盛のこととお喜び申し上げます。平素より格別のご高配を賜り、厚くお礼申し上げます。8 6
7 さて、新人プランナーの基礎研修が、いよいよ４月７日より開始となりました。改行 9
つきましては、基礎研修の進行具合についての報告会を、下記日程で開催いたしますのでご多忙中とは存じますが趣旨ご理解の上、ぜひご出席くださいますようお願い申し上げます。

敬□具

記

発信日の変更に伴い、「令和5年」に変更する

■→日時　→　令和５年４月２７日（水）□１３：３０～１６：００
■→場所　→　野々宮研修センター・吉村研修センター

✓チェック

時候に合わせた挨拶がわからない場合は、「あいさつ文」ダイアログボックスで調べることができます。「挿入」タブをクリックし、「あいさつ文」より「あいさつ文の挿入」を選択してください。

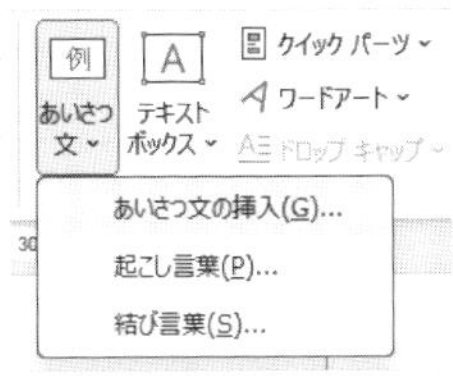

「月のあいさつ」で「4」を選択すると4月のあいさつが表示されるので、問題文の選択肢に合う語句を確認できます。

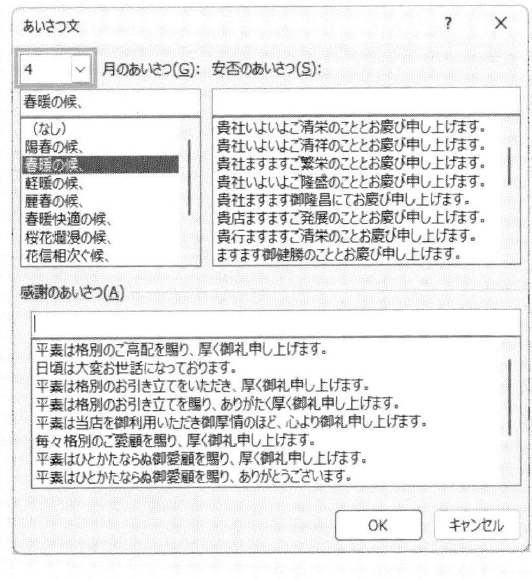

- 報告会の開催日時は「4月26日（水）」とすること。

元の形式に合わせて、全角文字で入力します。

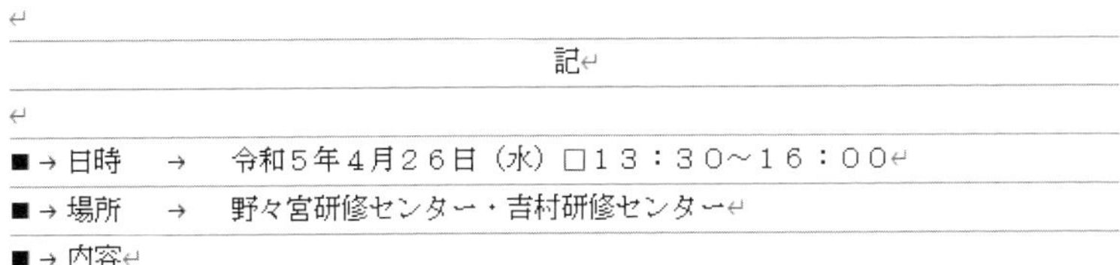

● 記書きの「日時」「場所」「内容」「その他」の文字を、「4文字」に均等割り付けすること。

記書きの項目名を「４文字」に均等割り付けします。このとき、「内容」の行の改行の矢印はドラッグしないように注意してください。

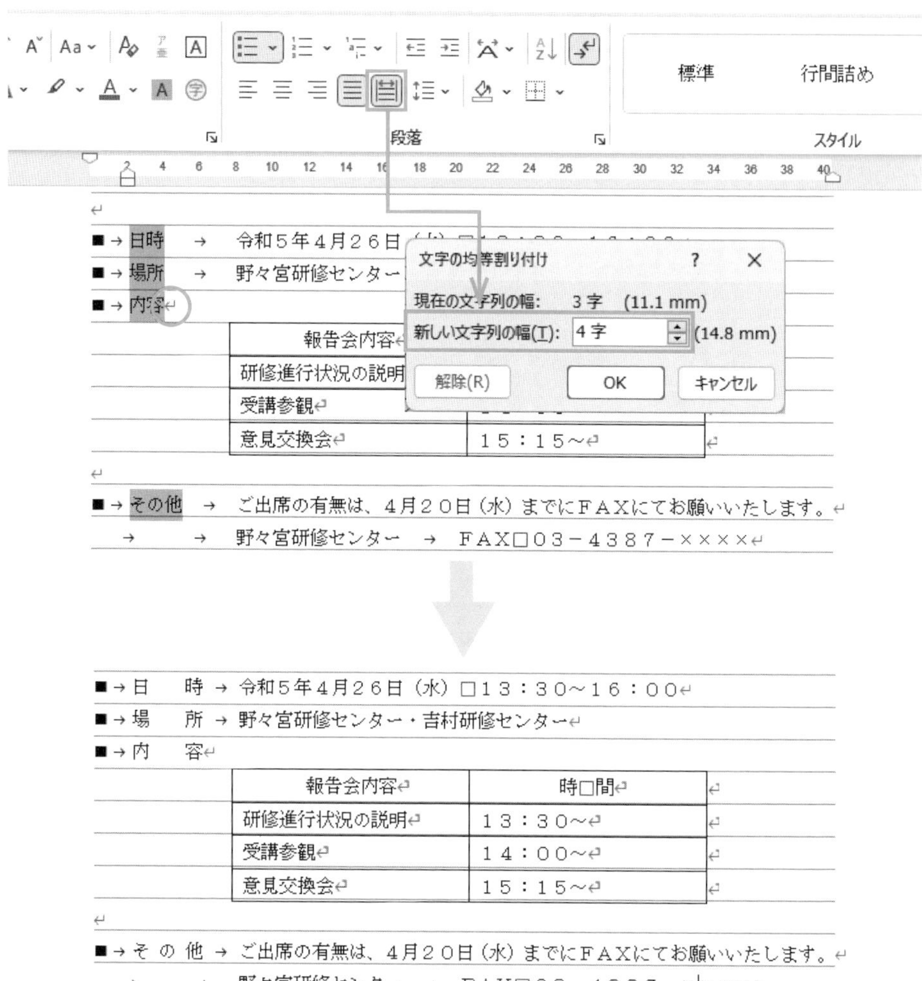

注意

「内容」の行の改行の矢印までドラッグしてしまうと、文字が行全体に広がってしまうので、注意しましょう。

■→日　　時 → 令和５年４月２６日（水）□１３：３０～１６：００
■→場　　所 → 野々宮研修センター・吉村研修センター
■→内　　　　　　　　　　　　　　　　　　　　　　　　　　　　　　容

● 表を下記の内容に修正すること。ただし、列数、行数などの表の形式は必要に応じて変更すること。

報告会内容	時　間
研修進行状況の説明	１３：３０～
受講参観	１４：００～
当社プランナーとの面談	１４：３０～
意見交換会	１５：１５～

次に、表の編集をします。「下に行を挿入」をクリックして、「受講参観」の下に1行挿入してください。

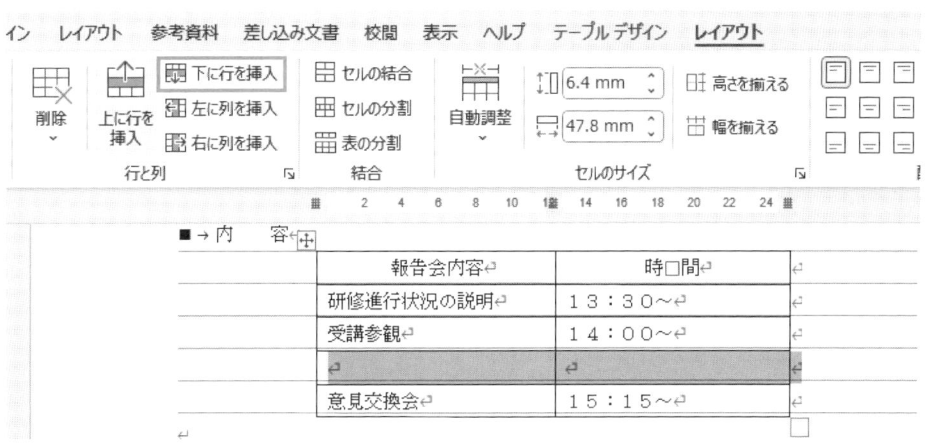

文字を入力します。

■→内　　容

報告会内容	時□間
研修進行状況の説明	１３：３０～
受講参観	１４：００～
当社プランナーとの面談	１４：３０～
意見交換会	１５：１５～

● 表の外枠を二重線にすること。

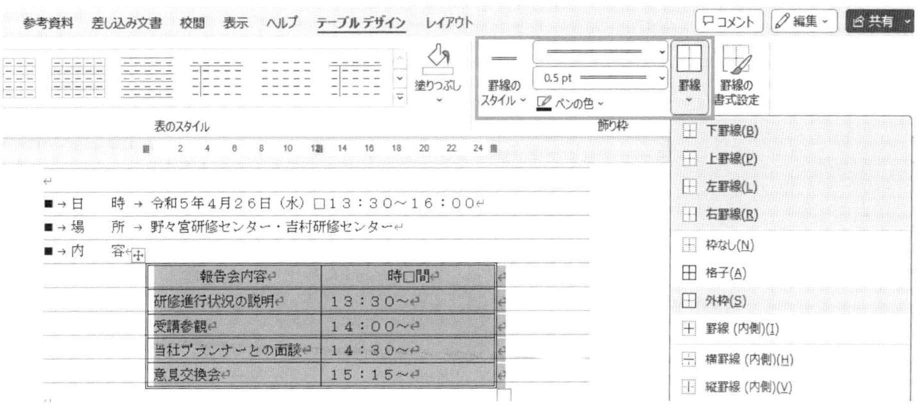

●表の「報告会内容」の列と「時間」の列を入れ替えること。
「時間」の列をドラッグして、「切り取り」をクリックします。

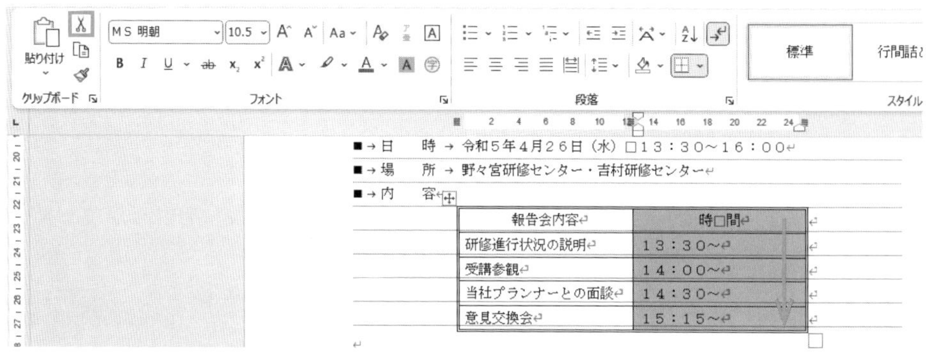

「報告会内容」のセル内をクリックして、「貼り付け」をクリックします。

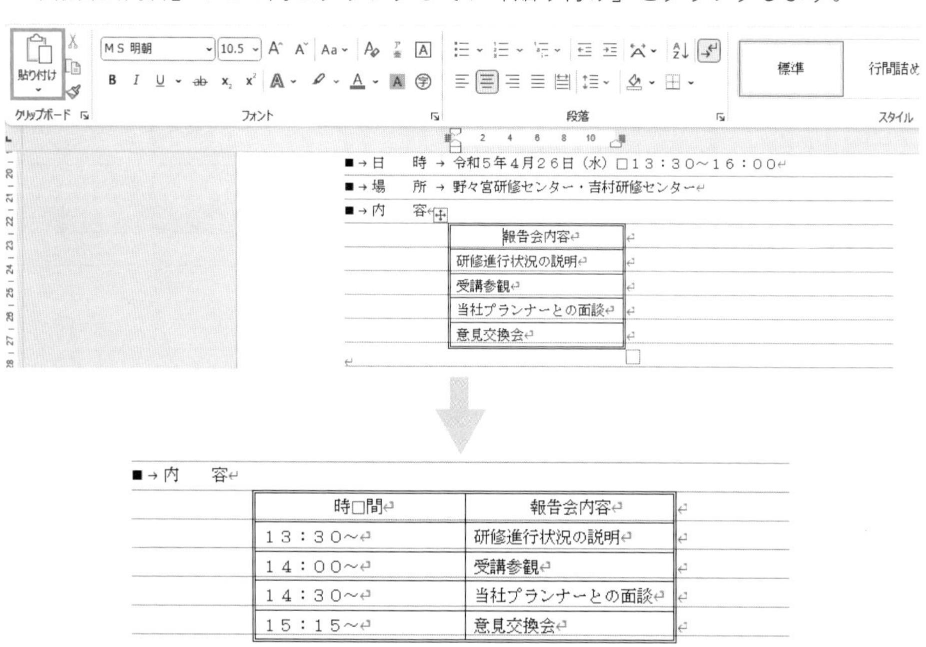

時□間	報告会内容
13：30〜	研修進行状況の説明
14：00〜	受講参観
14：30〜	当社プランナーとの面談
15：15〜	意見交換会

●出席の有無の回答期限を、報告会開催日の1週間前の日付に変更すること。
1週間前の日付は「7」を引きます。ここでは開催日である26日から「7」を引いて「19日」となります。また、ちょうど1週間前なので曜日は変わりません。

■→日　時→令和5年4月26日（水）□13：30〜16：00
■→場　所→野々宮研修センター・吉村研修センター
■→内　容

時□間	報告会内容
13：30〜	研修進行状況の説明
14：00〜	受講参観
14：30〜	当社プランナーとの面談
15：15〜	意見交換会

■→その他→ご出席の有無は、4月19日（水）までにFAXにてお願いいたします。
→→野々宮研修センター→FAX□03−4387−××××

- 記書きの「その他」の、「野々宮研修センター」と「吉村研修センター」の文字数が同じになるように均等割り付けすること。
  長い方の文字数に合わせて「9字」に設定してください。

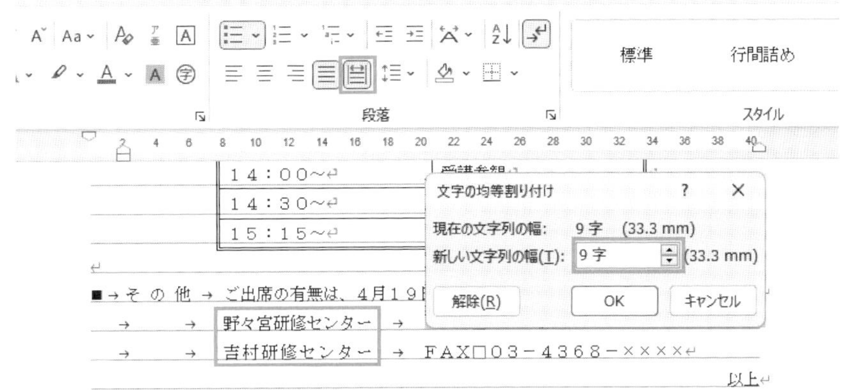

- A4用紙1枚に出力できるようにレイアウトすること。
- 作成したファイルは「基礎研修報告会開催のご案内」として保存すること。
  99ページと同様の手順で確認して保存します。

●解答見本

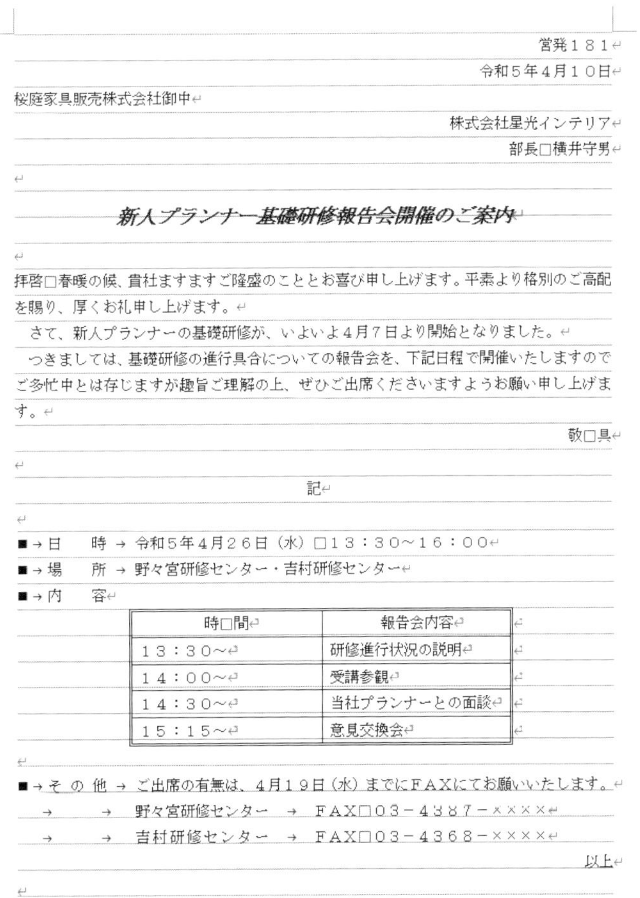

営発181

令和5年4月10日

桜庭家具販売株式会社御中

株式会社星光インテリア

部長□横井守男

新人プランナー基礎研修報告会開催のご案内

拝啓□春暖の候、貴社ますますご隆盛のこととお喜び申し上げます。平素より格別のご高配を賜り、厚くお礼申し上げます。

さて、新人プランナーの基礎研修が、いよいよ4月7日より開始となりました。

つきましては、基礎研修の進行具合についての報告会を、下記日程で開催いたしますのでご多忙中とは存じますが趣旨ご理解の上、ぜひご出席くださいますようお願い申し上げます。

敬□具

記

■→日　　時 → 令和5年4月26日（水）□13：30～16：00

■→場　　所 → 野々宮研修センター・吉村研修センター

■→内　　容

時□間	報告会内容
13：30～	研修進行状況の説明
14：00～	受講参観
14：30～	当社プランナーとの面談
15：15～	意見交換会

■→その他 → ご出席の有無は、4月19日（水）までにFAXにてお願いいたします。

→ → 野々宮研修センター → FAX□03－4387－××××

→ → 吉村研修センター → FAX□03－4368－××××

以上

4-3 健康相談室開設のお知らせ

「3 健康相談室開設のお知らせ」を開いてください。

あなたは、総務部の社員です。このたび社員あてに福利厚生の案内を作成するよう指示されました。案内は以前作成して保存されている文書ファイルがあります。上司からの指示は以下の通りです。指示に従って文書を作成し、保存してください。

案内は、以下の内容で完成させること。

- 発信日は「令和５年８月２５日」とし、適切な位置に記入すること。
- あて先の「社員」に、適切な敬称をつけること。
- 発信者は「総務部　安藤陽一」とすること。
- 標題は「すこやかコーナー開設のお知らせ」とし、文字の拡大150%にし、文字の網掛けをつけること。
- 標題の変更に伴って、文書内の必要な箇所を修正すること。
- 主文内の「ヨウイン」を適切な漢字に修正すること。
- 主文内の適切な箇所に、下記の文章を追加すること。
  日程確認のうえ、健康づくりに関心のある方は、どうぞご利用ください。
- 主文内に、間違った漢字が使われている箇所が1箇所あるので、それを正しい漢字に修正すること。
- 記書きの申込受付担当窓口を、「福利厚生課　石橋」とすること。
- 表の最終行に１行追加して、以下の内容を入力すること。入力する文字のレイアウトは、元の表に合わせること。さらに、日程の「９月～１２月」のセルは、追加した下のセルと結合すること。

曜日・時間	内　容
第2・第4木曜日 17：00～19：00	健康づくりのための食生活 （実習のため実費がかかります）

- 表の外枠を1.5ptの太線にすること。
- 記書きの項目に、段落番号「1.2.3.…」を設定すること。
- 表の項目名に、セルの網かけをすること。
- 記書きの「その他」の行を、表の下の行に、１行空けて移動すること。
- 表内の体力チェックの曜日が「第１・第３木曜日」に変わったので、必要な箇所を修正すること。
- A4用紙1枚に出力できるようにレイアウトすること。
- 作成したファイルは「すこやかコーナー開設のお知らせ」として保存すること。

解説

- [1]発信日は「令和５年８月２５日」とし、適切な位置に記入すること。
  記入して右揃えにします。
- [2]あて先の「社員」に、適切な敬称をつけること。
- [3]発信者は「総務部　安藤陽一」とすること。
- [4]標題は「すこやかコーナー開設のお知らせ」とし、文字の拡大150%にし、文字の網かけをつけること。
- [5]標題の変更に伴って、文書内の必要な箇所を修正すること。
  「健康相談室」を「すこやかコーナー」に変更します（2ヶ所あります）。
- [6]主文内の「ヨウイン」を適切な漢字に修正すること。
- [7]主文内の適切な箇所に、下記の文章を追加すること。
  　日程確認のうえ、健康づくりに関心のある方は、どうぞご利用ください。
- [8]主文内に、間違った漢字が使われている箇所が1箇所あるので、それを正しい漢字に修正すること。
- [9]記書きの申込受付担当窓口を、「福利厚生課　石橋」とすること。

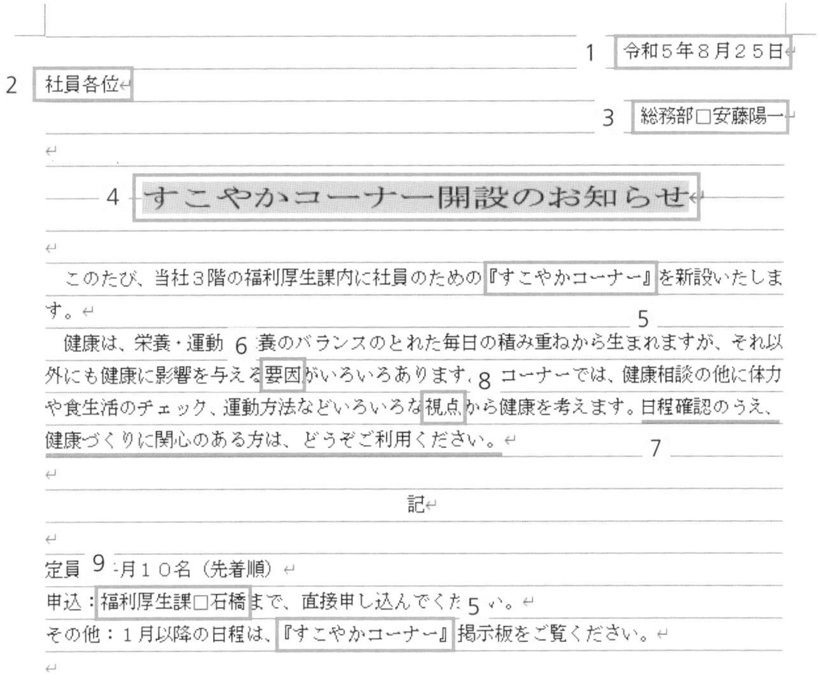

1 令和５年８月２５日

2 社員各位

3 総務部□安藤陽一

4 すこやかコーナー開設のお知らせ

このたび、当社３階の福利厚生課内に社員のための『すこやかコーナー』を新設いたします。
5

健康は、栄養・運動 6 養のバランスのとれた毎日の積み重ねから生まれますが、それ以外にも健康に影響を与える要因がいろいろあります。8 コーナーでは、健康相談の他に体力や食生活のチェック、運動方法などいろいろな視点から健康を考えます。日程確認のうえ、健康づくりに関心のある方は、どうぞご利用ください。
7

記

定員 9 -月１０名（先着順）
申込：福利厚生課□石橋まで、直接申し込んでくた 5 い。
その他：１月以降の日程は、『すこやかコーナー』掲示板をご覧ください。

● 表の最終行に1行追加して、以下の内容を入力すること。入力する文字のレイアウトは、元の表に合わせること。さらに、日程の「9月～12月」のセルは、追加した下のセルと結合すること。

曜日・時間	内　容
第2・第4木曜日 17:00～19:00	健康づくりのための食生活 （実習のため実費がかかります）

表を修正します。行を追加し、「9月～12月」のセルは下のセルと結合します。

日□程	曜日・時間	内□□容
9月～12月	第1・第3水曜日 12：00～13：00	体力チェック□□個別指導 健康づくりのための体操・体力測定
	第2・第4木曜日 17：00～19：00	健康づくりのための食生活 （実習のため実費がかかります）

● 表の外枠を1.5ptの太線にすること。

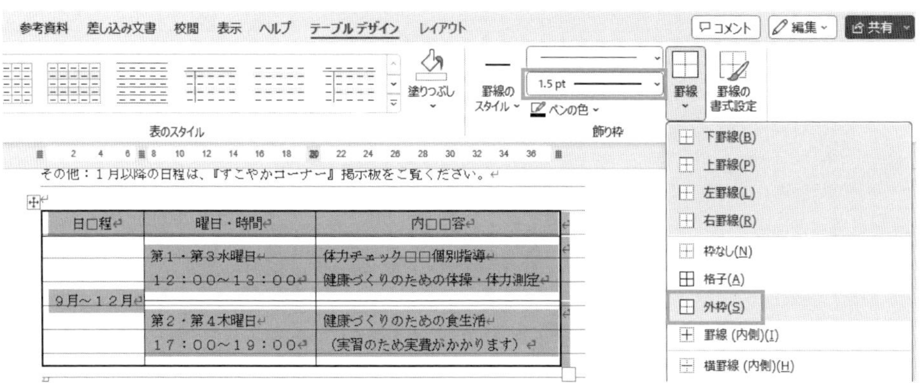

● 記書きの項目に、段落番号「1.2.3.…」を設定すること。

●表の項目名に、セルの網かけをすること。

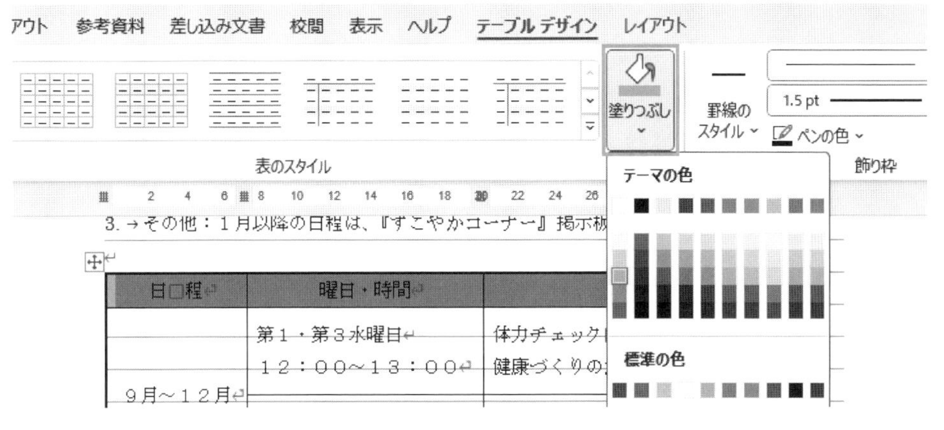

●記書きの「その他」の行を、表の下の行に、1行空けて移動すること。
「その他」の行を選択して「切り取り」をクリックします。

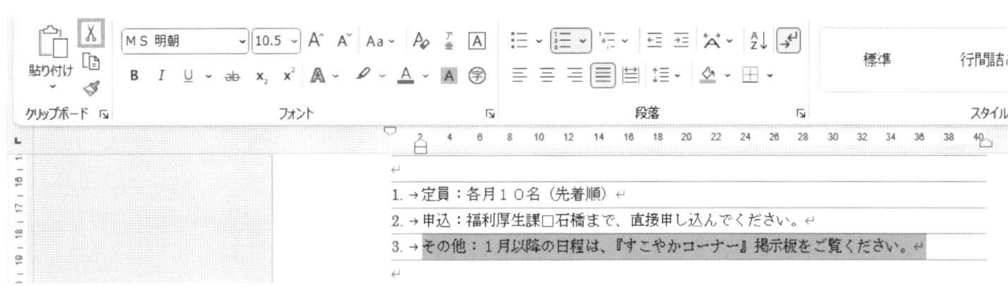

表の下に、1行改行してから「貼り付け」をクリックして、行を移動させましょう。

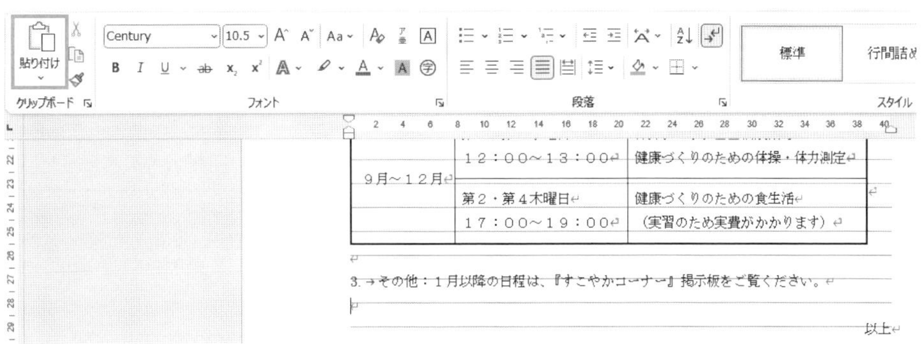

●表内の体力チェックの曜日が「第１ ・ 第３木曜日」に変わったので、必要な箇所を修正すること。

日□程	曜日・時間	内□□容
９月～１２月	第１・第３木曜日 １２：００～１３：００	体力チェック□□個別指導 健康づくりのための体操・体力測定
	第２・第４木曜日 １７：００～１９：００	健康づくりのための食生活 （実習のため実費がかかります）

- A4用紙1枚に出力できるようにレイアウトすること。
- 作成したファイルは「すこやかコーナー開設のお知らせ」として保存すること。
99ページと同様の手順で確認して保存します。

●解答見本

令和５年８月２５日

社員各位

総務部□安藤陽一

すこやかコーナー開設のお知らせ

このたび、当社３階の福利厚生課内に社員のための『すこやかコーナー』を新設いたします。

健康は、栄養・運動・休養のバランスのとれた毎日の積み重ねから生まれますが、それ以外にも健康に影響を与える要因がいろいろあります。当コーナーでは、健康相談の他に体力や食生活のチェック、運動方法などいろいろな視点から健康を考えます。日程確認のうえ、健康づくりに関心のある方は、どうぞご利用ください。

記

1. 定員：各月１０名（先着順）
2. 申込：福利厚生課□石橋まで、直接申し込んでください。

日□程	曜日・時間	内□□容
９月～１２月	第１・第３木曜日 １２：００～１３：００	体力チェック□□個別指導 健康づくりのための体操・体力測定
	第２・第４木曜日 １７：００～１９：００	健康づくりのための食生活 （実習のため実費がかかります）

3. その他：１月以降の日程は、『すこやかコーナー』掲示板をご覧ください。

以上

4-4 社員旅行案内

「4 社員旅行案内」を開いてください。

あなたは、音羽電子販売株式会社の社員です。このたび5年度の社員旅行のお知らせを作成するように指示されました。

上司からの指示は以下の通りです。指示に従って文書を作成し、保存をしてください。

お知らせは、以下の内容で完成させること。

- 文書番号「総発０５７２１」を適切な位置に記入すること。
- 発信日は「令和５年７月２１日」とすること。
- 標題は「令和５年度社員旅行のお知らせ」とし、網かけを削除し、ゴシック体、斜体にし、囲み線をつけること。
- さらに標題に合うように、主文の必要な箇所を修正すること。
- 主文内の「９月２２日（木）」を「９月２１日（木）」に修正すること。
- 「総務部　池田」の下線を削除すること。
- 社員旅行の担当者が池田から杉山に変わったので、必要な箇所を修正すること。なお、杉山のメールアドレスは、「t-sugiyama@otooto.com」である。
- 主文内の適切な箇所に、次の文章を独立した段落として追加すること。

  さて、行き先は先日行ったアンケート調査で希望の多かった京都に決まりました。京都の秋を存分にお楽しみください。
- 記書きの内容を下記の通り修正すること。

  日時　令和5年１０月１４日（土）～１５日（日）（１泊２日）
  宿泊　ホテルはんなり紅葉　京都市左京区天竜寺４５６－１２
  電話　０７５－２３４－９８７６
  集合　１０月１４日（土）午前９時（時間厳守）　ＪＲ東京駅八重洲口前
- さらに記書きの文章に合うように、主文内の必要な箇所を修正すること。
- 表のフォーマットはそのままに、行程表を下記の内容に修正をすること。ただし、列数・行数・列幅など、表の形式は必要に応じて変更をすること。

日　程	行　程	
14日	東京駅　→　京都　→　金閣・銀閣寺散策　→　京都泊	
15日	A　清水寺散策コース B　太秦映画村コース	→　京都駅　東京駅解散

- 表の外枠を太線にし、表内の項目の文字は中央揃えにすること。
- 表の項目行以外の行の高さを揃えること。
- 社内文書として不要な箇所があるので、削除すること。
- 記書きの内容の「日時」から「集合」までを、4文字分インデントすること。
- A4用紙1枚に出力できるようにレイアウトすること。
- 作成したファイルは「Ｒ５社員旅行のお知らせ」として保存すること。

解説

- [1]文書番号「総発０５７２１」を適切な位置に記入すること。
- [2]発信日は「令和５年７月２１日」とすること。
- [3]標題は「令和５年度社員旅行のお知らせ」とし、網かけを削除し、ゴシック体、斜体にし、囲み線をつけること。
- [4]さらに標題に合うように、主文の必要な箇所を修正すること。
- [5]主文内の「９月２２日（木）」を「９月２１日（木）」に修正すること。
- [6]「総務部　池田」の下線を削除すること。

1 総発０５７２１
2 令和５年７月２１日

社員各位

音羽電子販売株式会社
総務部

3
令和５年度社員旅行のお知らせ

4
令和５年度の社員旅行の日程が下記の通り決まりました。今年度は３日間の旅行となりました。
5 6
なお、不参加の方は９月２１日（木）までに、総務部□池田までご連絡をお願いします。

- 社員旅行の担当者が池田から杉山に変わったので、必要な箇所を修正すること。なお、杉山のメールアドレスは、「t-sugiyama@otooto.com」である。
担当者名の変更は2ヶ所あるので見落とさないようにしましょう。

令和５年度の社員旅行の日程が下記の通り決まりました。今年度は３日間の旅行となりました。
なお、不参加の方は９月２１日（木）までに、総務部□杉山までご連絡をお願いします。

１６日	ホテル(9:00 発)□→□各地観光□→□釧路空港□→羽田空港解散

担□当：総務部□杉山（内線□８１１）
t-sugiyama@otooto.com

- 主文内の適切な箇所に、次の文章を独立した段落として追加すること。
「独立した段落として」との指示があったら、改行して新しい行に入力するようにしましょう。

令和５年度の社員旅行の日程が下記の通り決まりました。今年度は３日間の旅行となりました。
さて、行き先は先日行ったアンケート調査で希望の多かった京都に決まりました。京都の秋を存分にお楽しみください。
なお、不参加の方は９月２１日（木）までに、総務部□杉山までご連絡をお願いします。

- 記書きの内容を113ページの通り修正すること。
- さらに記書きの文章に合うように、主文内の必要な箇所を修正すること。
  日程に合わせて、「3日間」を「2日間」に変更するのを忘れないでください。

令和５年度の社員旅行の日程が下記の通り決まりました。今年度は２日間の旅行となりました。↵
さて、行き先は先日行ったアンケート調査で希望の多かった京都に決まりました。京都の秋を存分にお楽しみください。↵
なお、不参加の方は９月２１日（木）までに、総務部□杉山までご連絡をお願いします。↵
↵
記↵
日□時→令和５年１０月１４日（土）～１５日（日）（１泊２日）↵
宿□泊→ホテルはんなり紅葉□京都市左京区天竜寺４５６－１２↵
→　　→　電話□０７５－２３４－９８７６↵
集□合→１０月１４日（土）午前９時（時間厳守）□ＪＲ東京駅八重洲口前↵
行程表↵

- 表のフォーマットはそのままに、行程表を下記の内容に修正をすること。ただし、列数・行数・列幅など、表の形式は必要に応じて変更をすること。

日　程	行　程	
14日	東京駅　→　京都　→　金閣・銀閣寺散策　→　京都泊	
15日	A　清水寺散策コース B　太秦映画村コース	→　京都駅　東京駅解散

表の内容を修正します。1行削除し、１５日の行程欄のセルを点線で分割します。セルを分割する方法は、以下の通りです。

[1]「テーブルデザイン」タブを選択します。
[2]「ペンのスタイル」を点線に設定します。
[3]「罫線」の下の「∨」をクリックし、「罫線を引く」を選択します。
[4]該当するセルに罫線を引きます。

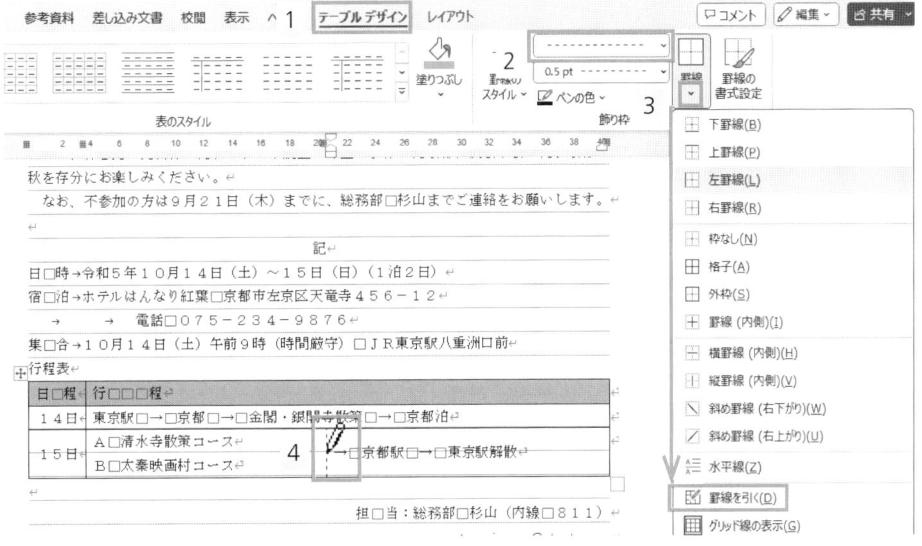

●表の外枠を太線にし、表内の項目の文字は中央揃えにすること。
●表の項目行以外の行の高さを揃えること。

集□合→１０月１４日（土）午前９時（時間厳守）□ＪＲ東京駅八重洲口前

行程表

日□程	行□□□程	
１４日	東京駅□→□京都□→□金閣・銀閣寺散策□→□京都泊	
１５日	Ａ□清水寺散策コース Ｂ□太秦映画村コース	→□京都駅□→□東京駅解散

●社内文書として不要な箇所があるので、削除すること。
「音羽電子販売株式会社」を削除します。社内文書なので会社名は不要です。

社員各位

総務部

●記書きの内容の「日時」から「集合」までを、4文字分インデントすること。
項目の「日時」から「集合」まで4行ドラッグし、段落の横にある矢印 をクリックしてください。インデントの項目から「左」を「4字」にして「OK」をクリックします。

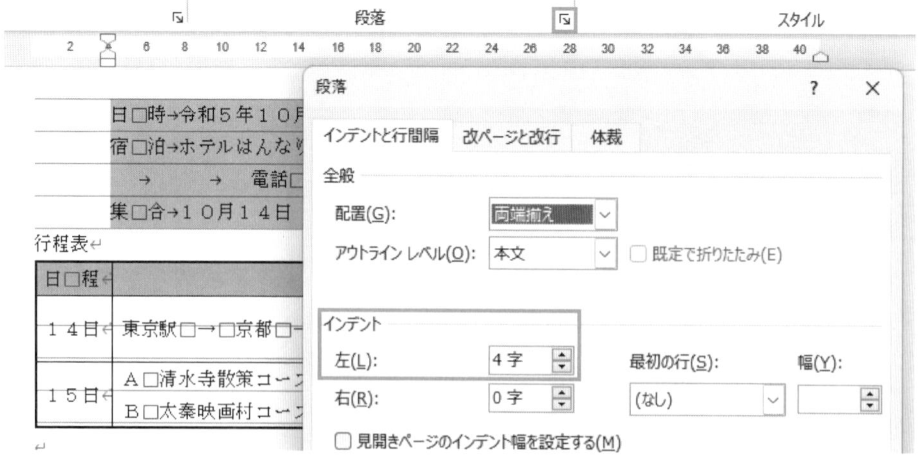

●A4用紙1枚に出力できるようにレイアウトすること。
●作成したファイルは「Ｒ５社員旅行のお知らせ」として保存すること。
99ページと同様の手順で確認して保存します。

● 解答見本

総発０５７２１
令和５年７月２１日

社員各位

総務部

令和５年度社員旅行のお知らせ

令和５年度の社員旅行の日程が下記の通り決まりました。今年度は２日間の旅行となりました。
さて、行き先は先日行ったアンケート調査で希望の多かった京都に決まりました。京都の秋を存分にお楽しみください。
なお、不参加の方は９月２１日（木）までに、総務部□杉山までご連絡をお願いします。

記

日□時→令和５年１０月１４日（土）～１５日（日）（１泊２日）
宿□泊→ホテルはんなり紅葉□京都市左京区天竜寺４５６－１２
→ → 電話□０７５－２３４－９８７６
集□合→１０月１４日（土）午前９時（時間厳守）□ＪＲ東京駅八重洲口前

行程表

日□程	行□□□程	
１４日	東京駅□→□京都□→□金閣・銀閣寺散策□→□京都泊	
１５日	Ａ□清水寺散策コース Ｂ□太秦映画村コース	→□京都駅□→□東京駅解散

担□当：総務部□杉山（内線□８１１）
t-sugiyama@otooto.com

以上

4-5 研修会

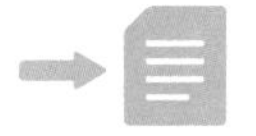

「5 研修会」を開いてください。

あなたは、株式会社ABCカンパニーの社員です。上司からこのたび、社員あてにお知らせを作成するように指示されました。

上司からの指示は以下の通りです。指示に従って文書を作成し、保存をしてください。

お知らせは、以下の内容で完成させること。

- 発信日は「令和５年１０月１６日」とし、適切な位置に記入すること。
- 標題は「研修会開催のお知らせ」とし、16pt、太字、一重下線をつけ、中央揃えにすること。
- 標題に、下記の語群から適切なものを選んで適切な位置に挿入すること。
  【語群】（ご案内）　（通知）　（原本）
- 「なお、申し込みは全回出席を前提としますのでご注意ください。」の文章を、記書きの「以上」の上の行に移動し、文字の網掛けを設定し、中央に配置すること。また、不要な文字は削除しておくこと。
- 記書きの「日時」から「内容」までに、箇条書き「■」を設定すること。
- 講師は「Ｗｅｂ診断士　池山章宏氏」とすること。
- 記書きの「日時」から「内容」までの項目名を、「3文字」に均等割り付けすること。
- 記書きの「内容」に、以下の項目を追加すること。また、項目「②～⑤」の行を3文字分のインデントを設定すること。
  ④ホームページの作成
  ⑤ホームページの公開と更新
- 申込書の表内の、「氏名」と「社員番号」の文字を入れ替えること。
- 申込書の表内の項目名に、セルの網掛け、中央揃えを設定し、セル内で均等割り付けすること。
- 申込書の表の外枠を、二重線にすること。
- 研修会の開催日時は「１１月１３日（月）から１７日（金）」までとする。また、申込書提出期限は、研修会初日の１週間前とする。適切な箇所を修正すること。
- 文書内にある、「ホームページ」の文字列を、「Ｗｅｂページ」にすべて変更すること。
- A4用紙1枚に出力できるようにレイアウトすること。
- 作成したファイルは「研修会開催のお知らせ」として保存すること。

解説

- [1]発信日は「令和５年１０月１６日」とし、適切な位置に記入すること。
- [2]標題は「研修会開催のお知らせ」とし、16pt、太字、一重下線をつけ、中央揃えにすること。
- [3]標題に、下記の語群から適切なものを選んで適切な位置に挿入すること。

  【語群】（ご案内）　（通知）　（原本）

  お知らせ文なので「（通知）」を選択してください。

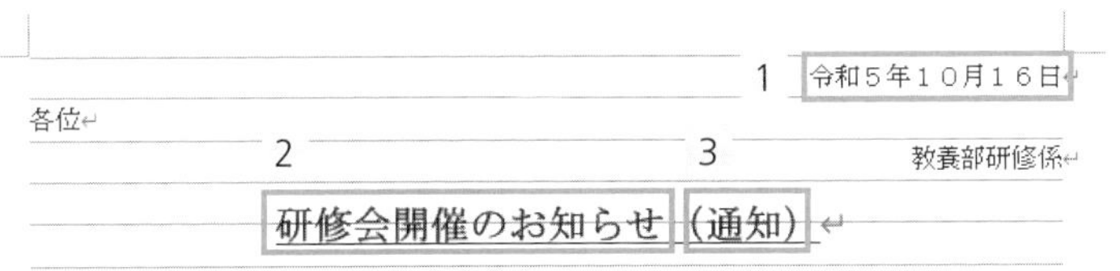

- 「なお、申し込みは全回出席を前提としますのでご注意ください。」の文章を、記書きの「以上」の上の行に移動し、文字の網かけを設定し、中央に配置すること。 また、不要な文字は削除しておくこと。

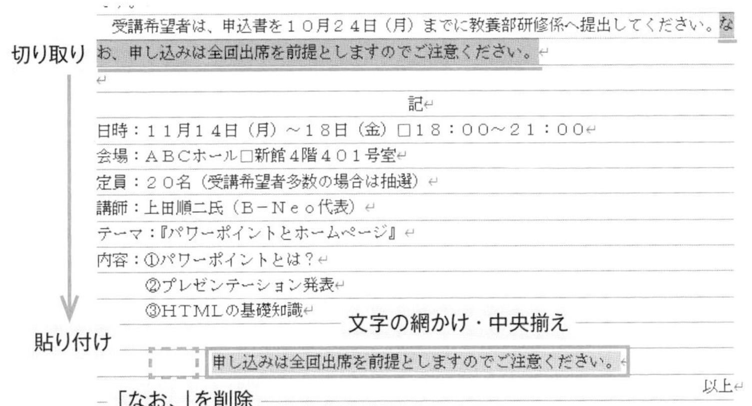

- 記書きの「日時」から「内容」までに、箇条書き「■」を設定すること。
- 講師は「Ｗｅｂ診断士　池山章宏氏」とすること。

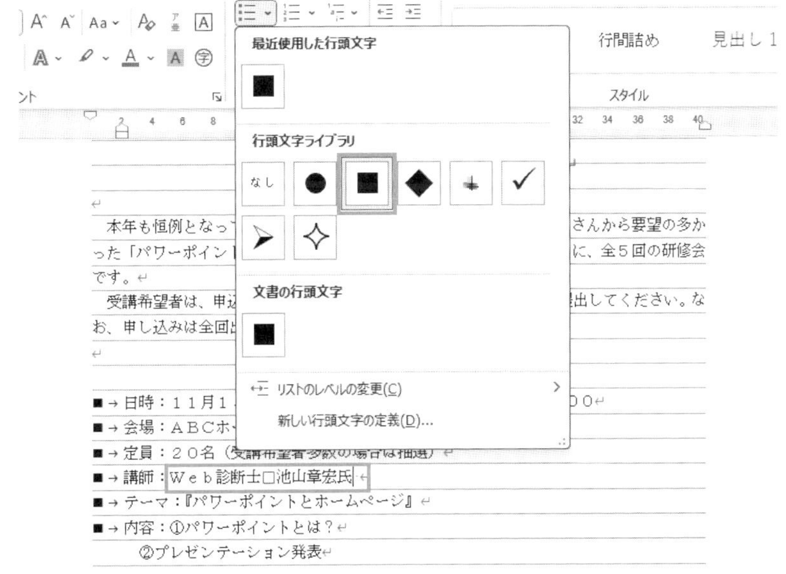

●記書きの「日時」から「内容」までの項目名を、「3文字」に均等割り付けすること。

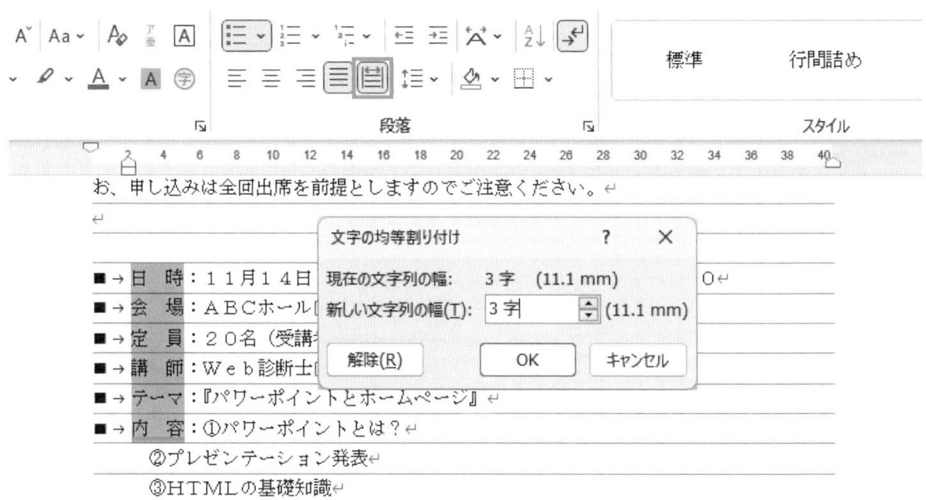

●記書きの「内容」に、以下の項目を追加すること。 また、項目「②～⑤」の行に3文字分のインデントを設定すること。

④ホームページの作成

⑤ホームページの公開と更新

■→内　容：①パワーポイントとは？
②プレゼンテーション発表
③ＨＴＭＬの基礎知識
④ホームページの作成
⑤ホームページの公開と更新

項目②～⑤に3文字分のインデントを設定します。

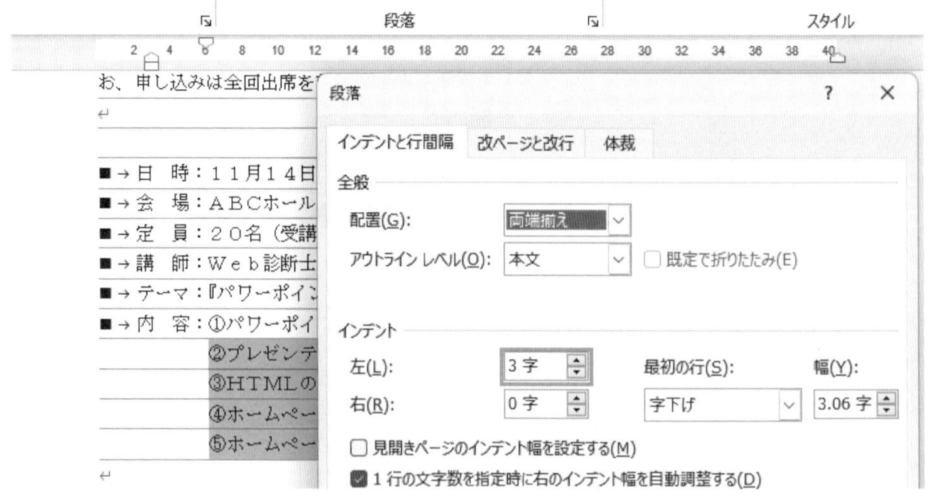

- 申込書の表内の、「氏名」と「社員番号」の文字を入れ替えること。

「氏名」の文字列をドラッグして「切り取り」、「社員番号」セルに「貼り付け」ます。続いて「社員番号」の文字列をドラッグして「切り取り」、「氏名」があったセルに「貼り付け」ます。削除してから直接それぞれの文字を入力してもかまいません。

社員番号		氏名	
所属部課		内線	

- 申込書の表内の項目名に、セルの網かけ、中央揃えを設定し、セル内で均等割り付けすること。
- 申込書の表の外枠を、二重線にすること。

表全体を選択して外枠に二重線を設定します。セルの網かけは、対象セルを選択した状態で「テーブルデザイン」タブより「塗りつぶし」を選択することでできます。

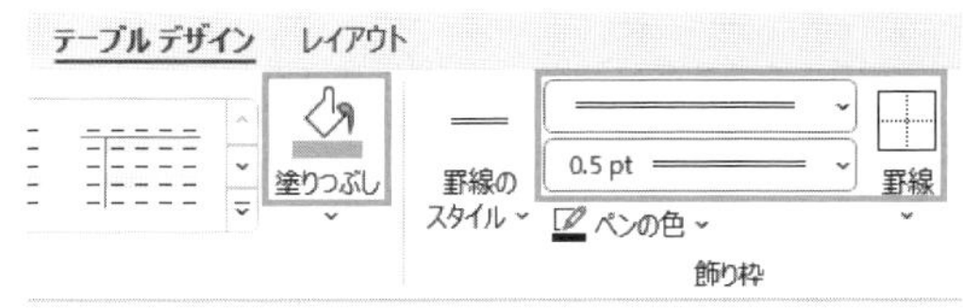

「レイアウト」タブから「中央揃え」を選択し、セル内の文字を中央揃えします。

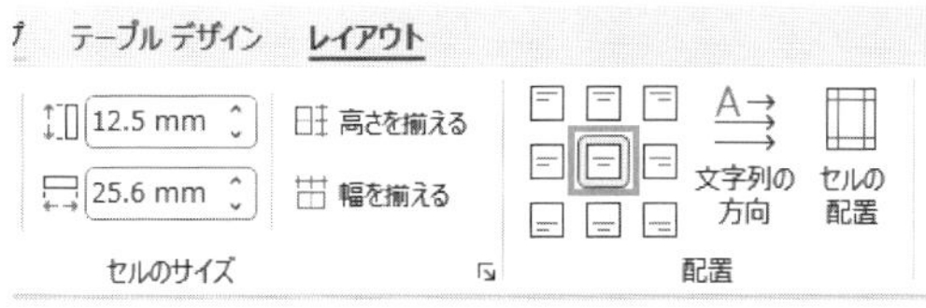

「ホーム」タブから「均等割り付け」を選択し、セル内で均等割り付けをします。

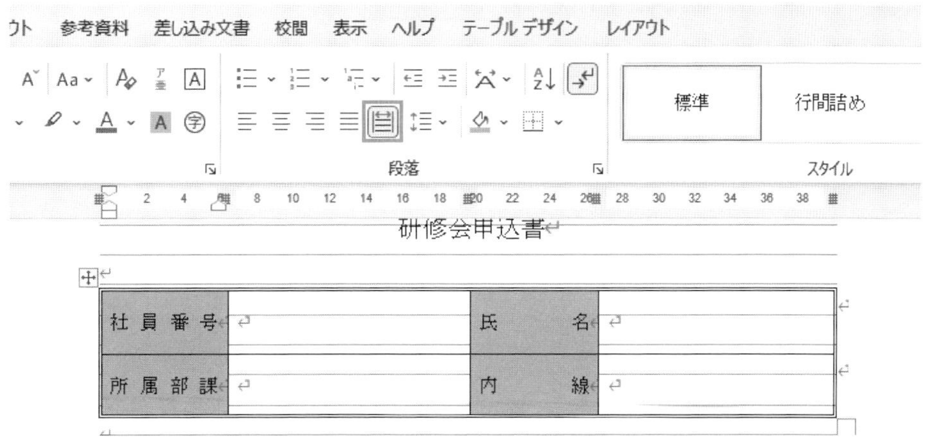

表内の均等割り付けは、必ずセル全体を選択して行ってください。改行の矢印までドラッグしていないと、以下の画面が出てきます。この画面が出てくるのは、間違いです。

文字の均等割り付け　？　×
現在の文字列の幅:　2 字　(7.4 mm)
新しい文字列の幅(I):　3 字　(11.1 mm)
解除(R)　OK　キャンセル

- 研修会の開催日時は「１１月１３日（月）から１７日（金）」までとする。また、申込書提出期限は、研修会初日の1週間前とする。適切な箇所を修正すること。

提出期限は、開催日時（１１月１３日）から1週間前なので、7を引いた「１１月6日」となります。曜日は変わりません。

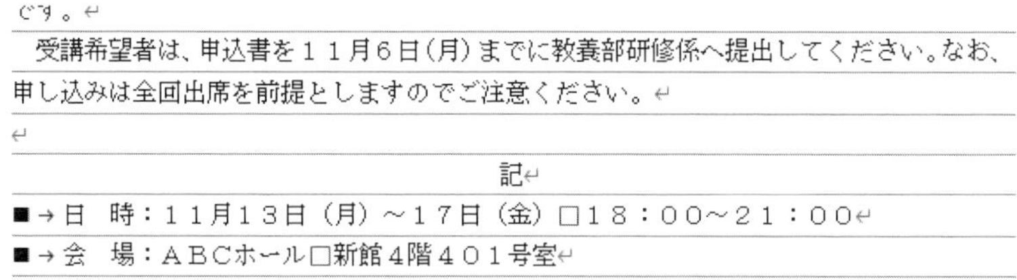
です。
　受講希望者は、申込書を１１月６日(月)までに教養部研修係へ提出してください。なお、申し込みは全回出席を前提としますのでご注意ください。

記
■→日　時：１１月１３日（月）～１７日（金）□１８：００～２１：００
■→会　場：ＡＢＣホール□新館４階４０１号室

- 文書内にある、「ホームページ」の文字列を、「Ｗｅｂページ」にすべて変更すること。

「置換」機能を使います。

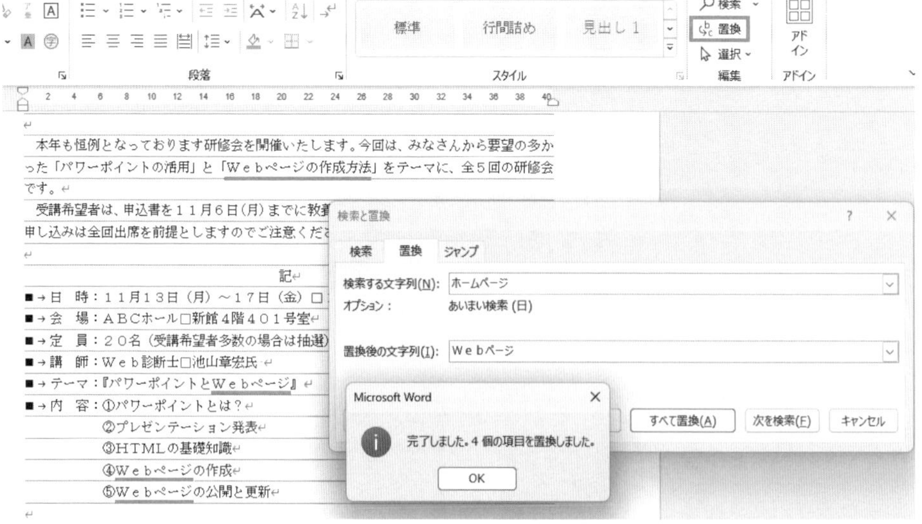

- A4用紙1枚に出力できるようにレイアウトすること。
- 作成したファイルは「研修会開催のお知らせ」として保存すること。

99ページと同様の手順で確認して保存します。

●解答見本

令和５年１０月１６日

各位

教養部研修係

研修会開催のお知らせ（通知）

本年も恒例となっております研修会を開催いたします。今回は、みなさんから要望の多かった「パワーポイントの活用」と「Ｗｅｂページの作成方法」をテーマに、全５回の研修会です。

受講希望者は、申込書を１１月６日(月)までに教養部研修係へ提出してください。なお、申し込みは全回出席を前提としますのでご注意ください。

記

■ 日　時：１１月１３日（月）～１７日（金）□１８：００～２１：００
■ 会　場：ＡＢＣホール□新館４階４０１号室
■ 定　員：２０名（受講希望者多数の場合は抽選）
■ 講　師：Ｗｅｂ診断士□池山章宏氏
■ テーマ：『パワーポイントとＷｅｂページ』
■ 内　容：①パワーポイントとは？
　　　　②プレゼンテーション発表
　　　　③ＨＴＭＬの基礎知識
　　　　④Ｗｅｂページの作成
　　　　⑤Ｗｅｂページの公開と更新

申し込みは全回出席を前提としますのでご注意ください。

以上

キリトリセン

研修会申込書

社員番号		氏　　名	
所属部課		内　　線	

4-6 発表会のご案内

「6 発表会のご案内」を開いてください。

あなたは、幸島設備株式会社の社員です。このたび取引先あてに新型システムキッチン発表会の案内状を作成するよう指示されました。案内状は以前作成して保存されている文書ファイルがあります。

上司からの指示は以下の通りです。指示に従って文書を作成し、保存をしてください。

案内状は、以下の内容で完成させること。

- 発信日は「令和５年６月５日」とすること。
- あて先は「株式会社田村井商事　営業部」とし、適切な敬称をつけること。
- 標題は「新型システムキッチン発表会のご案内」とし、下線をつけること。
- 発信日に合わせた適切な時候の挨拶を、次の中から選んで、主文内の適切な箇所に挿入すること。
  【語群】陽春の候、　初夏の候、　炎暑の候、
- 主文内の適切な箇所に「平素は格別のご高配を賜り、厚くお礼申し上げます。」を追加入力すること。
- 主文内の適切な箇所に「ご多忙中誠に恐縮ではございますが、なにとぞ、ご来場くださいますよう、お願い申し上げます。」を追加すること。
- 主文内の「弊社では、」の前に、下記の語群から適切なものを選んで挿入すること。
  【語群】ところで、　つきましては、　さて、
- 今回の製品のテーマは「ライフスタイルの尊重」とする。該当する箇所を訂正すること。
- 「スケジュール」の内容の適切な箇所に、下記の項目を追加すること。
  １０：３０～　新製品のプレゼンテーション
- 「スケジュール」の「意見交換会」の時間を、「１４：００～」に修正すること。
- 発表会の開催日は、「６月３０日（金）」とすること。
- 表の外枠を、1.5ptの太線にすること。
- 図形を作成して、「ご出欠の有無は…」と「ＦＡＸ番号」の行を、下記のように変更すること。図形の作成場所は、「以上」の行の下とし、図形は用紙の中央に配置すること。

ご出欠の有無は、５月２０日（金）までに、
ＦＡＸにてお願いいたします。
ＦＡＸ番号　０３－３３３３－××××

- 図形内の文字は、MSゴシック・12pt・太字とすること。
- 担当者が「松崎憲和」に変わったので、必要な箇所を修正すること。
- 図形を「四角形：角を丸くする」に変更し、枠線を1.5ptの太さの実線とし、影を付けること。
- 出欠の有無を確認するFAXの締切日は、発表会当日の1週間前とする。正しい日付に変更すること。
- A4用紙1枚に出力できるようにレイアウトすること。
- 作成したファイルは「新型システムキッチン発表会のご案内」として保存すること。

解説

- [1]発信日は「令和５年６月５日」とすること。
- [2]あて先は「株式会社田村井商事　営業部」とし、適切な敬称をつけること。
- [3]標題は「新型システムキッチン発表会のご案内」とし、下線をつけること。
  [4]標題に合わせて、主文内の「カウンターキッチン」を「システムキッチン」に修正（置換）する（問題文に指示はないが、修正箇所は3ヶ所ある）。
- [5]発信日に合わせた適切な時候の挨拶を、次の中から選んで、主文内の適切な箇所に挿入すること。
  【語群】陽春の候、　初夏の候、　炎暑の候、
- [6]主文内の適切な箇所に「平素は格別のご高配を賜り、厚くお礼申し上げます。」を追加入力すること。
- [7]主文内の適切な箇所に「ご多忙中誠に恐縮ではございますが、なにとぞ、ご来場くださいますよう、お願い申し上げます。」を追加すること。
- [8]主文内の「弊社では、」の前に、下記の語群から適切なものを選んで挿入すること。
  【語群】ところで、　つきましては、　さて、
- [9]今回の製品のテーマは「ライフスタイルの尊重」とする。該当する箇所を訂正すること。

1 令和５年６月５日

2 株式会社田村井商事
□営業部御中

幸島設備株式会社
販促部□田原伸雄

3
新型システムキッチン発表会のご案内

5
拝啓□初夏の候、貴社ますますご清祥のこととお慶び申し上げます。平素は格別のご高配を賜り、厚くお礼申し上げます。
4 6
8 □さて、弊社では、下記のとおり「新型システムキッチン」の発表会を開催いたします。今回の製品のテーマ 9 「ライフスタイルの尊重」とし、従来の概念を大胆に打ち破ったニュー・システムキッチンを提案いたします。
□ご来場の皆様には、新型システムキッチンを使用して調理したお食事とお飲み物をご用意させていただきます。ご多忙中誠に恐縮ではございますが、なにとぞ、ご来場くださいますよう、お願い申し上げます。 7

敬□具

注意

日商PC検定では、問題文で指示されていなくても修正が必要なケースがあります。

- 文書内の日付の変更に伴う「年・曜日・日数」などの変更
  令和５年→令和６年／２泊３日→１泊２日／３日間→２日間
  （水）まで→（火）まで　など
- あて先の敬称の追加
  お得意様→お得意様各位／社員→社員各位／個人名■■→■■様　など
- 標題の変更に伴う商品名などの変更（置換を使用して見落としがないように）
  健康相談室→すこやかコーナー／システムキッチン→カウンターキッチン
  RVワゴン→ステーションワゴン　など

● 「スケジュール」の内容の適切な箇所に、下記の項目を追加すること。
　１０：３０～　新製品のプレゼンテーション

表を修正します。 まず、スケジュールの2行目に行を挿入しましょう。

● 「スケジュール」の「意見交換会」の時間を、「１４：００～」に修正すること。
● 発表会の開催日は、「６月３０日（金）」とすること。
● 表の外枠を、1.5ptの太線にすること。

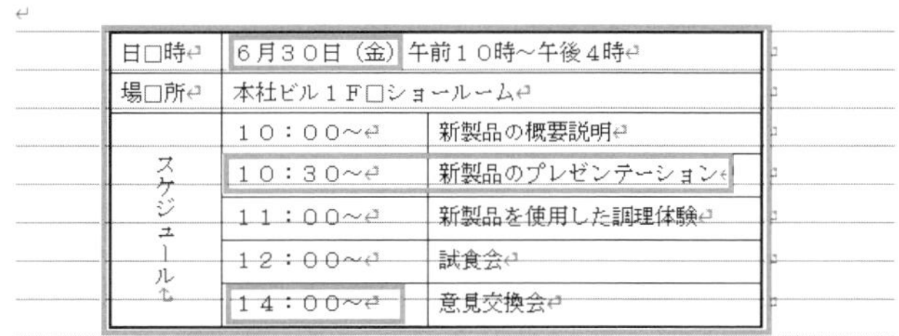

● 図形を作成して、「ご出欠の有無は…」と「ＦＡＸ番号」の行を、124ページの見本のように変更すること。 図形の作成場所は、「以上」の行の下とし、図形は用紙の中央に配置すること。

「ご出欠の有無は…」から「ＦＡＸ番号」の行を選択して、「切り取り」ます。

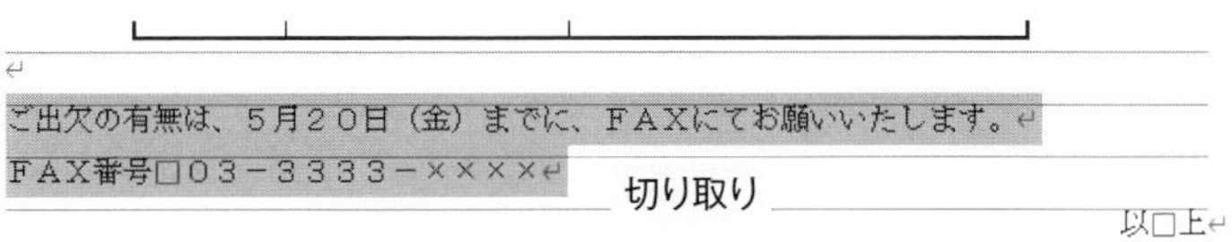

「以上」の行の下に、「挿入」タブから「図形」をクリックし、基本図形「四角形：メモ」を作成します。

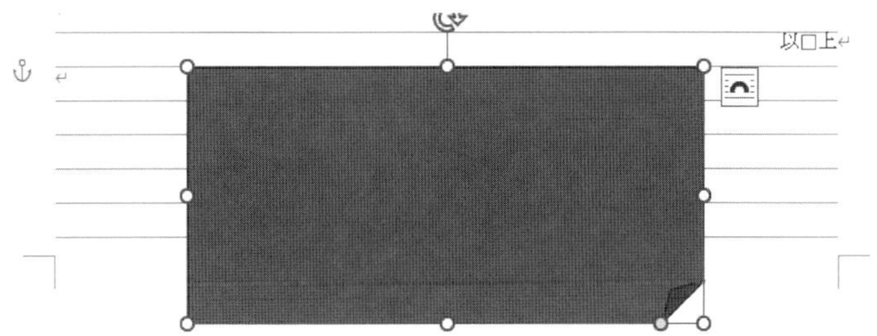

図形の上で右クリックして、「テキストの追加」をクリックします。

図形の中に切り取った文字を「貼り付け」ます。「貼り付け」の下の「∨」をクリックして「テキストのみ保持」をクリックしてください。

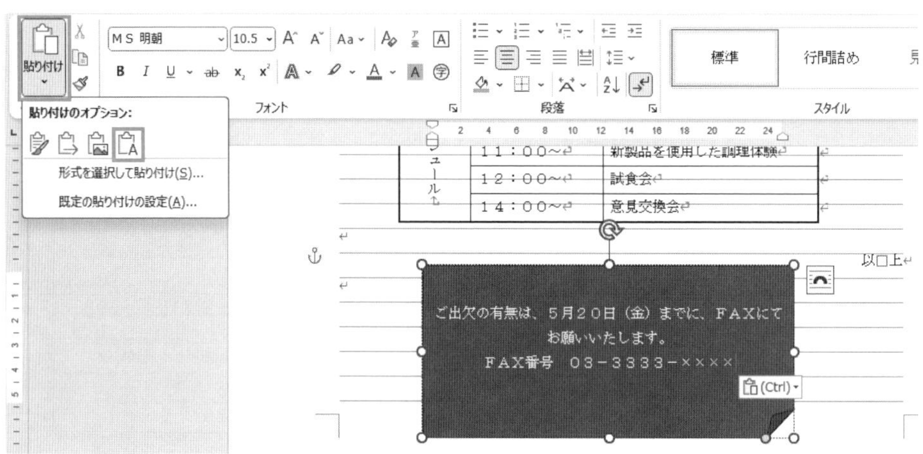

図形の塗りつぶしは「白」、図形の枠線は「黒」に設定しましょう。

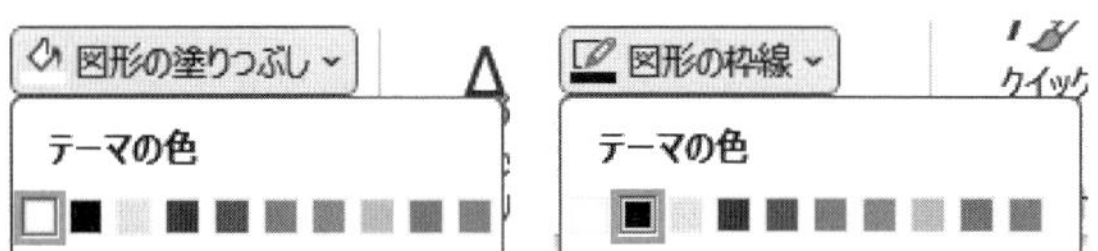

図形の中に入力した文字は、「白」が規定となっています。「ホーム」タブから設定するフォントの色は「自動」ではなく、「黒」を選択するようにしてください。「自動」は「既定の色」のことなので、「白」になってしまいます。

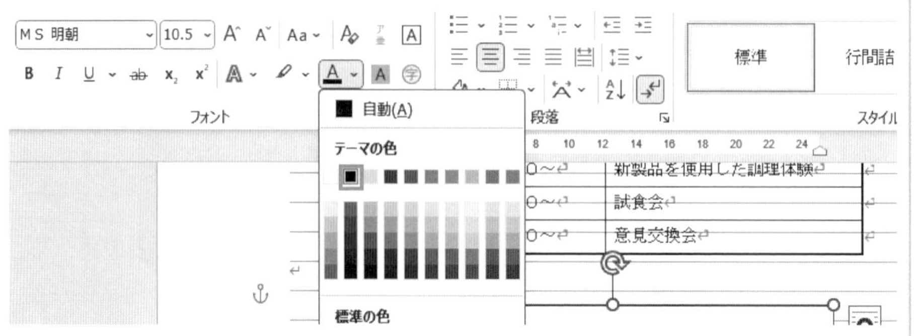

●図形内の文字は、MSゴシック・12pt・太字とすること。

「…までに、」が1行に収まるように、図形の横幅を広げ、後ろにカーソルを置いて、Enterキーで改行します。

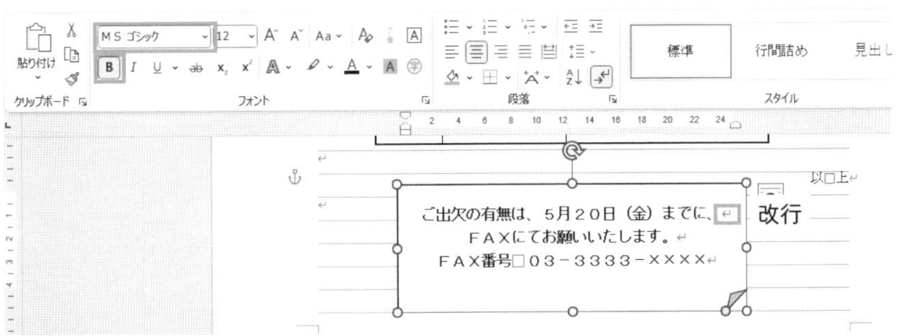

●担当者が「松崎憲和」に変わったので、必要な箇所を修正すること。

株式会社田村井商事
□営業部御中
幸島設備株式会社
販促部□松崎憲和

●図形を「四角形：角を丸くする」に変更し、枠線を1.5ptの太さの実線とし、影を付けること。

図形を変更します。まず、図形を「四角形：角を丸くする」に変更します。

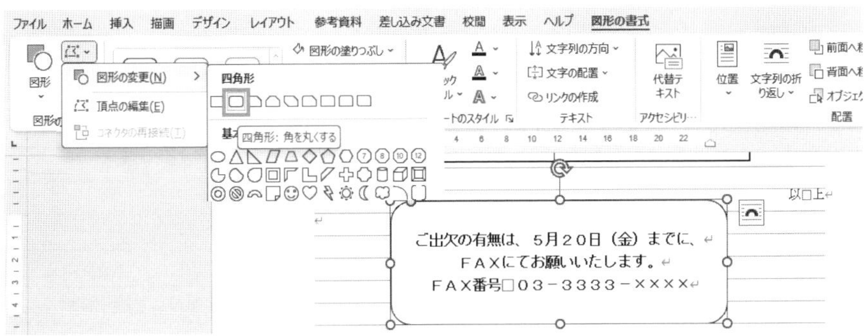

枠線を1.5ptの実線に変更します。

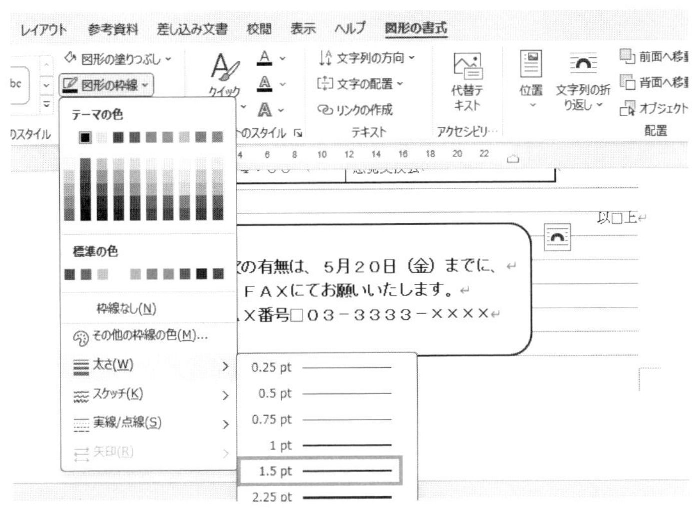

図形に影を付けます。このとき、「図形の効果」と「文字の効果」を間違えないように気をつけてください。

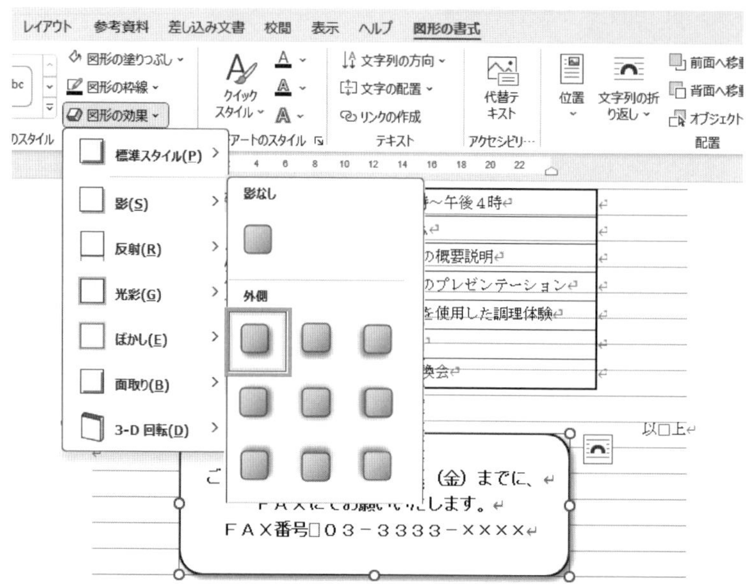

●出欠の有無を確認するFAXの締切日は、発表会当日の1週間前とする。正しい日付に変更すること。

FAXの締切日は1週間前なので、発表会当日「6月30日（金）」から「7」を引き、曜日は変えません。

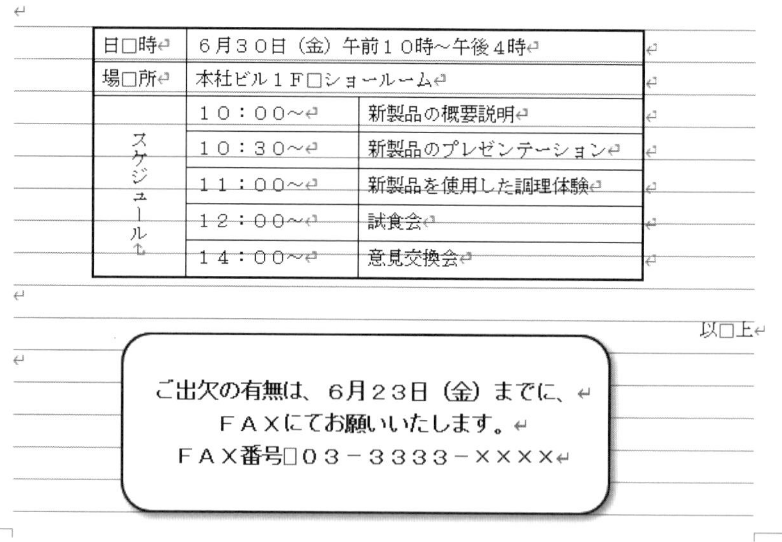

●A4用紙1枚に出力できるようにレイアウトすること。

●作成したファイルは「新型システムキッチン発表会のご案内」として保存すること。

99ページと同様の手順で確認して保存します。

●解答見本

令和５年６月５日

株式会社田村井商事
□営業部御中

幸島設備株式会社
販促部□松崎憲和

新型システムキッチン発表会のご案内

拝啓□初夏の候、貴社ますますご清祥のこととお慶び申し上げます。平素は格別のご高配を賜り、厚くお礼申し上げます。
□さて、弊社では、下記のとおり「新型システムキッチン」の発表会を開催いたします。今回の製品のテーマは「ライフスタイルの尊重」とし、従来の概念を大胆に打ち破ったニュー・システムキッチンを提案いたします。
□ご来場の皆様には、新型システムキッチンを使用して調理したお食事とお飲み物をご用意させていただきます。ご多忙中誠に恐縮ではございますが、なにとぞ、ご来場くださいますよう、お願い申し上げます。

敬□具

記

日□時	６月３０日（金）午前１０時～午後４時	
場□所	本社ビル１Ｆ□ショールーム	
スケジュール	１０：００～	新製品の概要説明
	１０：３０～	新製品のプレゼンテーション
	１１：００～	新製品を使用した調理体験
	１２：００～	試食会
	１４：００～	意見交換会

以□上

ご出欠の有無は、６月２３日（金）までに、
ＦＡＸにてお願いいたします。
ＦＡＸ番号□０３－３３３３－ＸＸＸＸ

4-7 健康診断の実施

「7 健康診断の実施」を開いてください。

あなたは、サントール株式会社の社員です。上司からこのたび、各社員あてに案内文を作成するように指示されました。

上司からの指示は以下の通りです。指示に従って文書を作成し、保存をしてください。

案内状は、以下の内容で完成させること。

- 発信日は「令和５年４月１７日」とすること。
- あて先は「社員各位」に変更すること。
- 標題は「春季健康診断のご案内」とし、斜体・下線を解除し、囲み線、網かけをつけること。
- あて先の変更に伴って、主文内の必要な箇所を修正すること。
- 主文内の「…必ず受診してください。」の文章の後に、以下の文章を新しい段落として追加入力してください。

  「健康診断申込書」は、４月２４日（月）までに、総務課あてに提出してください。
- 記書きの項目名を太字にすること。
- 記書きの「実施日程」の表の右端に、1列追加して下記の内容を入力すること。

6月15日
通常検診
成人病検診
レディースドッグ

- 表の変更に伴い、1箇所訂正しなければならない箇所がある。正しく修正すること。
- 記書きの「実施日程」を「日程と検診内容」に変更すること。
- 記書きの項目名に、「9文字」の均等割り付けを設定し、箇条書き「◆」をつけること。
- 「実施日程」の、「③」の行を「①」の上に移動すること。なお、番号は①から順番になるよう振り直すこと。また、表の罫線（列幅）がずれる場合は、調節すること。
- 「検診会場案内図」の中の、「城東健診センター」の図形を「楕円」に変更し、文字を横書きに設定すること。なお、図形の大きさは、文字が表示されるよう調節すること。
- 総務課長が「佐藤隆」に変わったので、必要な箇所を変更すること。
- 「実施日程」の表の外枠を、1.5ptの太線にすること。
- 「検診会場案内図」の地図の外枠の四角形の枠線を、1.5ptの点線（丸）にすること。
- 「申し込み方法」の「ＦＡＸ番号」の行を、「MSゴシック・12pt・太字」にし、囲み線、中央揃えを設定すること。
- A4用紙1枚に出力できるようにレイアウトすること。
- 作成したファイルは「春季健康診断のご案内」として保存すること。

解説

- [1]発信日は「令和５年４月１７日」とすること。
- [2]あて先は「社員各位」に変更すること。
- [3]標題は「春季健康診断のご案内」とし、斜体・下線を解除し、囲み線、網かけをつけること。
- [4]あて先の変更に伴って、主文内の必要な箇所を修正すること。
- [5]主文内の「…必ず受診してください。」の文章の後に、以下の文章を新しい段落として追加入力してください。

　「健康診断申込書」は、４月２４日（月）までに、総務課あてに提出してください。

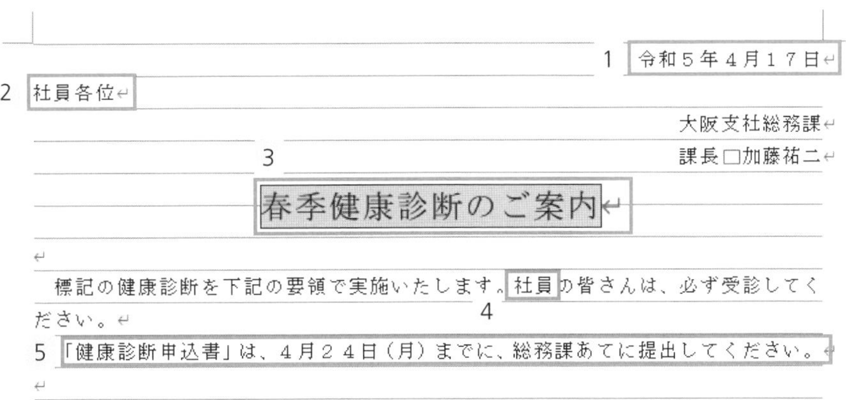

1 令和５年４月１７日

2 社員各位

大阪支社総務課

課長□加藤祐二

3 春季健康診断のご案内

　標記の健康診断を下記の要領で実施いたします。社員の皆さんは、必ず受診してください。

4

5 「健康診断申込書」は、４月２４日（月）までに、総務課あてに提出してください。

- 記書きの項目名を太字にすること。

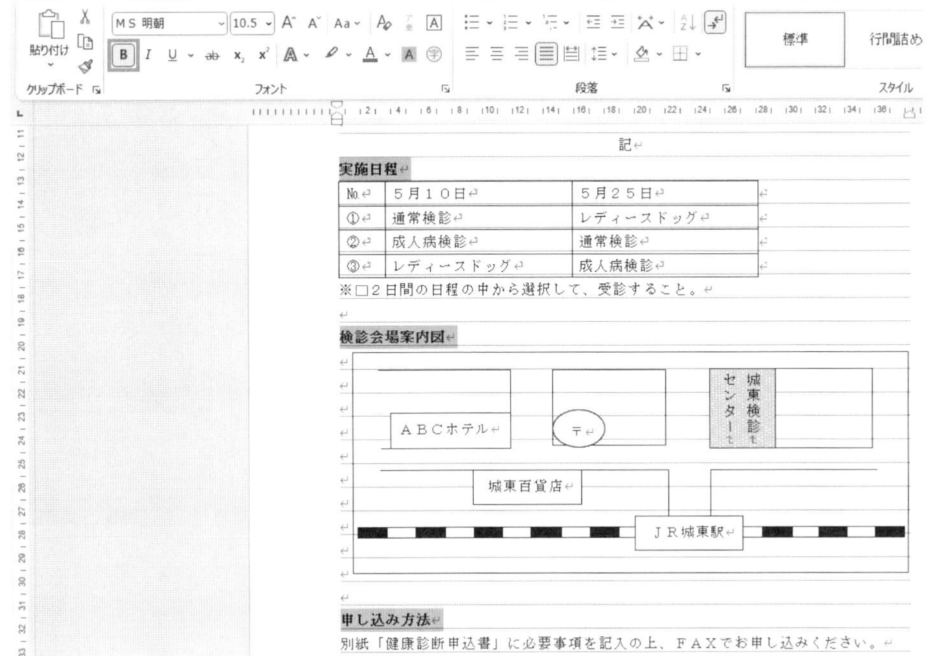

記

実施日程

No.	５月１０日	５月２５日
①	通常検診	レディースドッグ
②	成人病検診	通常検診
③	レディースドッグ	成人病検診

※□２日間の日程の中から選択して、受診すること。

検診会場案内図

申し込み方法

別紙「健康診断申込書」に必要事項を記入の上、ＦＡＸでお申し込みください。

- [1]記書きの「実施日程」の表の右端に、1列追加して132ページに示した内容を入力すること。
- [2]表の変更に伴い、1箇所訂正しなければならない箇所がある。正しく修正すること。
- [3]記書きの「実施日程」を「日程と検診内容」に変更すること。

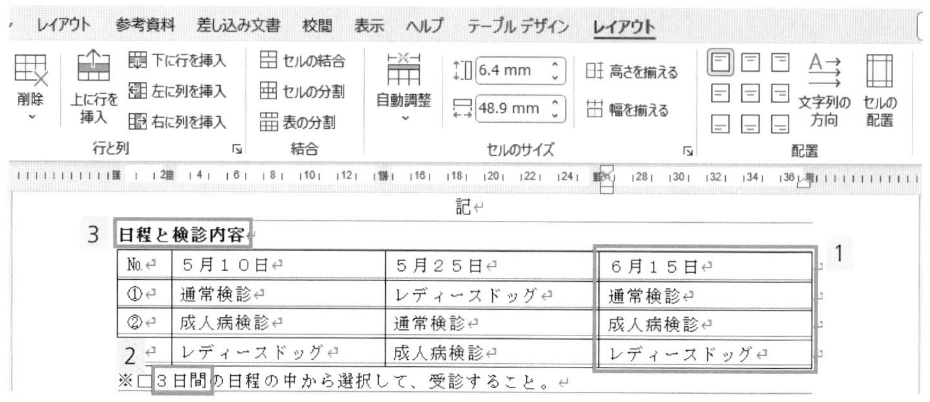

- 記書きの項目名に、「9文字」の均等割り付けを設定し、箇条書き「◆」をつけること。

記書きの項目に、「9文字」の均等割り付けを設定します。文字をドラッグするときは、「改行」マークは含めないように気をつけてください。

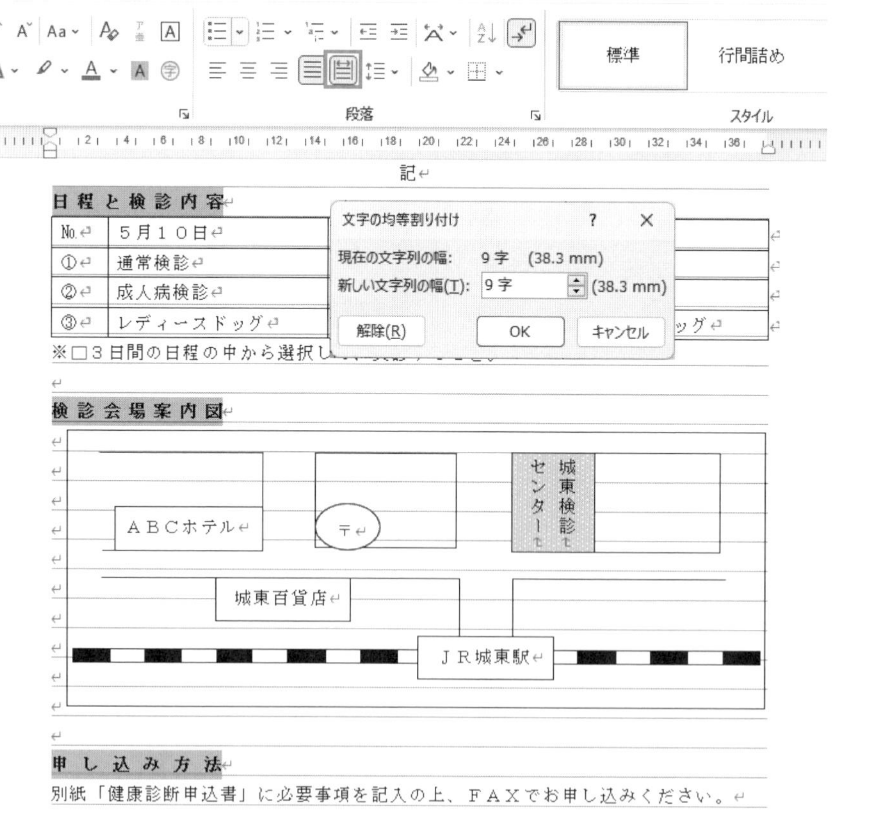

箇条書きを「◆」に設定します。

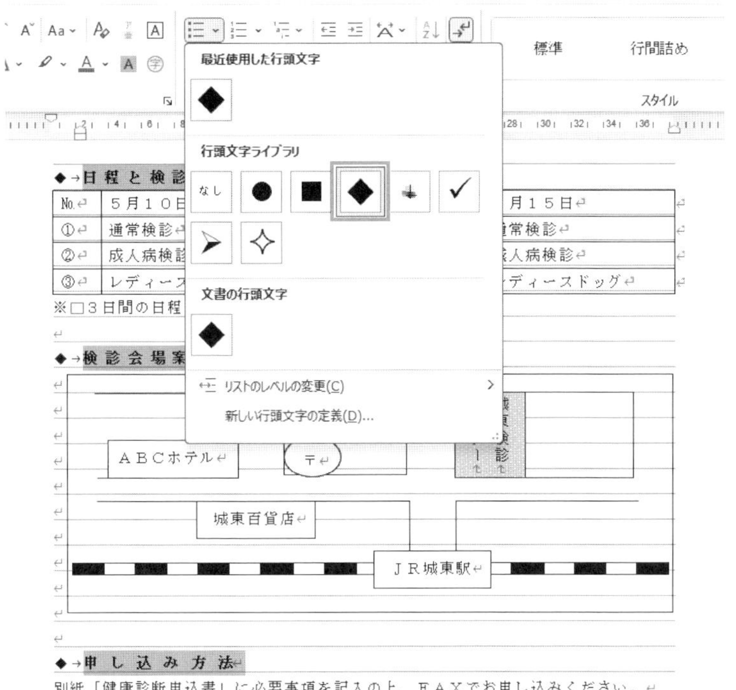

- 「実施日程」の、「③」の行を「①」の上に移動すること。なお、番号は①から順番になるよう振り直すこと。また、表の罫線（列幅）がずれる場合は、調節すること。

「③」の行を選択して「切り取り」ます。

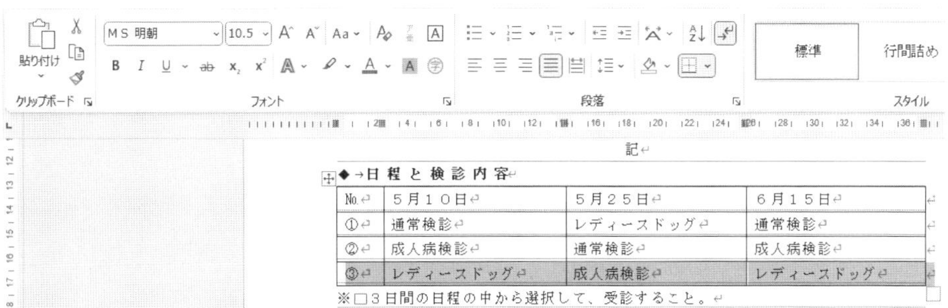

「①」のセル内をクリックして、「貼り付け」ます。

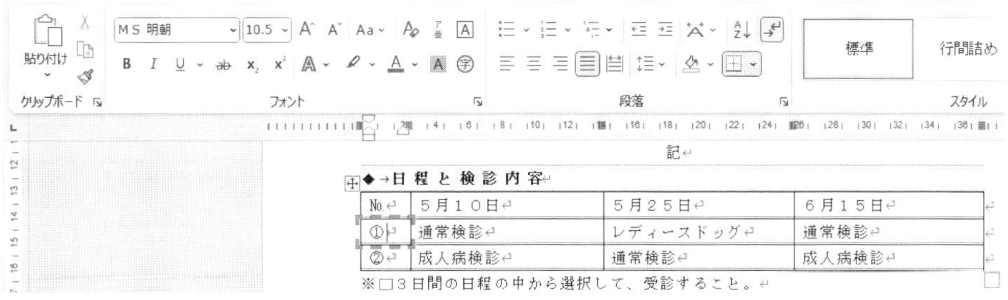

番号を「①」から順になるように入力しなおします。①・②・③の番号は、段落番号を使わずに手入力してください。

◆→日 程 と 検 診 内 容

№.	５月１０日	５月２５日	６月１５日
①	レディースドッグ	成人病検診	レディースドッグ
②	通常検診	レディースドッグ	通常検診
③	成人病検診	通常検診	成人病検診

※□３日間の日程の中から選択して、受診すること。

●「検診会場案内図」の中の、「城東健診センター」の図形を「楕円」に変更し、文字を横書きに設定すること。なお、図形の大きさは、文字が表示されるよう調節すること。

「図形の変更」より「円／楕円」をクリックし、「文字列の方向」をクリックして、文字を横書きに設定します。文字が表示できるように、楕円のサイズを横に広げて調整します。

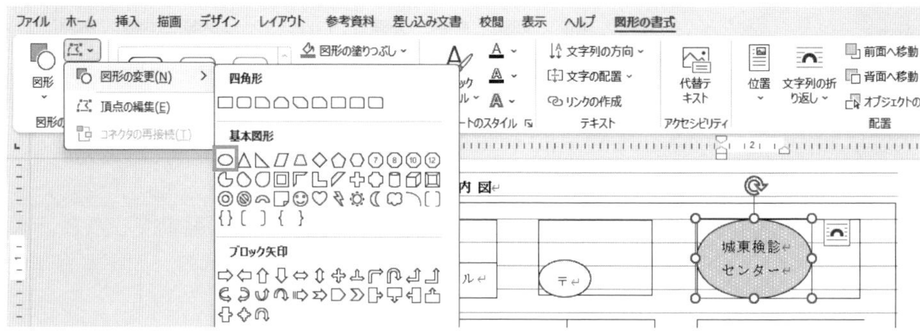

●総務課長が「佐藤隆」に変わったので、必要な箇所を変更すること。

令和５年４月１７日

社員各位

大阪支社総務課

課長□佐藤隆

●「実施日程」の表の外枠を、1.5ptの太線にすること。

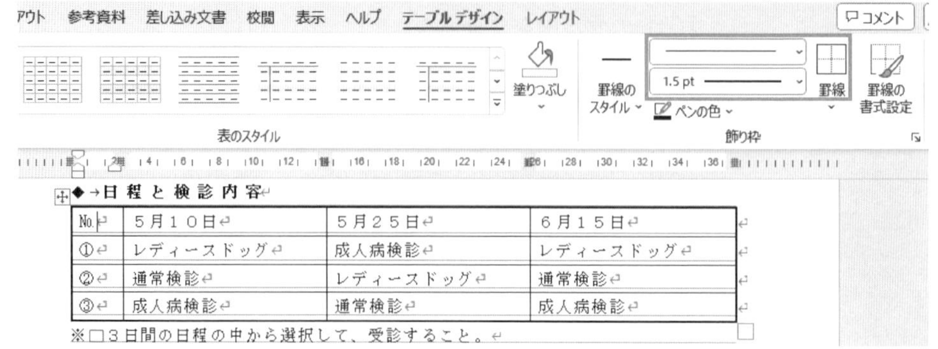

◆→日 程 と 検 診 内 容

№.	５月１０日	５月２５日	６月１５日
①	レディースドッグ	成人病検診	レディースドッグ
②	通常検診	レディースドッグ	通常検診
③	成人病検診	通常検診	成人病検診

※□３日間の日程の中から選択して、受診すること。

●「検診会場案内図」の地図の外枠の四角形の枠線を、1.5ptの点線（丸）にすること。

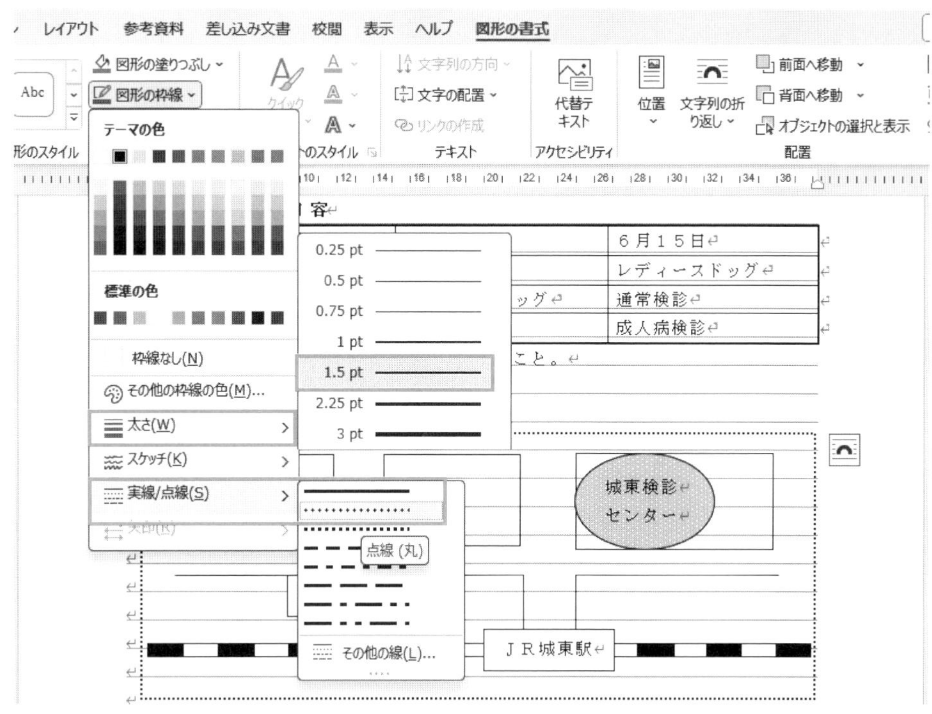

●「申し込み方法」の「ＦＡＸ番号」の行を、「MSゴシック・12pt・太字」にし、囲み線、中央揃えを設定すること。

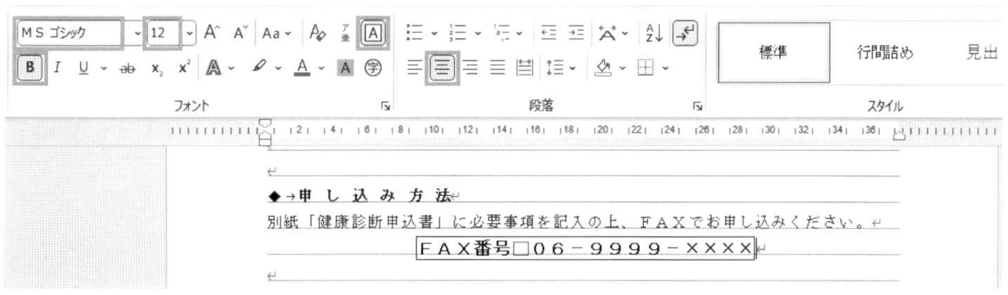

●A4用紙1枚に出力できるようにレイアウトすること。
●作成したファイルは「春季健康診断のご案内」として保存すること。
99ページと同様の手順で確認して保存します。

●解答見本

令和５年４月１７日

社員各位

大阪支社総務課

課長□佐藤隆

春季健康診断のご案内

標記の健康診断を下記の要領で実施いたします。社員の皆さんは、必ず受診してください。

「健康診断申込書」は、４月２４日（月）までに、総務課あてに提出してください。

記

◆→日程と検診内容

No.	５月１０日	５月２５日	６月１５日
①	レディースドッグ	成人病検診	レディースドッグ
②	通常検診	レディースドッグ	通常検診
③	成人病検診	通常検診	成人病検診

※□３日間の日程の中から選択して、受診すること。

◆→検診会場案内図

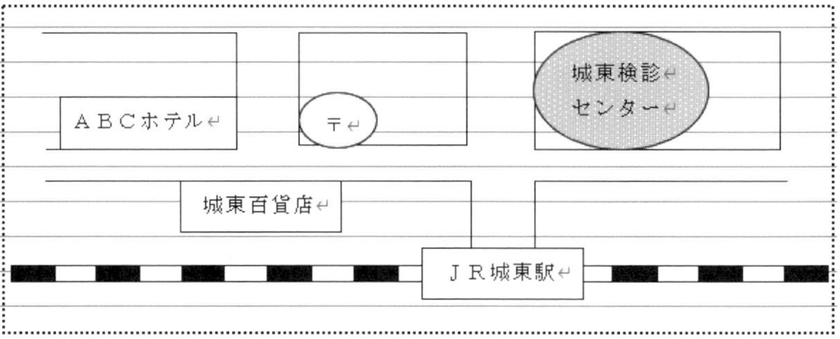

◆→申し込み方法

別紙「健康診断申込書」に必要事項を記入の上、ＦＡＸでお申し込みください。

ＦＡＸ番号□０６－９９９９－ＸＸＸＸ

以□上

4-8 講座についてのご案内

「8 講座についてのご案内」を開いてください。

あなたは、市民センター教養課の職員です。このたび上司から会員に向けた講座案内状を作成するよう指示されました。案内状には基本となる文書ファイルがあります。

上司からの指示は以下の通りです。指示に従って文書を作成し、保存をしてください。

案内状は、以下の内容で完成させること。

- 発信日は「令和５年４月１０日」とすること。
- あて先に、正しい敬称をつけること。
- 標題には、下記の語群から適切なものを選んでつけ加えること。
  【語群】（参考）　（案内）　（質問）
- 本文内の「定員制です。」の前に、「先着順の」を挿入すること。
- 記書きの「3.定員」の項目の後に、「4.受講料　８，０００円（教材費・税込み）」を追加すること。文字のレイアウトは、他の記書きの項目と揃えること。
- 文書番号「研修０５－０４１０」を、適切な位置に挿入すること。
- 講座の日程は、今年度から1日増えて3日間となり、５月１２日（金）から毎週金曜日に行うこととなった。適切な日付を入力すること。
- 発信者は、教養課の安田恵利子とする。
- 本文内に、間違った漢字が使われている箇所が1箇所あるので、正しい漢字に修正すること。
- 今年度の日程に合わせて、次のように日程表を修正すること。
  - ・昨年度の２日目の内容は、３日目に移行する。
  - ・２日目には、新たに「アロマテラピーの効果」「アロマテラピーによるストレス管理」「マッサージの効果」の３つの項目を追加する。
  - ・昨年度初日に行った「精油の抽出方法・種類・概要」と「アロマテラピーの手軽な楽しみ方」は、今年度は、順番を入れ替えて実施する。
- 日程表の外枠を、二重線にすること。
- 今年度より開催場所が「市民会館　憩いの間」に変更になった。適切な箇所を修正すること。
- A4用紙1枚に出力できるようにレイアウトすること。
- 作成したファイルは「令和５年度講座について」として保存すること。

解説

- [1]発信日は「令和５年４月１０日」とすること。
  この変更に伴い、2ヶ所を訂正します。
- [2]あて先に、正しい敬称をつけること。
- [3]標題には、下記の語群から適切なものを選んでつけ加えること。
  【語群】（参考）　（案内）　（質問）
- [4]本文内の「定員制です。」の前に、「先着順の」を挿入すること。

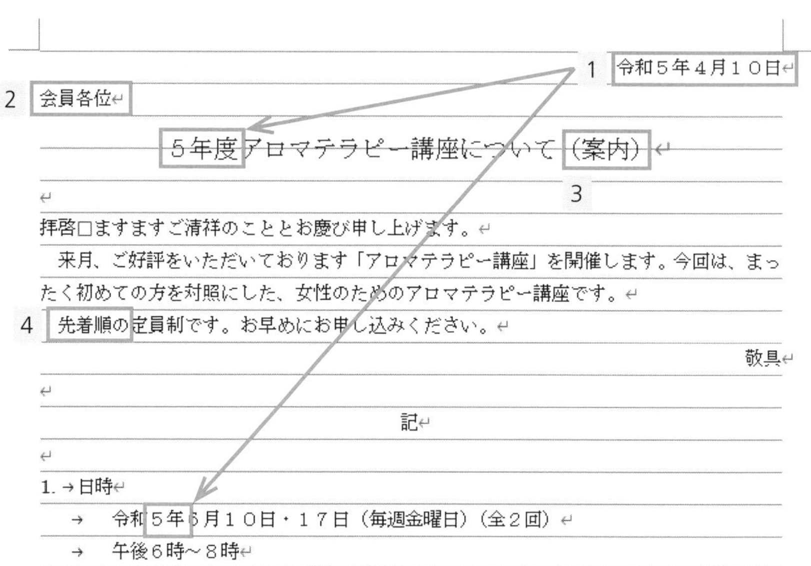

1 令和５年４月１０日

2 会員各位

５年度アロマテラピー講座について（案内）

3

拝啓□ますますご清祥のこととお慶び申し上げます。

来月、ご好評をいただいております「アロマテラピー講座」を開催します。今回は、まったく初めての方を対照にした、女性のためのアロマテラピー講座です。

4 先着順の定員制です。お早めにお申し込みください。

敬具

記

1. → 日時

→　令和５年６月１０日・１７日（毎週金曜日）（全２回）

→　午後６時～８時

- 記書きの「3.定員」の項目の後に、「4.受講料　８，０００円（教材費・税込み）」を追加すること。 文字のレイアウトは、他の記書きの項目と揃えること。
  「日程」の「日」の前にカーソルを置いて、Enterキーで改行してください。

4. → 日程

	月日（曜日）	内□□容
		アロマテラピーの歴史

「日程」の文字が次の行になり、自動的に「5.　日程」となります。

→　２０名□先着順

4. →

5. → 日程

	月日（曜日）	内□□容
		アロマテラピーの歴史

「4.　」の行に、「受講料」と入力し、Enterキーで改行すると、次の行に自動的に「5.　」が入力されます。

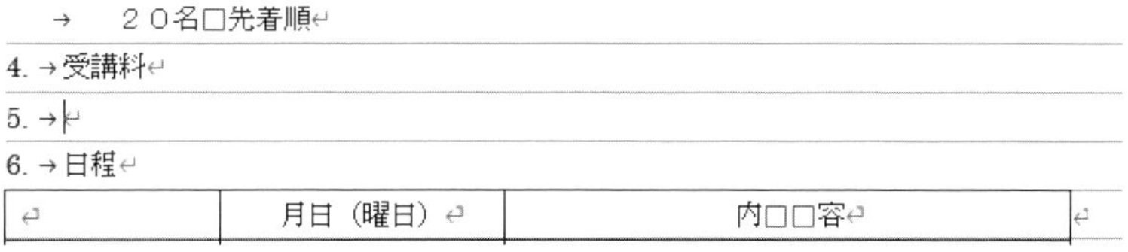

→　２０名□先着順
4. →受講料
5. →
6. →日程

	月日（曜日）	内□□容

Backspaceキーを押すと段落番号が削除されます。

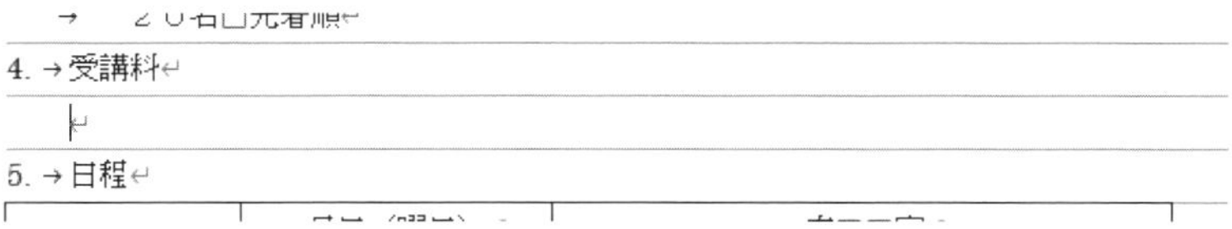

4. →受講料

5. →日程

Tabキーを１回押すと、カーソルが「定員」の「２０名」の最初の文字の位置と揃います。

3. →定員
→　２０名□先着順
4. →受講料

5. →日程

	月日（曜日）	内□□容

「８，０００円（教材費・税込み）」と入力します。

3. →定員
→　２０名□先着順
4. →受講料
８，０００円（教材費・税込み）
5. →日程

	月日（曜日）	内□□容

● 文書番号「研修０５－０４１０」を、適切な位置に挿入すること。
文章番号は1行目に入力します。

研修０５－０４１０
令和５年４月１０日
会員各位

●講座の日程は、今年度から1日増えて3日間となり、5月12日（金）から毎週金曜日に行うこととなった。適切な日付を入力すること。

講座の日程を修正します。５月１２日から毎週金曜日に全3日間、開催されるので「１２日・１９日・２６日」「全３回」と入力してください。

1. → 日時
→　令和５年５月１２日・１９日・２６日（毎週金曜日）（全３回）
→　午後６時～８時
2. → 場所

●発信者は、教養課の安田恵利子とする。

発信者は、あて先の次の行に、右揃えで入力します。

研修０５－０４１０
令和５年４月１０日
会員各位
教養課□安田恵利子

●本文内に、間違った漢字が使われている箇所が1箇所あるので、正しい漢字に修正すること。

拝啓□ますますご清祥のこととお慶び申し上げます。
来月、ご好評をいただいております「アロマテラピー講座」を開催します。今回は、まったく初めての方を対象にした、女性のためのアロマテラピー講座です。
先着順の定員制です。お早めにお申し込みください。
敬具

●今年度の日程に合わせて、139ページで指示したように日程表を修正すること。

まず、2日目の行を3行とも選択してから「下に行を挿入」をクリックします。

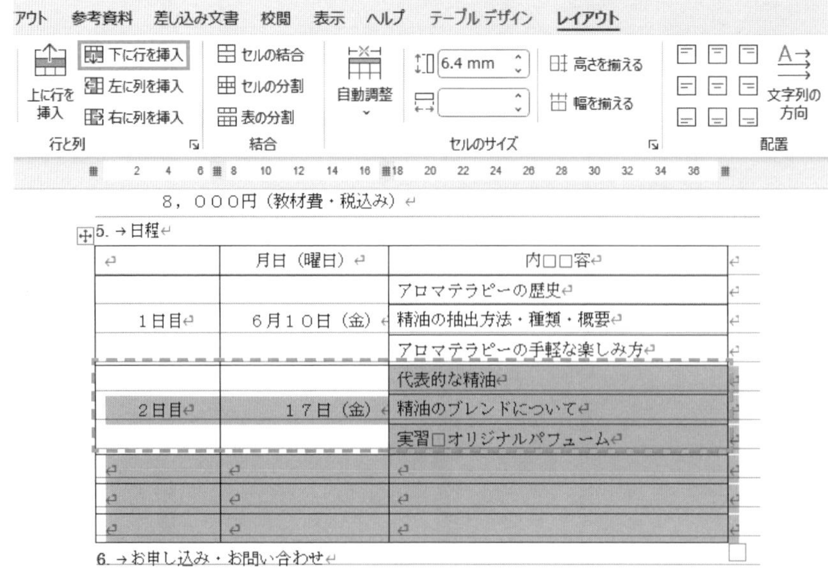

表の左側2列は、それぞれ「セルの結合」をします。

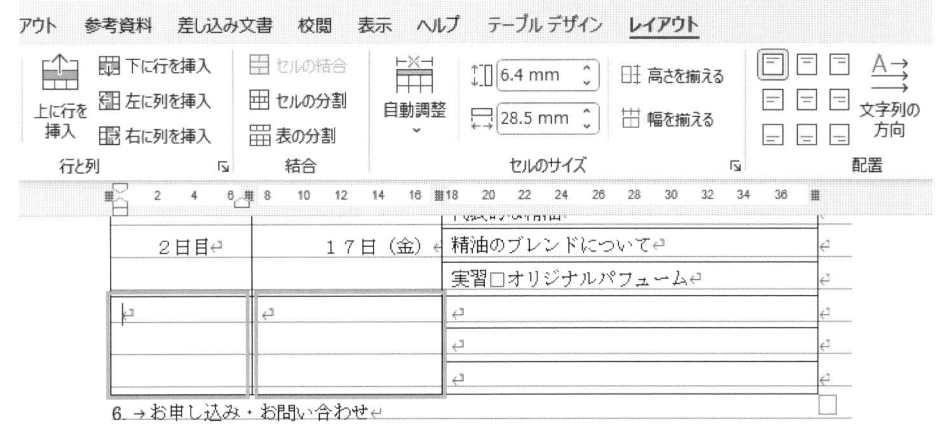

「３日目」と入力します（元ファイルに合わせて文字は「中央揃え」）。

5. → 日程

	月日（曜日）	内□□容
１日目	６月１０日（金）	アロマテラピーの歴史
		精油の抽出方法・種類・概要
		アロマテラピーの手軽な楽しみ方
２日目	１７日（金）	代表的な精油
		精油のブレンドについて
		実習□オリジナルパフューム
３日目		

6. → お申し込み・お問い合わせ

「月日」を記書きの日時に合わせて修正します（月日の部分は「右揃え」）。

5. → 日程

	月日（曜日）	内□□容
１日目	５月１２日（金）	アロマテラピーの歴史
		精油の抽出方法・種類・概要
		アロマテラピーの手軽な楽しみ方
２日目	１９日（金）	代表的な精油
		精油のブレンドについて
		実習□オリジナルパフューム
３日目	２６日（金）	

6. → お申し込み・お問い合わせ

2日目の内容を3日目に移行します（切り取り・貼り付け）。

5. → 日程

	月日（曜日）	内□□容
1日目	5月12日（金）	アロマテラピーの歴史
		精油の抽出方法・種類・概要
		アロマテラピーの手軽な楽しみ方
2日目	19日（金）	
3日目	26日（金）	代表的な精油
		精油のブレンドについて
		実習□オリジナルパフューム

6. → お申し込み・お問い合わせ

(Ctrl)

2日目には、新たに内容を入力します。

5. → 日程

	月日（曜日）	内□□容
1日目	5月12日（金）	アロマテラピーの歴史
		精油の抽出方法・種類・概要
		アロマテラピーの手軽な楽しみ方
2日目	19日（金）	アロマテラピーの効果
		アロマテラピーによるストレス管理
		マッサージの効果
3日目	26日（金）	代表的な精油
		精油のブレンドについて
		実習□オリジナルパフューム

初日の内容の順番を入れ替えます。

	月日（曜日）	内□□容
1日目	5月12日（金）	アロマテラピーの歴史
		アロマテラピーの手軽な楽しみ方
		精油の抽出方法・種類・概要

文字の配置は、元の表に合わせ、数字の全角・半角も間違えないように気をつけてください。

● 日程表の外枠を、二重線にすること。

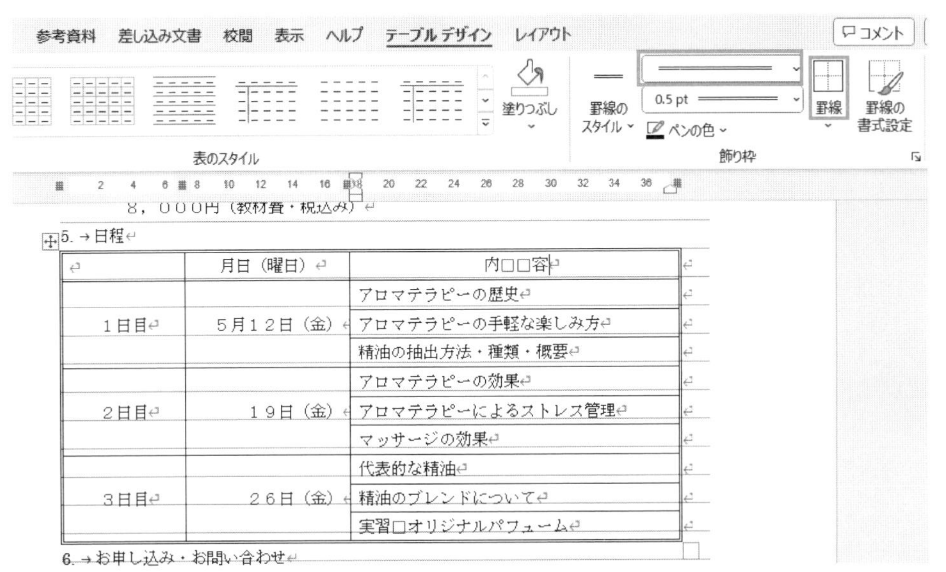

● 今年度より開催場所が、「市民会館　憩いの間」に変更になった。適切な箇所を修正すること。

→　令和５年５月１２日・１９日・２６日（毎週金曜日）（全３回）

→　午後６時～８時

2. → 場所

→　市民会館□憩いの間

3. → 定員

●A4用紙1枚に出力できるようにレイアウトすること。

今回は表の行を追加したのでA4用紙1枚に入りきっていません。「ページ設定」を使って、必ずA4用紙1枚に入るように設定してください。今回は「行数」を増やせば問題ありません。

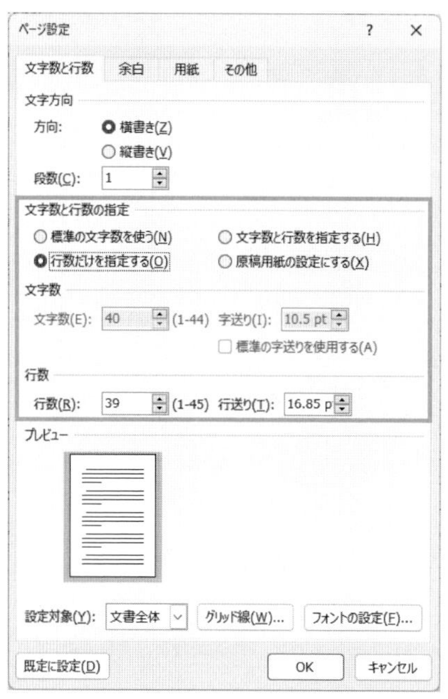

注意

今回の例では「39行」でしたが、行数は必ずしも39行になるとは限りません。自分で調節してください。また、「以上」の次の空白行が2ページ目にある場合は、この空白行も必ず削除してください。

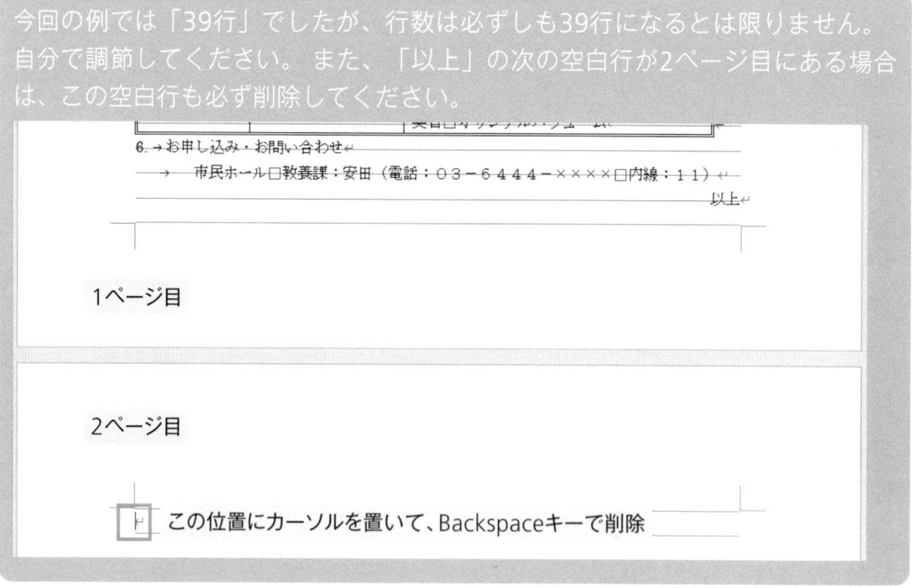

●作成したファイルは「令和５年度講座について」として保存すること。

99ページと同様の手順で保存して終了します。

●解答見本

研修０５－０４１０
令和５年４月１０日

会員各位

教養課　安田恵利子

５年度アロマテラピー講座について（案内）

拝啓　ますますご清祥のこととお慶び申し上げます。
　来月、ご好評をいただいております「アロマテラピー講座」を開催します。今回は、まったく初めての方を対象にした、女性のためのアロマテラピー講座です。
　先着順の定員制です。お早めにお申し込みください。

敬具

記

1. 日時
　令和５年５月１２日・１９日・２６日（毎週金曜日）（全３回）
　午後６時～８時
2. 場所
　市民会館　憩いの間
3. 定員
　２０名　先着順
4. 受講料
　８，０００円（教材費・税込み）
5. 日程

	月日（曜日）	内　　容
１日目	５月１２日（金）	アロマテラピーの歴史
		アロマテラピーの手軽な楽しみ方
		精油の抽出方法・種類・概要
２日目	１９日（金）	アロマテラピーの効果
		アロマテラピーによるストレス管理
		マッサージの効果
３日目	２６日（金）	代表的な精油
		精油のブレンドについて
		実習　オリジナルパフューム

6. お申し込み・お問い合わせ
　市民ホール　教養課：安田（電話：０３－６４４４－××××　内線：１１）

以上

4-9 旅行アンケート調査結果

「9 旅行アンケート調査結果」を開いてください。

あなたは、株式会社ピース旅行の営業部社員です。このたび上司から、海外旅行と国内旅行についてのアンケート調査結果をまとめる文書を作成するよう指示がありました。

上司からの指示は、以下の通りです。指示に従って文書を作成し、保存してください。

作成にあたっては、次の内容で作成すること。

- 発信日は、令和５年６月９日とする。
- 今回のアンケートの調査対象は、20代男女300名とする。適切な箇所を修正すること。
- 標題は、拡大し、中央に配置すること。
- あて先は、「お得意様」とすること。
- 調査日は、「令和５年５月３日（水）～１０日（水）」までとする。
- 調査場所の行は、削除すること。
- 調査方法は、「都内に住む２０代男女に街頭にて口頭調査」とすること。
- 記書きの「調査結果」の文字を、「調査結果表」に修正すること。
- 調査結果の表で、「希望する旅行先」の次の行の項目・回答として以下を挿入すること。その際、№は１から順になるようにすること。
  「アンケート項目」旅行費用
  「回答」　　　　　国内旅行：４０，０００円　海外旅行：１５０，０００円
- 主文の段落の字下げをすること。
- 記書きの項目に、任意の箇条書きを設定すること。
- 「調査結果表」の字数に合わせて、記書きの項目をすべて均等割り付けすること。
- 「旅行の希望」と「希望旅行先」の回答は、以下のとおりとすること。
  「海外旅行：２２３名　国内旅行：７７名」
  「海外旅行：ハワイ　　国内旅行：沖縄」
- 記書きの最後、適切な位置に、「以上」を入力すること。
- 旅行費用の、国内旅行と海外旅行の行を入れ替えること。
- 調査結果の表の外枠を、1.5ptの太線にすること。
- A4用紙1枚に出力できるようレイアウトすること。
- 作成したファイルは、「令和５年旅行アンケート調査結果」として保存すること。

解説

- [1]発信日は、令和５年６月９日とする。
  これに伴い標題、実地日の年も変更します。
- [2]今回のアンケートの調査対象は、20代男女300名とする。 適切な箇所を修正すること。
  3ヶ所あります。
- [3]標題は、拡大し、中央に配置すること。
- [4]あて先は、「お得意様」とすること。
  問題文に指示はないが、敬称「各位」をつけること。

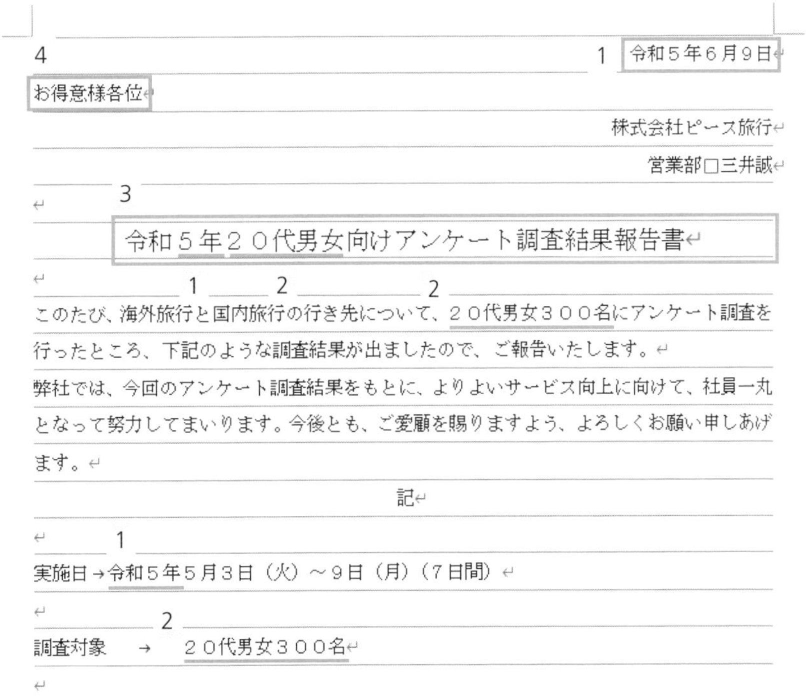

4　　　　　　　　　　　　　　　　　　　　　　1　令和５年６月９日

お得意様各位

株式会社ピース旅行

営業部□三井誠

3

令和５年２０代男女向けアンケート調査結果報告書

1　2　2

このたび、海外旅行と国内旅行の行き先について、２０代男女３００名にアンケート調査を行ったところ、下記のような調査結果が出ましたので、ご報告いたします。

弊社では、今回のアンケート調査結果をもとに、よりよいサービス向上に向けて、社員一丸となって努力してまいります。今後とも、ご愛顧を賜りますよう、よろしくお願い申しあげます。

記

1

実施日→令和５年５月３日（火）～９日（月）（７日間）

2

調査対象　→　２０代男女３００名

- 調査日は、「令和５年５月３日（水）～１０日（水）」までとする。
  日付を変更し、調査期間を「（８日間）」とします（1日増えたため）。

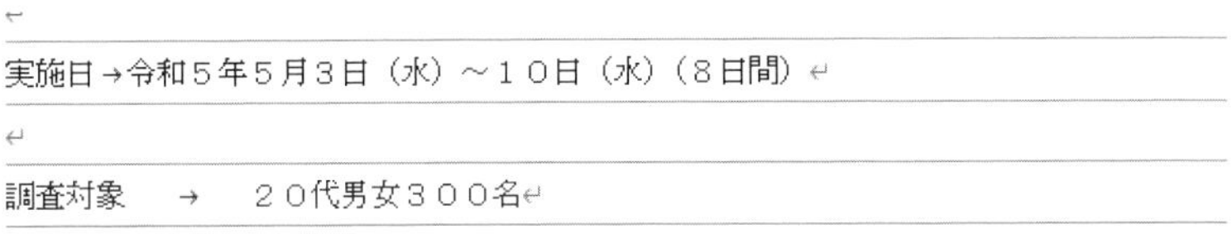

実施日→令和５年５月３日（水）～１０日（水）（８日間）

調査対象　→　２０代男女３００名

- [1]調査場所の行は、削除すること。
- [2]調査方法は、「都内に住む２０代男女に街頭にて口頭調査」とすること。
- [3]記書きの「調査結果」の文字を、「調査結果表」に修正すること。
- [4]調査結果の表で、「希望する旅行先」の次の行の項目・回答として、148ページにて指示した内容を挿入すること。 その際、No.は1から順になるようにすること。

番号は自動で変わりません。 自分で直接入力します。

実施日→令和５年５月３日（水）～１０日（水）（８日間）

調査対象　→　２０代男女３００名

1

調査方法　→　都内に住む２０代男女に街頭にて口頭調査　2

調査結果表　3

No.	アンケート項目	回答
1	旅行の希望	海外旅行：１６７名 国内旅行：８３名
2	希望する旅行先	海外旅行：ヨーロッパ 国内旅行：北海道
3	旅行費用	国内旅行：４０，０００円 海外旅行：１５０，０００円
4	旅行日数	海外旅行：１４日間 国内旅行：３日間

4

- 主文の段落の字下げをすること。

「インデント」ボタンを使うと、2行目まで字下げになってしまいますので、「段落」ダイアログボックスより「最初の行」を「字下げ」にしてください。

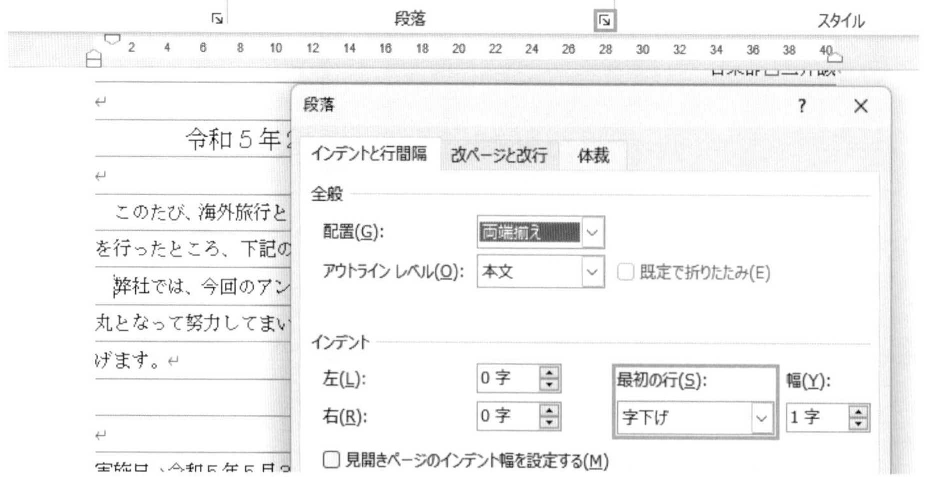

● 記書きの項目に、任意の箇条書きを設定すること。

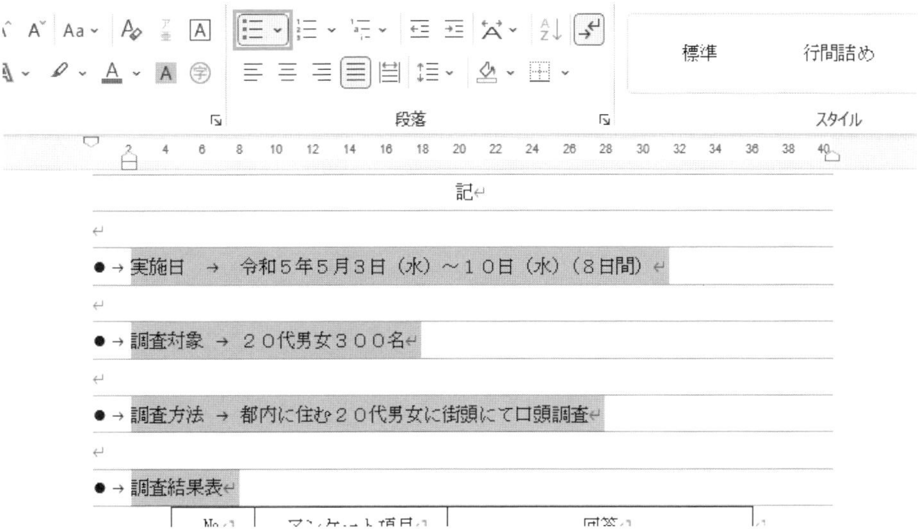

● 「調査結果表」の字数に合わせて、記書きの項目をすべて均等割り付けすること。

字数は5字に合わせます。記書きの項目を選択する際に、改行マークまで選択しないよう注意しましょう。

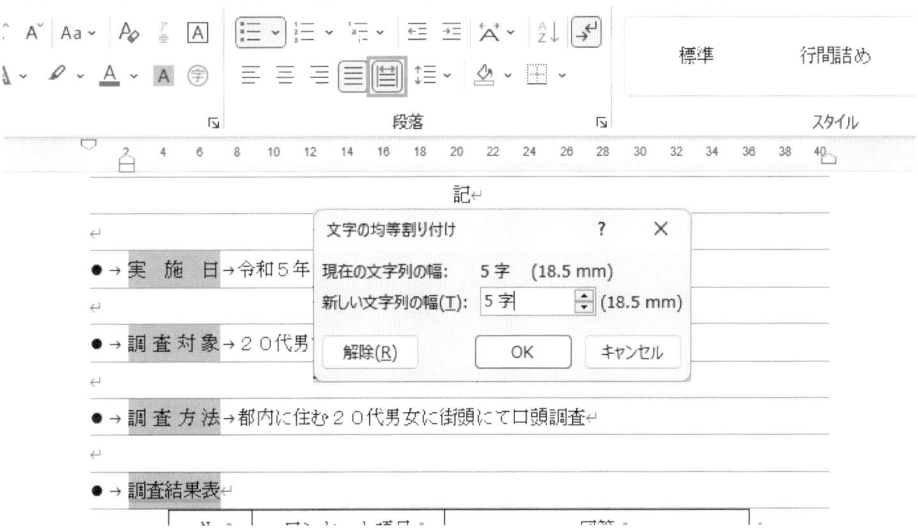

● 「旅行の希望」と「希望旅行先」の回答は、148ページに指示したとおりとすること。

● 記書きの最後、適切な位置に、「以上」を入力すること。
表の次の行に「以上」と入力し文字を確定してください。

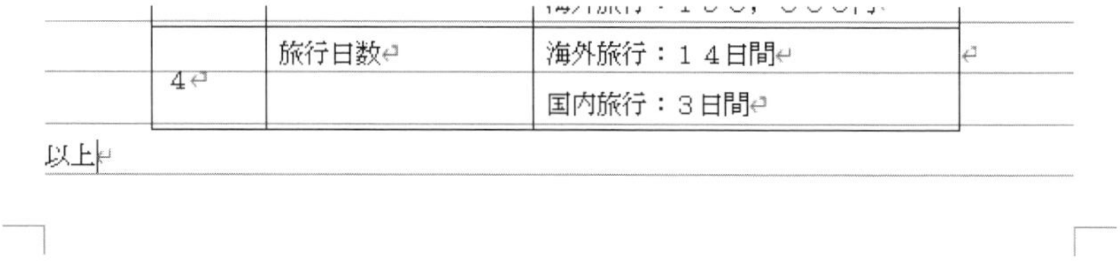

4	旅行日数	海外旅行：１４日間
		国内旅行：３日間

以上

再度Enterキーを押すと、「以上」の文字は「結語スタイル」が設定され、自動的に用紙の右端に移動します。

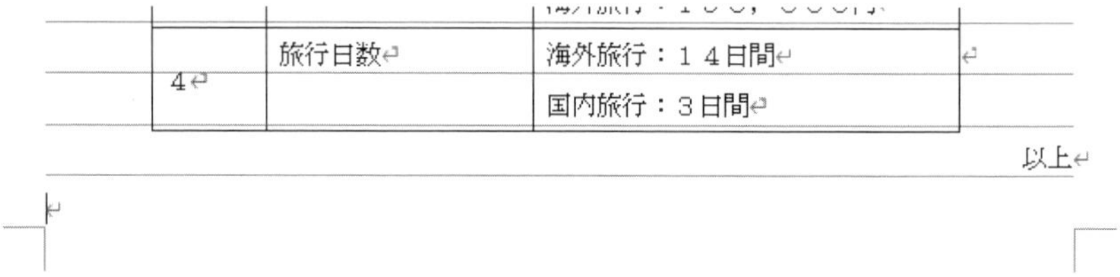

4	旅行日数	海外旅行：１４日間
		国内旅行：３日間

以上

注　意

「右揃え」と「結語スタイル」は、スタイルが異なります。ホームタブの「右揃え」ボタンを使わないようにしましょう。

● 旅行費用の、国内旅行と海外旅行の行を入れ替えること。
● 調査結果の表の外枠を、1.5ptの太線にすること。

● → 調査結果表

No.	アンケート項目	回答
1	旅行の希望	海外旅行：２２３名
		国内旅行：７７名
2	希望する旅行先	海外旅行：ハワイ
		国内旅行：沖縄
3	旅行費用	海外旅行：１５０，０００円
		国内旅行：４０，０００円
4	旅行日数	海外旅行：１４日間
		国内旅行：３日間

以上

● A4用紙1枚に出力できるようレイアウトすること。
● 作成したファイルは、「令和５年旅行アンケート調査結果」として保存すること。
99ページと同様の手順で確認して保存します。
「以上」の次の行が2ページ目にある場合は、必ず削除しておきましょう。

●解答見本

令和５年６月９日

お得意様各位

株式会社ピース旅行

営業部□三井誠

令和５年２０代男女向けアンケート調査結果報告書

このたび、海外旅行と国内旅行の行き先について、２０代男女３００名にアンケート調査を行ったところ、下記のような調査結果が出ましたので、ご報告いたします。

弊社では、今回のアンケート調査結果をもとに、よりよいサービス向上に向けて、社員一丸となって努力してまいります。今後とも、ご愛顧を賜りますよう、よろしくお願い申しあげます。

記

●→実　施　日→令和５年５月３日（水）～１０日（水）（８日間）

●→調査対象→２０代男女３００名

●→調査方法→都内に住む２０代男女に街頭にて口頭調査

●→調査結果表

No.	アンケート項目	回答
1	旅行の希望	海外旅行：２２３名 国内旅行：７７名
2	希望する旅行先	海外旅行：ハワイ 国内旅行：沖縄
3	旅行費用	海外旅行：１５０，０００円 国内旅行：４０，０００円
4	旅行日数	海外旅行：１４日間 国内旅行：３日間

以上

4-10 議事録

「10 議事録」を開いてください。

あなたは、日日株式会社の営業部社員です。 このたび、営業部定例会議の議事録を作成するよう、上司から指示がありました。 前回の議事録を、次の内容で訂正し完成させてください。

上司からの指示は以下の通りです。 指示に従って文書を作成し、保存をしてください。

議事録は、以下の内容で完成させること。

- 標題を、「営業部　部内定例会議　議事録」とし、ゴシック体、拡大し、中央に配置すること。
- 会議日時は、「2023年10月6日（金）10時～11時30分」である。
- 今回の議題は、「営業部員の研修について」である。
- 今回の出席者は以下の通り変更になった。 変更に伴い、適切な箇所を修正すること。

　佐伯部長、後藤課長、藤本主任、川合、田所、堀田、横田、永井（記）

- 作成日は、会議のあった日の翌週の火曜日である。 正しい日付を入力すること。
- 「日時」から「作成日」までの項目名を均等割り付けし、任意の箇条書きの記号をつけること。
- 『議事一覧』は、「営業部員研修期間、研修テーマ」と「営業所見学」の2点である。 適切な箇所に入力し、任意の段落番号をつけること。
- 『議事内容』の「●2024年度営業戦略について」の項目を、「●2023年度営業部員研修期間、研修テーマ」に修正すること。
- 『議事内容』の「●2023年度営業部員研修期間、研修テーマ」の次の行に、前回の内容を削除して、以下の内容の表を作成すること。

日　付	時　間	テーマ
11月13日(月)	9時～12時	営業の基本姿勢
	13時～17時	エチケットマナー
11月14日(火)	9時～12時	クレーム処理について
11月15日(水)	9時～12時	ロールプレイング

- 今回の営業所見学の行先は、「横浜営業所」である。 適切な箇所に入力すること。
- 営業所見学の日付は、「11月16日（木）」とする。
- 『議事内容』の「2023年度営業部員研修期間、研修テーマ」の表の適切な箇所に、以下の内容を追加すること。 表の形式は、元の表の形式に従うこと。

11月14日(火)	13時～17時	営業データの分析

- 表の外枠は二重線にし、表の項目はセルの網かけ・中央揃えに設定すること。
- 「●特記事項」の項目を削除し、代わりに「●配布資料」の項目を追加すること。 配布資料の内容は、「≪目指せ！営業のプロ≫ハンドブック」とすること。

- 次回定例会議の予定は、「2023年10月20日（金）10時～11時30分」である。
- 研修日程の14日の午前と午後のテーマを入れ替えること。
- 『議事一覧』『議事内容』『次回定例会議予定』の『　』を削除し、12pt・太字・囲み線を設定すること。
- A4用紙1枚に出力できるようにレイアウトすること。
- 作成したファイルは「議事録（営業部定例会議）」として保存すること。

解説

- [1]標題を、「営業部　部内定例会議　議事録」とし、ゴシック体、拡大し、中央に配置すること。
- [2]会議日時は、「2023年10月6日（金）10時～11時30分」である。

ここでは半角数字が使われているので、修正する場合も半角で修正します。 以下同様にお考えください。

- [3]今回の議題は、「営業部員の研修について」である。
- [4]今回の出席者は154ページの通り変更になった。 変更に伴い、適切な箇所を修正すること。
  氏名は原則五十音順に並べましょう。
- [5]作成日は、会議のあった日の翌週の火曜日である。 正しい日付を入力すること。
- [6]「日時」から「作成日」までの項目名を均等割り付けし、任意の箇条書きの記号をつけること。

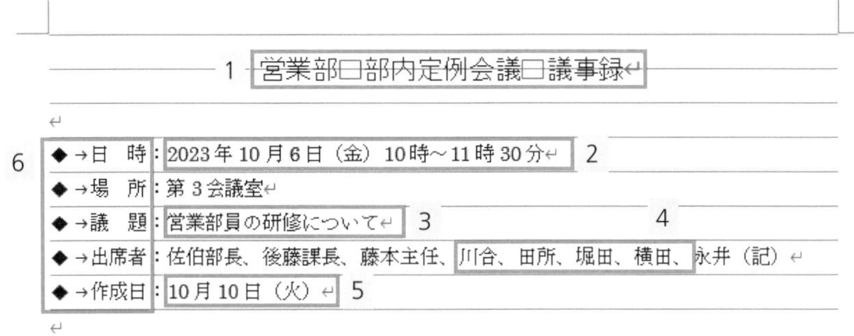

出席者が「竹村」から「横田」に変わっているので、それに伴い、「営業所見学日程」欄の担当も、「横田」に変更するのを忘れないようしましょう。

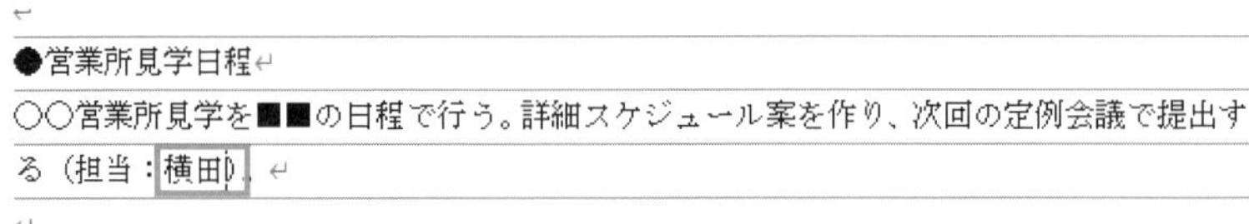

- 『議事一覧』は、「営業部員研修期間、研修テーマ」と「営業所見学」の2点である。 適切な箇所に入力し、任意の段落番号をつけること。

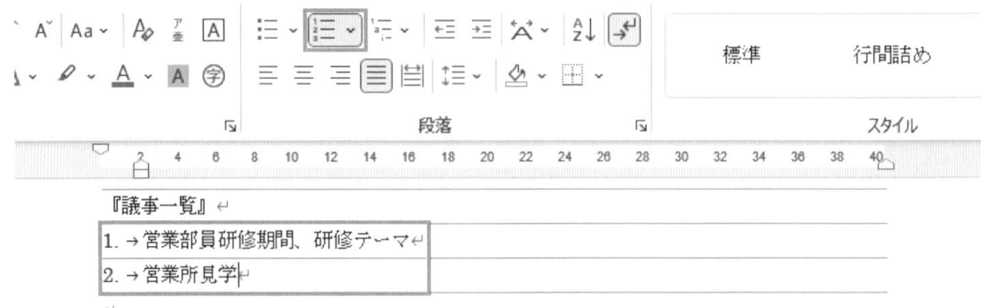

- 『議事内容』の「●2024年度営業戦略について」の項目を、「●2023年度営業部員研修期間、研修テーマ」に修正すること。
- 『議事内容』の「●2023年度営業部員研修期間、研修テーマ」の次の行に、前回の内容を削除して、154ページで指示した内容の表を作成すること。

まず、議事内容の前回の内容（3行）を削除して、指定の表を「3列・5行」で作成してください。あとは、指示通りに文字を入力します。

『議事内容』

●2023年度営業部員研修期間、研修テーマ

日□付	時□間	テーマ
11月13日（月）	9時～12時	営業の基本姿勢
	13時～17時	エチケットマナー
11月14日（火）	9時～12時	クレーム処理について
11月15日（水）	9時～12時	ロールプレイング

- 今回の営業所見学の行先は、「横浜営業所」である。適切な箇所に入力すること。
- 営業所見学の日付は、「11月16日（木）」とする。

●営業所見学日程

横浜営業所見学を11月16日（木）の日程で行う。詳細スケジュール案を作り、次回の定例会議で提出する（担当：横田）。

- 『議事内容』の「2023年度営業部員研修期間、研修テーマ」の表の適切な箇所に、154ページで指示した内容を追加すること。表の形式は、元の表の形式に従うこと。
- 表の外枠は二重線にし、表の項目はセルの網かけ・中央揃えに設定すること。

『議事内容』

●2023年度営業部員研修期間、研修テーマ

日□付	時□間	テーマ
11月13日（月）	9時～12時	営業の基本姿勢
	13時～17時	エチケットマナー
11月14日（火）	9時～12時	クレーム処理について
	13時～17時	営業データの分析
11月15日（水）	9時～12時	ロールプレイング

- 「●特記事項」の項目を削除し、代わりに「●配布資料」の項目を追加すること。配布資料の内容は、「≪目指せ！営業のプロ≫ハンドブック」とすること。
- 次回定例会議の予定は、「2023年10月20日（金）10時～11時30分」である。

●配布資料

≪目指せ！営業のプロ≫ハンドブック

『次回定例会議予定』

2023年10月20日（金）10時～11時30分

以上

●研修日程の14日の午前と午後のテーマを入れ替えること。
まず、「クレーム処理について」の文字列を選択して「切り取り」ます。

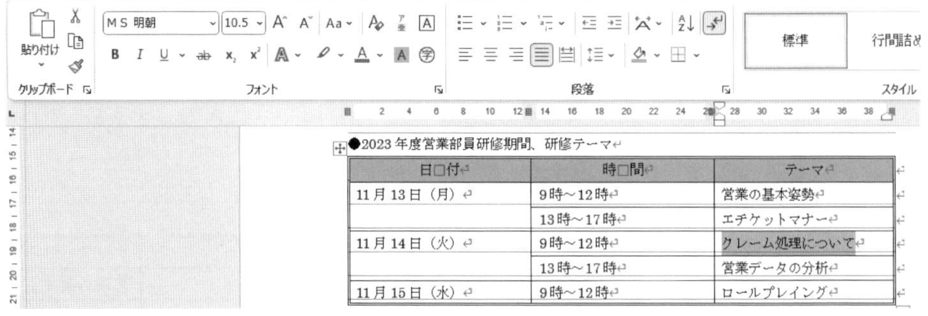

●2023 年度営業部員研修期間、研修テーマ

日□付	時□間	テーマ
11 月 13 日（月）	9 時～12 時	営業の基本姿勢
	13 時～17 時	エチケットマナー
11 月 14 日（火）	9 時～12 時	クレーム処理について
	13 時～17 時	営業データの分析
11 月 15 日（水）	9 時～12 時	ロールプレイング

次に「営業データの分析」の文字の後ろをクリックして「貼り付け」ます。

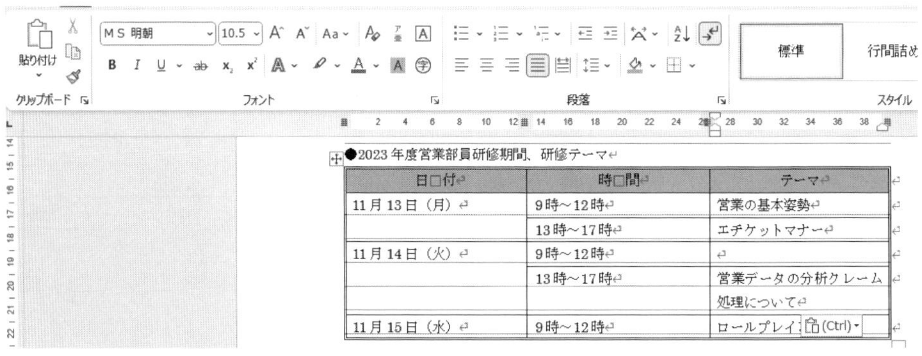

●2023 年度営業部員研修期間、研修テーマ

日□付	時□間	テーマ
11 月 13 日（月）	9 時～12 時	営業の基本姿勢
	13 時～17 時	エチケットマナー
11 月 14 日（火）	9 時～12 時	
	13 時～17 時	営業データの分析クレーム処理について
11 月 15 日（水）	9 時～12 時	ロールプレイング

「営業データの分析」の文字列を選択して「切り取り」ます。

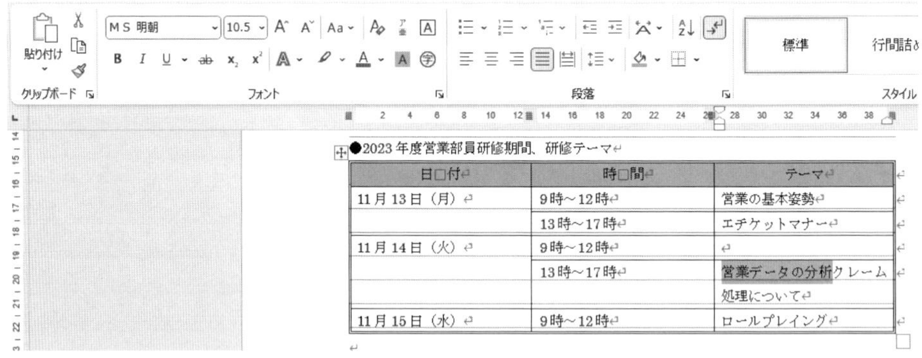

●2023 年度営業部員研修期間、研修テーマ

日□付	時□間	テーマ
11 月 13 日（月）	9 時～12 時	営業の基本姿勢
	13 時～17 時	エチケットマナー
11 月 14 日（火）	9 時～12 時	
	13 時～17 時	営業データの分析クレーム処理について
11 月 15 日（水）	9 時～12 時	ロールプレイング

文字列を選択するときは、改行の矢印マーク↵まで選択しないように気をつけましょう。

切り取ったものを午前のテーマの欄に「貼り付け」ます。

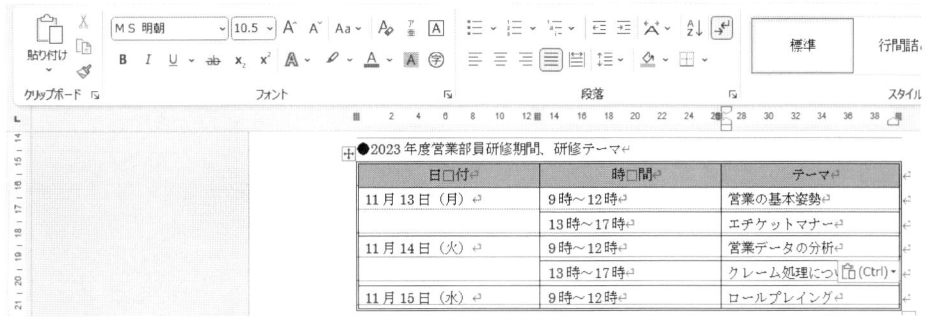

●2023年度営業部員研修期間、研修テーマ

日□付	時□間	テーマ
11月13日（月）	9時～12時	営業の基本姿勢
	13時～17時	エチケットマナー
11月14日（火）	9時～12時	営業データの分析
	13時～17時	クレーム処理につい
11月15日（水）	9時～12時	ロールプレイング

- 『議事一覧』『議事内容』『次回定例会議予定』の『　』を削除し、12pt・太字・囲み線を設定すること。

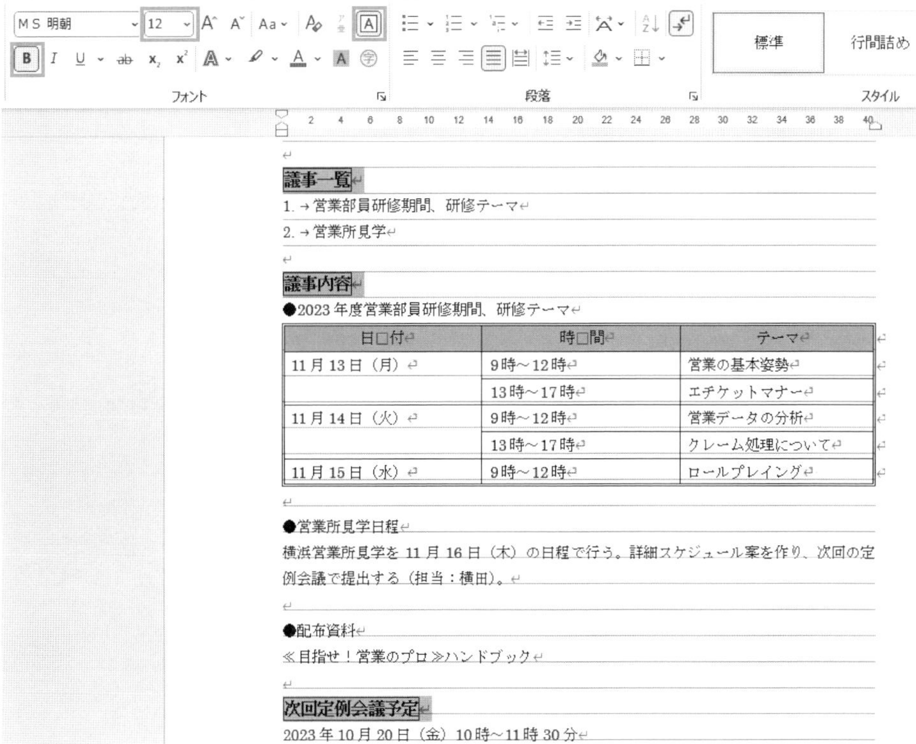

議事一覧

1. → 営業部員研修期間、研修テーマ
2. → 営業所見学

議事内容

●2023年度営業部員研修期間、研修テーマ

日□付	時□間	テーマ
11月13日（月）	9時～12時	営業の基本姿勢
	13時～17時	エチケットマナー
11月14日（火）	9時～12時	営業データの分析
	13時～17時	クレーム処理について
11月15日（水）	9時～12時	ロールプレイング

●営業所見学日程

横浜営業所見学を11月16日（木）の日程で行う。詳細スケジュール案を作り、次回の定例会議で提出する（担当：横田）。

●配布資料

≪目指せ！営業のプロ≫ハンドブック

次回定例会議予定

2023年10月20日（金）10時～11時30分

- A4用紙1枚に出力できるようにレイアウトすること。
- 作成したファイルは「議事録（営業部定例会議）」として保存すること。

99ページと同様の手順で確認して保存します。

●解答見本

営業部□部内定例会議□議事録

◆→日　時：2023年10月6日（金）10時～11時30分
◆→場　所：第3会議室
◆→議　題：営業部員の研修について
◆→出席者：佐伯部長、後藤課長、藤本主任、川合、田所、堀田、横田、永井（記）
◆→作成日：10月10日（火）

議事一覧

1.→営業部員研修期間、研修テーマ
2.→営業所見学

議事内容

●2023年度営業部員研修期間、研修テーマ

日□付	時□間	テーマ
11月13日（月）	9時～12時	営業の基本姿勢
	13時～17時	エチケットマナー
11月14日（火）	9時～12時	営業データの分析
	13時～17時	クレーム処理について
11月15日（水）	9時～12時	ロールプレイング

●営業所見学日程

横浜営業所見学を11月16日（木）の日程で行う。詳細スケジュール案を作り、次回の定例会議で提出する（担当：横田）。

●配布資料

≪目指せ！営業のプロ≫ハンドブック

次回定例会議予定

2023年10月20日（金）10時～11時30分

以上

第5章 知識科目の練習

この章では、過去に出題された試験問題を参考に実践的なトレーニングができるように実際の試験と同様に3択の方法で学習していきます。また、インターネットで採点付きで学習できるシステム「DEKIDAS-WEB」を利用することで、スマホやPCからも挑戦することができます。なお、「DEKIDAS-WEB」は有効期限以降ご利用いただけなくなります。あしからずご了承ください。

DEKIDAS-WEBの使い方

本書をご購入いただいた方への特典として、「DEKIDAS-WEB」がご利用いただけます。「DEKIDAS-WEB」はスマホやPCからアクセスできる問題演習用WEBアプリです。知識科目の対策にお役立てください。

対応ブラウザは、Edge、Chrome、Safariです（IEは対応していません）。スマートフォン、タブレットで利用する場合は以下のQRコードを読み取り、エントリーページにアクセスしてください。なお、ログインの際にメールアドレスが必要になります。QRコードを読み取れない場合は、下記URLからアクセスして登録してください。

・URL：https://entry.dekidas.com/
・認証コード：nb24Pa7bT2xK39ad

※本アプリの有効期限は2027年03月12日です。

知識科目の概要

日商PC検定3級の知識科目では、試験時間15分間で30問の問題を解く必要があります。出題形式はすべて三択問題となっています。考える時間は1問につき30秒ですから、意外と時間がありません。わからない問題は後回しにして、確実に正答できる問題を一問でも多く解答することをおすすめします。

出題分野は大きく「共通分野」と「専門分野」に分けられています。明確な規定はありませんが、本試験では、共通分野の問題が20問前後、専門分野の問題が10問前後、出題されることが多いようです。

共通分野

共通分野の知識科目は、とても幅広い範囲から出題されます。技術の細かい部分まで詳しく知っている必要はありませんが、一般常識のような知識やよく耳にする用語の意味は理解して覚えておくようにしましょう。なかなかすぐには身に着けられない知識なので、日ごろの積み重ねが大切になります。

試験範囲が広いため、ポイントを絞って学習することが大切です。日本商工会議所では、3級の共通分野の出題範囲として、以下を挙げています。こうした項目に注意して知識を習得しましょう。

- ハードウェア、ソフトウェア、ネットワークに関する基本的な知識を身につけている。
- ネット社会における企業実務、ビジネススタイルについて理解している。
- 電子データ、電子コミュニケーションの特徴と留意点を理解している。
- デジタル情報、電子化資料の整理・管理について理解している。
- 電子メール、ホームページの特徴と仕組みについて理解している。
- 情報セキュリティ、コンプライアンスに関する基本的な知識を身につけている。

専門分野

「文書作成」3級の知識科目では、独自の範囲として次のような項目について理解しているかどうか問われます。学生の方には身近でない用語ばかりかもしれませんが、社会に出れば必要になる知識なので、しっかり身につけましょう。

- 基本的なビジネス文書（社内・社外文書）の種類と雛形について理解している。
- 文書管理（ファイリング、共有化、再利用）について理解している。
- ビジネス文書を作成するうえで基本となる日本語力（文法、表現法、用字・用語、敬語、漢字、慣用句等）を身につけている。
- ライティング技術に関する基本的な知識（文章表現、文書構成の基本）を身につけている。
- ビジネス文書に関連する基本的な知識（ビジネスマナー、文書の送受等）を身につけている。

共通分野の練習問題

コンピュータの利用や基本操作に関する知識

[問題1] 社内でファイルを保管する際のファイル名の付け方として不適切なものを、次の中から選びなさい。

❶ ファイル名は自由に付けてよい。
❷ ファイル名は社内ルールに基づいて付ける。
❸ ファイル名はわかりやすいように付ける。

[問題2] デジタルデータの容量として、左から小さい順に並んでいるものを、次の中から選びなさい。

❶ 1MB→1KB→1GB
❷ 1KB→1MB→1GB
❸ 1KB→1GB→1MB

[問題3] ファイルの種類を大きく2つに分けると、次のうちどれになりますか？

❶ CSVファイルとXMLファイル
❷ プログラムファイルとデータファイル
❸ LZHファイルとZIPファイル

[問題4] パソコンで文書を作成していたところ、急に画面が動かなくなりました。キーボードを押してもマウス操作にも反応しません。このような場合にどのような操作を試みればよいでしょうか？適切なものを選択してください。

❶ EscキーとAltキーを同時に押す。
❷ CtrlキーとAltキーとDeleteキーを同時に押す。
❸ パソコンの電源スイッチを押す。

[問題5] ピクチャフォルダー内に、デジタルカメラで撮影した画像が多数あるので整理したい。不連続の画像ファイルを一度に選択するには、マウスとキーボードのどのキーを押せばよいでしょうか？

❶ Shift
❷ Alt
❸ Ctrl

[問題6] キーボードでCtrlキーを押しながらPキーを押すと、どのようなショートカットキー操作になりますか？

❶ ファイルを上書き保存
❷ ファイルを印刷
❸ ファイルを開く

[問題7] ファイルを整理するときにフォルダーを用いますが、フォルダーの説明として間違っているものはどれでしょうか？

❶ フォルダーの中にフォルダーを作ることができる。
❷ フォルダー名は英数字を使用しなければならない。
❸ 同じフォルダー内で同じ名前のフォルダーは作れない。

[問題8] ファイルとフォルダーの説明で間違っているのはどれでしょうか？

❶ ファイルとフォルダーは、名前を変更できる。
❷ ファイルとフォルダーは、保存場所を移動できる。
❸ ファイルはコピーを作成できるが、フォルダーはコピーを作成できない。

ハードウェアに関する知識

[問題9] USBメモリーに関する説明で誤っている記述を、次の中から選びなさい。

❶ パソコンから直接読み書きできる。
❷ 100MBを超す大容量のファイルは保存できない。
❸ リーダーライターなどを必要とせず、単体で動作する。

[問題10] パソコンの頭脳にあたるCPUの処理速度を示す動作周波数の単位を、次の中から選びなさい。

❶ Hz（ヘルツ）
❷ W（ワット）
❸ B（バイト）

[問題11] **ハードディスクを追加することになり容量を検討しています。表示された単位で最もデータ容量が大きい単位はどれでしょうか？**

❶ M（メガバイト）
❷ T（テラバイト）
❸ G（ギガバイト）

[問題12] **パソコンを買い替えるにことになり、動作速度を重視して検討することになりました。何を基準に選択すればよいでしょうか？**

❶ CPU
❷ ハードディスクの容量
❸ ディスプレイの解像度

[問題13] **現在スマートフォンで使われているUSBコネクターの種類として正しいものはどれでしょうか？次の中から選びなさい。**

❶ Type-L
❷ Type-C
❸ Type-DX

[問題14] **パソコンやスマホなどから周辺機器をBluetoothの通信機能を使用して接続する作業を何といいますか？**

❶ チューニング
❷ マッチング
❸ ペアリング

ソフトウェアやアプリケーションの利用に関する知識

[問題15] **一元管理で既存文書を更新する際には、どの方法を使いますか。次の中から選びなさい。**

❶ 別名で保存する。
❷ 上書き保存する。
❸ 文書のコピーを保存する。

[問題16] **組織内では、それぞれの端末でスケジュールなどの情報管理をしていると、食い違いが出てきます。この食い違いを修正するためには、定期的に（　　）を行い、調整する必要があります。（　　）に該当するものはどれでしょうか？**

❶ 一元管理の実施
❷ 復元作業
❸ 同期をとる作業

[問題17] **以下のような図が表すものは、どれでしょうか？**

❶ 進行図
❷ フローチャート図
❸ マトリックス図

[問題18] **フォルダーやファイルを作成保存していくうち階層構造が深くなってわかりにくくなりました。それを解決するためによく使われるWindowsの機能はどれでしょうか？**

❶ ショートカットキー
❷ 仮想フォルダー
❸ ショートカット

[問題19] **コンピューターシステムの全体を管理するソフトウェアのことで「基本ソフト」とも呼ばれるものは何でしょうか？**

❶ オペレーションシステム（OS）
❷ アプリケーションソフト
❸ ユーティリティソフト

[問題20] **共有のスケジュール機能や電子掲示板機能が含まれた、共同の仕事に便利なシステムを何といいますか？**

❶ ブログ
❷ グループウェア
❸ BBS

[問題21] **次のうちでソフトウェアの小規模の更新、修正を意味しているのはどれでしょうか？**

❶ アップグレード
❷ アップデート
❸ アップロード

[問題22] **パソコンと周辺機器との間でスムーズに認識し利用できるようにするための設定用ソフトウェアを何といいますか？**

❶ ランチャー
❷ ドライバー
❸ ブラウザー

[問題23] ソフトウェアロボットによる業務の自動化が進んでいるが、その略称を何というか、次の中から選びなさい。

❶ IoT
❷ RPA
❸ SaaS

[問題24] 情報の共有や配信に有効なツールには該当しないものを、次の中から選びなさい。

❶ メールソフト
❷ ウイルス対策ソフト
❸ グループウェア

ファイル形式、データ形式についての知識

[問題25] 共通EDIプラットフォームで計画されているデータ交換のデータ形式は次のうちどれでしょうか？

❶ 固定長データ形式
❷ XMLデータ形式
❸ CSVデータ形式

[問題26] 電子名刺のデータは「vCard」の形式で保存しますが、正しい拡張子はどれでしょうか？

❶ VCF
❷ VCD
❸ PIM

[問題27] あなたは「研修会の案内文」をメールで担当企業に送るように指示されました。 相手のコンピューターの機種や環境によらず案内文を送ることができるファイル形式はどれでしょうか？

❶ DOC
❷ PDF
❸ WORD

[問題28] 次のファイル形式のうち音楽や音声などのサウンドデータに使用するのはどれでしょうか？

❶ MPEG
❷ MP3
❸ JPEG

[問題29] Excelなどで簡単に作成でき、データベース情報をカンマ区切りのデータに区分けし他のコンピューターに理解させる記述方法は何でしょうか？

❶ OCR
❷ CSV
❸ XML

データを利活用することに関する知識

[問題30] データベースにデータを入力する際に注意すべきことを、次の中から選びなさい。

❶ 項目ごとにデータの形式や桁数を決めて入力する。
❷ データの入力前に、郵便番号順やあいうえお順に整理してから入力する。
❸ データの発生した時間順に入力する。

[問題31] 紙に書かれた情報とデジタルデータでは、さまざまな違いがあります。 デジタルデータの特徴として正しくないものを次の中から選びなさい。

❶ 大量の複写、配布、交換が容易になる。
❷ データの再利用、再加工、再編集が可能になる。
❸ データの入力はキーボードからのみ可能になる。

[問題32] 文書のライフサイクルにおける「文書データの保存」についての説明として、次の中から最も適切なものを選びなさい。

❶ 文書データを個人のパソコンまたは部門のサーバーに格納し、活用している状態をいう。
❷ あまり使われなくなったが未だ廃棄できない文書データを、ハードディスクやDVDなど他のメディアに移し記録しておくことをいう。
❸ 紙の状態で管理し、電子データは、破棄した状態をいう。

[問題33] 訪問する会社を事前に（　　）で調べて情報を収集しておくことは、「デジタル仕事術」の第一歩です。 次の中から（　　）にあてはまるものを選んでください。

❶ 電話によるヒアリング
❷ 検索エンジン
❸ 新聞 ・ テレビ

[問題34] **業務データを共有する場合、数ヶ所でデータを持つ複数管理と1ヶ所でデータを持つ一元管理があります。 次の中で一元管理のメリットに該当しないものを選びなさい。**

❶ 最新のデータを把握しておくことができる。
❷ データを簡単にコピーして配布することができる。
❸ データが変更になった場合1ヶ所を修正するだけでよい。

[問題35] **著作権などモラルの侵害にあたる可能性のある内容はどれでしょうか?**

❶ デジタルカメラで撮った自分の写真を友人にメールで送信
❷ 芸能人のブログから気に入った写真を友人にメールで送信
❸ 自分で作詞作曲した音楽を友人にメールで送信

[問題36] **可逆圧縮と非可逆圧縮の説明として正しいものはどれですか?**

❶ 可逆圧縮は圧縮できるが非可逆圧縮は圧縮できない。
❷ 可逆圧縮のほうが非可逆圧縮より圧縮率は高い。
❸ 可逆圧縮は、限界を超えない範囲でデータ量を減らすが、非可逆圧縮は、限界を超えて圧縮する。

[問題37] **デジタル処理した図面のデータをメールで送付するために、データ量の多いファイルのデータ量をある方法で減らして送信します。 この方法では、受信後に元に戻すことができます。 受信後にファイルを元に戻すことを何というでしょうか?**

❶ 解凍
❷ 分解
❸ 圧縮

[問題38] **新しい販売管理ソフトを購入しました。 バックアップしてある既存のデータを利用し、新しいソフトで使えるように変換して取り込みたいと考えています。 その方法はどれでしょうか?**

❶ インストール
❷ エクスポート
❸ インポート

電子メールの利用に関する知識

[問題39] **電子メールで段落を示す方法として最も見やすく一般的なものはどれですか。 次の中から選びなさい。**

❶ 段落の最初の1文字分をあける。
❷1行空けや1字下げは行わないで改行だけで示す。
❸ 段落間を1行空ける。

[問題40] **Webメールの説明として正しくないものはどれでしょうか?**

❶ 出先から電子メールのチェックができる。
❷ メールソフトが必要である。
❸ 自分のパソコンがなくてもインターネットが使える場所があればどこでも利用できる。

[問題41] **メールアドレスを表す表記で@の左側は、アカウントです。 では、@の右側の○○.comや○○.co.jpなどの表記を何というでしょうか?**

❶ ドメイン名
❷ URL名
❸ BCC名

[問題42] **電子メールに関する法律では、不特定多数への広告電子メールを送信するときには、件名に以下の表示が義務付けられています。 正しいものは、どれでしょうか?**

❶ ※未承諾広告
❷ 未承諾広告※
❸ *未承諾広告

[問題43] **海外向けの電子メールの利用についての記述で正しいものはどれでしょうか?**

❶ 日本語仕様のパソコンでは、国外には電子メールを送付できない。
❷ 海外にメールを送付するのも、国内と同様であるが相手のパソコンの言語設定によって言語に注意する。
❸ 海外へのメールの利用は、別途国際料金が必要である。

[問題44] **イベント案内を顧客に電子メールで送付するにあたり、複数の顧客に電子メールを送付するとき、それぞれの人には、他の人に送付されたことがわからない送付方法を取るように指示されました。 どの方法を取ればよいでしょうか？**

❶ TO
❷ BCC
❸ CC

ネットワークやインターネットに関する知識

[問題45] **インターネットにおける情報の「住所」にあたるものはどれですか。次の中から選びなさい。**

❶ URL
❷ WWW
❸ HTTP

[問題46] **ホームページにいつどれだけの来訪者があり、どういう経路で来訪したかなど、来訪者の動向を知ることができる機能を、次の中から選びなさい。**

❶ アクセスログ
❷ 検索エンジン
❸ グループウェア

[問題47] **検索エンジンには「ロボット型」と「ディレクトリ型」があります。「ロボット型」検索エンジンの特長を次の中から選びなさい。**

❶ 検索サービス会社が審査をして適切なカテゴリーに分類、登録する。
❷ プログラムを使ってインターネット上のサイトを巡回して索引を作る。
❸ 登録依頼を受付け、人手によって階層的にジャンル分けする。

[問題48] **LANとインターネット機器を接続する際に使うのは、次のうちどれですか？**

❶ USB
❷ ルーター
❸ ハブ（HUB）

[問題49] **ネットワーク上でコンピューターを1台1台識別する設定情報を、次の中から選びなさい。**

❶ HUB
❷ DHCP
❸ IPアドレス

[問題50] **外部との通信を制御し、内部のネットワークの安全を維持する仕組みを、次の中から選びなさい。**

❶ ファイアウォール
❷ セキュリティーホール
❸ ワーム

[問題51] **情報を共有したり配信したりするための方法として「Push型」と「Pull型」があります。「Push型」の説明に該当するものを、次の中から選びなさい。**

❶ 新しい情報は原則として管理者以外見ることができない。
❷ 新しい情報はサーバーなどに蓄積され、必要な時に見に行く。
❸ 新しい情報は電子メールなどで知らせてくれる。

[問題52] **社内で使用している、社員共有のサーバー上の情報を、自ら取得して活用いく方法を何といいますか？**

❶ Pull型
❷ Push型
❸ Up型

[問題53] **ネットショップに来訪する顧客の動向に関する情報を収集するための仕組みは何というでしょうか？**

❶ アクセスサーチ
❷ アクセスログ
❸ アクセスタイムレコーダー

[問題54] **インターネットを使用するために回線を提供する業者に申し込むように言われました。 その業者の事を何と呼びますか？**

❶ ESP
❷ ASP
❸ ISP

[問題55] ネットワークでサーバーと接続してサーバー内の資源や共有環境を利用するユーザー側のコンピューター機器を何と呼ぶでしょうか？

❶ ペアレントコンピューター
❷ クライアントコンピューター
❸ フレンドコンピューター

[問題56] インターネット回線を従来の電話線から光ファイバーに変更しスピードアップを図ります。 データ伝送のスピードを表す単位は、どの単位で比較すればよいのでしょうか？

❶ bit
❷ bps
❸ hz

[問題57] ネットワークを通じて、端末からネットワーク上のサーバーへデータを転送する操作を、次の中から選びなさい。

❶ ダウンロード
❷ アップデート
❸ アップロード

[問題58] ブロードバンドの活用により、アナログ時代よりコストダウンになる理由として正しい説明はどれでしょうか？

❶ インターネット接続利用料金が一定の使用量を超えると段階的に増加する従量制のため。
❷ インターネット接続利用料金が沢山使っても増加しない定額固定制のため。
❸ インターネット接続利用料金が沢山使えば安くなる大口割引制のため。

[問題59] Webページを閲覧するためのソフトを、次の中から選びなさい。

❶ URL
❷ ブラウザー
❸ ハイパーリンク

[問題60] インターネットを活用して情報発信する際に注意すべきことを、次の中から選びなさい。

❶一度発信すると取り消すことができなくなる。
❷発信する情報はメールで知らせ合う必要がある。
❸ 特定のグループだけに情報提供できない。

セキュリティに関する知識

[問題61] サーバーにあるファイルを特定のユーザーだけに読み書きできるようにするために与えるものを、次の中から選びなさい。

❶ アクセス権限
❷ アドレス
❸ ライセンス

[問題62] コンピューターウイルスの感染は企業活動に大きな影響を与えることから、社員全員が日ごろから十分に注意しておくことが必要です。 次の中からウイルス感染に直接関係ないものを選びなさい。

❶ウイルス対策ソフトの最新情報を更新しておく。
❷ メールで大容量のファイルは送信しない。
❸出所のわからないソフトはインストールしない。

[問題63] 電子文書を保護するために、まずすることは文書にパスワードをかけることです。 パスワードには読み取りパスワードと書き込みパスワードがあります。 読み取りパスワードについて正しいのはどれでしょうか？

❶ パスワードを入力しないと、ファイルを開けないようにする。
❷ ファイルを開いて読み取ることはできるが、パスワードを入力しないと、内容を修正したりすることはできない。
❸ ファイルを開いて読み取ることができて、修正したり削除したりすることができる。

[問題64] ソフトウェアのバグや設定ミスのために、第三者がパソコンに侵入する可能性がある状況を何というでしょうか？

❶ ファイアホール
❷ セキュリティーホール
❸ コンピューターホール

[問題65] パソコン内にコンピューターウイルスが侵入していることが判りました。 ただちに実施しなければならないことは、どれでしょうか？

❶ 至急電源を切る。
❷ ネットワークから至急離脱する。
❸ 至急専門家に連絡する。

[問題66] **ファイルやフォルダー、Webページを開いたときなどに、IDやパスワードの入力を必要とする仕組みは何というでしょうか？**

❶ アクセス制限
❷ 暗号化
❸ ファイアウォール

[問題67] **第三者機関により電子書類の日付、時刻の存在を証明し、ファイルの改ざんがないことを証明する仕組みは何というでしょうか？**

❶ 電子署名（デジタル署名）
❷ デジタルタイムスタンプ
❸ SSL

[問題68] **情報セキュリティ三大特性のひとつで、「認められた人だけが情報にアクセスできること」が挙げられるが、この特性のことを何というでしょうか？**

❶ 可用性
❷ 機密性
❸ 完全性

[問題69] **デジタルデータを保護するには、いくつかの局面を想定し、重要度に応じて対応していくことが大切です。そこで、電子書類を保護するために第一にすべきこととして、（　　）が挙げられます。**
次の中から（　　）に入る最も適切な語句を選びなさい。

❶ パスワードをかける
❷ デジタルタイムスタンプを付ける
❸ 電子署名を付ける

[問題70] **コンピューターウイルスのように悪意のあるプログラムをマルウェアという。このマルウェアのうち、利用者に気づかれないように個人情報を収集するプログラムの名称として適切なものを、次の中から選びなさい。**

❶ ランサムウェア
❷ ボット
❸ スパイウェア

ビジネスや法令に関する知識

[問題71] **一般に、商取引において作成する書類の順序として適切なものを、次の中から選びなさい。**

❶ 納品書→請求書→見積書
❷ 見積書→納品書→請求書
❸ 請求書→納品書→見積書

[問題72] **ネットを使って仕事をするうえで重要となる考え方として適切なものを次の中から選びなさい。**

❶ それぞれの部門・組織で最適な方法を考えること。
❷ 企業・組織全体として最適な方法を考えること。
❸ 個々人が自分にとって最適な方法を考えること。

[問題73] **お客様に案内等を送るとき、何通も同じ案内が届かないようにするにはどのような処理をするとよいでしょうか？**

❶ 名寄せ
❷ 禁則処理
❸ ソート

[問題74] **企業と個人顧客との間での電子商取引を何と呼ぶでしょうか？**

❶ B to C
❷ B to A
❸ B to B

[問題75] **トレーサビリティーの説明で間違った内容はどれでしょうか？**

❶ 宅急便の荷物の追跡状況を管理する。
❷ 建築用の図面のトレースのしやすさを表す。
❸ 危険部位を除去した、牛肉の個別管理で安全を確保する。

[問題76] 2005年施行のe-文書法により従来税法で7年間保存が義務付けられていた原始証憑（げんししょうひょう）…取引の事実を証するもの…が一定要件のもと電子データとして保存が認められるようになりました。この原始証憑に該当しないのはどれでしょうか？

❶ 領収書
❷ 会社案内
❸ 納品書

[問題77] 建築会社の作成する売上伝票や仕訳伝票などのデータは、何データというでしょうか？

❶ 定性データ
❷ 定量データ
❸ 売上伝票や仕訳伝票はデータではなく、紙の書類である。

[問題78] 製品、商品、事業などの成長を表すライフサイクルの順序を正しく示しているのは、どれでしょうか？

❶ 導入期 ・ 成長期 ・ 成熟期 ・ 衰退期
❷ 導入期 ・ 成熟期 ・ 成長期 ・ 衰退期
❸ 導入期 ・ 成長期 ・ 衰退期 ・ 成熟期

[問題79] インターネットなどのネットワークを含むデジタル仕事術の特徴と違うものはどれでしょうか？

❶個々の人の知識とスキルが重要になってくる。
❷ チームワークを重視した仕事がより一層重要である。
❸ ネット社会は、目に見えない社会なのでより一層モラルが重要である。

その他のIT用語に関する知識

[問題80] 情報伝達力の説明として間違っているものは、どれでしょうか？

❶ 発信者がどんな情報を流したかではなく、受け手に正しく伝わったかが重要である。
❷ 伝えるためには、受け手の理解しやすい、わかりやすい表現とタイミングで伝えることが重要である。
❸ 伝わり方が、受け手のITに対する知識や経験の差により左右されることは当然であり、発信者が考える立場ではない。

[問題81] ユニバーサルデザインとユビキタス社会について誤った記述は、どれでしょうか？

❶ ユニバーサルデザインとは、男女の違い、年齢、高齢者や身体障害者の人、または、外国人の人でも、それぞれの人に能力の差があっても誰でも利用しやすいデザインのことである。
❷ ユビキタス社会とは、いつでも、どこでも、誰でもがネットワークにつながることにより、様々なサービスが提供される社会である。
❸ ユビキタス社会は、今後計画されている、コンピューターによる自動化されたインターネットの未来の姿である。

[問題82] コミュニケーションコストは、ブロードバンドになるとどうなりますか？

❶ 段階課金制
❷ 定額固定料金制
❸ 従量課金制

[問題83] マンマシーン・インターフェイスと違うものは、どれでしょうか？

❶ モニター（ディスプレイ）
❷ ハードディスク
❸ マウス

[問題84] 高速移動帯通信の5Gの「G」とは何の略でしょうか？次の中から選びなさい。

❶ Generation
❷ Gear
❸ Guarantee

専門分野の練習問題

文書作成や管理に関する知識

[問題85] **文書のライフサイクルから見て「保管・保存」のプロセスに必要な知識・技術を、次の中から選びなさい。**
❶ 電子メディア
❷ ウイルス対策ソフト
❸ データ消去ソフト

[問題86] **社外文書を作成するうえで求められることを、次の中から選びなさい。**
❶ 儀礼的な要素はできる限り排除する。
❷ 文書は簡潔な表現にし、敬語も最小限にとどめる。
❸ 整った形式で相手に敬意を表したものにする。

[問題87] **図解の作成手順では、図解として取り上げたい（　　）と図解の（　　）を明確にします。（　　）に入れる語句として適当な組み合わせは、どれでしょうか？**
❶ （テーマ）と図解の（目的）
❷ （キーワード）と図解の（パターン）
❸ （パターン）と図解の（テーマ）

[問題88] **あなたは、上司から仕事の手順を図解で説明するように指示されました。次の図解の中で適切なものはどれでしょうか？**
❶ 座標軸
❷ ABC分析図
❸ プロセス図

[問題89] **議事録を作成するときに、一般的に必ず記載する項目はどれでしょうか？**
❶ 出席者
❷ 次回の予定
❸ 自分の意見

[問題90] **ビジネス文書には、社外文書と社内文書があります。次の文書で社内文書といわれるものはどの組み合わせでしょうか？**
❶ 挨拶状・請求書・納品書
❷ 稟議書・議事録・提案書
❸ 見積書・通知状・案内状

[問題91] **次のうち、社外文書に該当するものはどれでしょうか？**
❶ 督促状
❷ 稟議書
❸ 議事録

[問題92] **色の三原色、光の三原色とは、どの組み合わせでしょうか？記述が誤っているものを選択しなさい。**
❶ 色の三原色は、赤（赤紫：マジェンタ）、青（シアン）、黄（イエロー）。
❷ 光の三原色は、赤（R：レッド）、緑（G：グリーン）、青（B：ブルー）。
❸ 色の三原色と光の三原色は、どちらも、赤（赤紫：マジェンタ）、青（シアン）、黄（イエロー）と同じである。

[問題93] **文中の専門用語を欄外で解説するための文中に記載する記号はどれでしょうか？**
❶ ※
❷ *
❸ ϕ

日本語表現に関する知識

[問題94] **範囲を示す言葉で意味が同じになるものを、次の中から選びなさい。**
❶ 「30人を超えたとき」と「31人以上のとき」
❷ 「100人以下」と「0～99人」
❸ 「20歳未満」と「20歳以下」

[問題95] **敬語として正しい表現を、次の中から選びなさい。**
❶ ご指摘いただきたく思います。
❷ ご指摘いただきたく存じます。
❸ ご指摘いただきたくお願いします。

[問題96] 常用漢字の説明として適切なものを、次の中から選びなさい。

❶ 現在、その数は4,195字ある。
❷ ビジネス文書では、これ以外の漢字を使用することは禁止されている。
❸ 一般の社会生活において、漢字使用の目安となるものである。

[問題97] 漢字を使わない方がよい表現を、次の中から選びなさい。

❶ タクシーが過ぎていく。
❷ 用意して置く。
❸ テレビを見る。

[問題98] 「タウン情報誌ーピースフルライフ掲載のメリットとしては、地域の発展と明るく健全な町づくりに参加できること、顧客誘致販売促進に役立ちお客さまへのサービス向上につながる、低料金でお店の効果的なPRができることです。」という文書を箇条書きにする場合、項目数はいくつになるでしょうか？

❶ 2
❷ 5
❸ 3

[問題99] 数字の使い方が最も適切なものはどれでしょうか？

❶ 海外旅行に1度は行ってみたい。
❷ 当社の商品も他社の商品も一長一短ある。
❸ お客様第1に考えている企業です。

[問題100] 文を意味のある単位ごとにできるだけ小さく区切ったものを何と呼ぶでしょうか？

❶ 文節
❷ 段落
❸ 単語

[問題101] 2つの意味にとれてしまうので、誤解を生みやすい表現の文章はどれでしょうか？

❶ 私も妹も料理が得意ではない。
❷ 来週、私と部下2人が東京へ出張する予定です。
❸ 会議室の使用は、90分以内となっています。 90分を超える場合は、超過料金を頂くことになります。

[問題102] 次のうち、数字の表現方法として好ましくない表現はどれでしょうか？

❶ 一足飛び
❷ 最後の1滴
❸ 一人っ子

[問題103] 次の文章のうち、1つの文章の中に同じ意味の言葉が繰り返し使われているものがあります。 どれでしょうか？

❶ それは、あらかじめ予定していた行動だった。
❷ 営業部門は、いつも顧客向け文章を大量に印刷している。
❸ 日米欧で、無線LANを使った屋外でのインターネット接続サービスへの関心が急速に高まってきた。

[問題104] 次のうち、正しく副詞の用例を使用しているのは、どの文でしょうか？

❶ 必ずやらないでください。
❷ 全然よいですね。
❸ たぶん失敗でしょう。

[問題105] 正しい尊敬語、謙譲語表現はどれでしょうか？

❶ お客様が申されたことは
❷ お客様がお話しになられたことは
❸ お客様がお申しになられたことは

[問題106] 誤った敬語の使い方はどれでしょうか？

❶ 部長は返答される予定です。
❷ 社長は、ご返答される予定です。
❸ 社長はご返答なさる予定です。

[問題107] 意味について、混乱するような書き方はどれでしょうか？

❶ 正確な判断をしないと、うまくいかない。
❷ 正確な判断をすれば、うまくいく。
❸ 正確な判断をすると、うまくいく。

[問題108] **2つの意味にとれるので、好ましくない表現はどれでしょうか？**

❶ 発表会に、若者に人気のあるデザイナーが招かれました。
❷ 発表会に若者が好きなデザイナーが招かれました。
❸ 発表会に、若者を好きなデザイナーが招かれました。

定型文に関する知識

[問題109] **ビジネス文書では日付を記載するのが基本ですが、文書のどの部分に記載すればよいでしょうか？**

❶ 左上
❷ 右上
❸ 右下

[問題110] **社内向け電子メールの説明で、適切でない考え方のものはどれでしょうか？**

❶ 簡単な前文 ・ 末文を入れるのが普通である。
❷ 一般的な社外文書と同様にきちんと前文、末文を入れなければならない。
❸ あて名については紙の文書に準じた表現をする。

[問題111] **社外文書に使用する前文として適切なものはどれでしょうか？**

❶ 貴社ますますご活躍のこととお慶び申し上げます。
❷ ますますご隆盛のこととお慶び申し上げます。
❸ 山田様には、ますますご健勝のこととお慶び申し上げます。

[問題112] **上司より依頼された文書を作成して発信する際に「秋冷の候」と書いたところ、訂正するように指摘を受けました。 正しい時候の挨拶を次の中から選んでください。 なお、発信月は、11月です。**

❶ 寒露の候
❷ 新涼の候
❸ 向寒の候

[問題113] **次のうち、頭語と結語の組み合わせとして間違っているものはどれでしょうか？**

❶ 前略－草々
❷ 謹啓－謹白
❸ 拝復－候

[問題114] **ビジネス文書の記書きの部分で結語として使われる終を表す言葉は、次のうちどれでしょうか？**

❶ 敬具
❷ 以上
❸ 終了

共通分野の解説

コンピュータの利用や基本操作に関する知識

[問題1] ❶ **ファイル名は自由に付けてよい。**
個人使用のPCならファイル名は自由に付けられるが、社内でファイル名やフォルダー名を付ける場合、各自が自由に付けていては何のファイルかわからなくなることや、名前が重複するリスクもあるため、付け方のルールなどを社内で統一しておく。そうすることで、再利用したり検索したりするときでもネットワーク上から探しやすくもなる。

[問題2] ❷ **1KB→1MB→1GB**
KB（キロバイト）→MB（メガバイト）→GB（ギガバイト）→TB（テラバイト）の順に大きくなる。

[問題3] ❷ **プログラムファイルとデータファイル**
CSVファイルは、カンマ区切りのファイル形式。XMLファイルは、文書やデータの意味や構造を記述するためのマークアップ言語のひとつである。
LZHファイルとZIPファイルは、どちらも圧縮ファイルの種類である。

[問題4] ❷ **CtrlキーとAltキーとDeleteキーを同時に押す。**
CtrlキーとAltキーとDeleteキーを同時に押し、タスクマネージャーを起動させる。終了したいアプリケーション、または、シャットダウンを選択し、強制的に終了させる。
このタスクマネージャーでも反応しない場合は、パソコンの電源スイッチを「長押し」すれば強制終了できるが、のちに不具合が起こる可能性もあるので、注意が必要である。
ちなみに、EscキーとAltキーを同時に押すと、アクティブウィンドウが直接切り替わる。

[問題5] ❸ **Ctrl**
最初の1ファイルをクリックした後、Ctrlキーを押したまま、次々とマウスで選択すると、不連続のファイルを一度に選択できる。
連続したファイルすべてを選択したい場合は、最初の1ファイルをクリックした後、Shiftキーを押しながら最後のファイルをクリックする。

[問題6] ❷ **ファイルを印刷**
Pは「Print（印刷）」の頭文字。
ファイルを上書き保存する場合は、Ctrl＋S（Save）。ファイルを開く場合は、Ctrl＋O（Open）のように、多くのショートカットキーは英単語の頭文字が設定されている。

[問題7] ❷ **フォルダー名は英数字を使用しなければならない。**
フォルダー名は、状況に応じ適切な名称を付けるのがよく、英数字に限らない。

[問題8] ❸ **ファイルはコピーを作成できるが、フォルダーはコピーを作成できない。**
フォルダーもコピーできる。フォルダーをコピーすると、フォルダー内の情報も同時にコピーされる。

ハードウェアに関する知識

[問題9] ❷ **100MBを超す大容量のファイルは保存できない。**
USBメモリーはリーダーライターなどを利用せずに単体でパソコンに接続して使用できる。また、保存容量もG（ギガ）単位の大容量の保存もできる。

[問題10] ❶ **Hz（ヘルツ）**
CPUの動作速度はヘルツで表す。ワットは消費電力単位、バイトはコンピュータが扱うデータ量の単位。

[問題11] ❷ **T（テラバイト）**
M（メガ）＜G（ギガ）＜T（テラ）、の順で大きい。Mバイトの1024倍がGバイト、Gバイトの1024倍がTバイト。
ちなみに、音楽CDの容量が600Mバイトぐらい、DVDの映画が4.3Gバイトぐらい、ブルーレイが

25G～200Gバイトぐらいの容量。ハイビジョン放送をハードディスクに多く保存するには、Tバイトの容量のハードディスクが必要になる。

[問題12] ❶ **CPU**
CPUは中央演算処理装置のことで、計算処理部分に直結する。
ハードディスクは、ソフトやデータを格納するところ。容量が増えると空きスペースを仮想メモリーとして利用できるのでスピード向上にもつながるが、あくまで補助。
ディスプレイの解像度は、動作速度を重視する場合は無関係（むしろ、高解像度で表示するほど、一般的に動作速度は低下する）。

[問題13] ❷ **Type-C**
最大の特徴はコネクター部分のサイズが小さくリバーシブルになっていることで、上下の区別がなくなり、差し込む方向を間違えることがなくなった。
通常パソコンで使われるコネクターはType-Aが一般的となっている。
Type-Bはプリンターなどの周辺機器側で使用されている。Type-AとType-Bにはコネクターを小型化したmini USB、より小型化したMicro USBなどもある。
Type-L、Type-DXは、両方とも実在しない規格である。

※左からType-C、Type-B、Micro-B、Type-A

[問題14] ❸ **ペアリング**
マウスやキーボード、コードレスイヤホン、スピーカーなど、Bluetooth（ブルートゥース）に対応した機器を、パソコンやスマホで利用するために登録する作業をペアリングという。

ソフトウェアやアプリケーションの利用に関する知識

[問題15] ❷ **上書き保存する。**
既存文書の更新とは、元の文書の内容を書き換えることなので、上書き保存する。

[問題16] ❸ **同期をとる作業**
Aサーバーに午後5時の時点の最新情報があっても、Bパソコンには、前日のデータしかない場合、当日に更新された情報と重複したり矛盾したりする作業を行ってしまう可能性がある。そこで、Bパソコンでは、作業を始める前にAサーバーに接続し、最新情報を同期する必要がある。
一元管理とは、すべての情報をAサーバーに集中して管理すること。
復元は、元に戻す作業（異常を正常に戻す）。

[問題17] ❷ **フローチャート図**
コンピューターのプログラムの企画図、工場内の作業工程図などに用いる。条件分岐が多いと、図も当然枝分かれして複雑なものになる。

[問題18] ❸ **ショートカット**
ショートカットは、特定のファイルを起動するための呼び出し機能のようなもの。目的のファイルを素早く起動できる。
仮想フォルダーは、実際の保存場所が複数のフォルダーに分散しているものを、1つのフォルダーにまとまっているように扱える仕組み。Windowsでは、ライブラリーという仮想フォルダーが採用されている。ショートカットと同様によく使用するファイルを利用するには便利である。
ショートカットキーは、キーボードのキーだけでソフトウェアの操作を行うもの。例えば、Ctrlキーを押しながらPキーを押すと印刷機能が利用できる。

[問題19] ❶ **オペレーションシステム（OS）**
オペレーションシステム（OS）とは、コンピューターの基本動作を管理するソフトのこと。パソコンであればWindowsやmacOS、スマートフォンであればiOSやAndroidなどがある。

第1章 第2章 第3章 第4章 第5章 第6章

これに対して、アプリケーションソフトは応用ソフトとも呼ばれ、目的に応じてコンピューターに追加（インストール）して利用する。WordやExcelなど。
ユーティリティソフトとは、OSの機能を補完する付属アプリやツール類のこと（コントロールパネルやアクセサリー内の各種ソフトなど）。

[問題20] ❷ グループウェア
ブログは、日々の更新が容易に行える日記型のWebサイトのこと。
BBSは、電子掲示板の略。
グループウェアは、スケジュールなどを活用しながら共同の仕事を円滑に進めるのに適している。

[問題21] ❷ アップデート
アップグレードは、性能や品質を上げること。ハードウェアの買い替えや、ソフトウェアのバージョンアップを行うことなど（一般的には有償）。
アップデートは、ソフトウェアの小規模な更新のこと（一般的には無償）。
アップロードは、サーバーへデータを送ること。

[問題22] ❷ ドライバー
スキャナーやデジカメ、プリンターなどの周辺機器（ハードウェア）をコンピューターとの間で円滑に使用するために必要なものがドライバーソフト。
ランチャーとは、あらかじめ登録しておいたプログラムやファイルをアイコンで一覧表示し、簡単に起動できるようにするアプリケーションソフト。
ブラウザーはWebページを閲覧するためのアプリケーションソフト。

[問題23] ❷ RPA
RPA（Robotic Process Automation）は、コンピューター上で行われる業務プロセスや作業を自動化する技術。
IoT（Internet of Things ： モノのインターネット）は、自動車や家電のような「モノ」自体をインターネットに繋げ、より便利に活用するという試み。
SaaS（Software as a Service）は、インターネットを介して利用できるソフトウェアのこと。GoogleのGmailなどが有名。

[問題24] ❷ ウイルス対策ソフト
ウイルス対策ソフトは、情報の共有ではなく、セキュリティーのために必要なソフトウェアである。

ファイル形式、データ形式についての知識

[問題25] ❷ XMLデータ形式
固定長データ形式は、古い形式でPC以前の汎用コンピューター時代に使用されていた。
XMLデータ形式は、現在のEDI（企業間電子商取引）の主要なファイル交換方法。
CSVデータ形式は、データをカンマ区切りで保持するデータ形式。テキストデータなので汎用性が高く、異なるアプリケーション間でデータを受け渡す際などに利用される。

[問題26] ❶ VCF
VCFは、電子名刺の拡張子。VCDは、CDに映像を取り込むための規格。PIMは、従来は電子手帳などで行っていたような個人情報管理のためのソフトや機能の名称。

[問題27] ❷ PDF
DOCは、古いWordのファイル形式（現在はDOCX）。WORDは、ファイル形式ではなく、ワープロソフトの名称。
PDFは、環境によらず同じように文書が表示されることを目指して開発された文書形式。ほとんどのコンピューターで無料で閲覧できる。

[問題28] ❷ MP3
MPEGは、動画の圧縮ファイル。JPEGは、写真などの画像圧縮ファイル。

[問題29] ❷ CSV
OCRは、スキャナーなどで読み取った文字を自動的にテキストデータに変換するソフトのこと。
CSVは、カンマ区切りの形式のファイルで、コンピューターやアプリケーション間のファイルのやり取りによく使用されている。

XMLは、文書やデータの意味や構造を記述するためのマークアップ言語のひとつで、EDI（電子商取引）の政府推奨のプラットフォームに指定されている。

データを利活用することに関する知識

[問題30] ❶ **項目ごとにデータの形式や桁数を決めて入力する。**
入力後のデータの活用を考えて、データ形式や桁数など入力項目ごとにデータ入力規則を決めてから入力することが大切である。

[問題31] ❸ **データの入力はキーボードからのみ可能になる。**
スキャナー、カメラ、音声入力、マウス操作など、さまざまな方法で入力できる。

[問題32] ❷ **あまり使われなくなったが未だ廃棄できない文書データを、ハードディスクやDVDなど他のメディアに移し記録しておくことをいう。**
ここでいう「文書のライフスタイルにおける…」とは、最終保存状態を示す。e-文書法などの法律により、企業などに義務づけられている文書の保管には、紙に加えて、電子データの形式も認められるようになっている。

[問題33] ❷ **検索エンジン**
「デジタル仕事術」という設問なので「検索エンジン」を使うのが適切である。その他は、従来からのアナログ仕事術。

[問題34] ❷ **データを簡単にコピーして配布することができる。**
一元管理で、データをコピーして簡単に配布できるが、特に重要なメリットではない。また、複数管理でも可能である。

[問題35] ❷ **芸能人のブログから気に入った写真を友人にメールで送信**
カメラマンの著作権、または、タレントの肖像権などを侵害している可能性がある。

[問題36] ❸ **可逆圧縮は、限界を超えない範囲でデータ量を減らすが、非可逆圧縮は、限界を超えて圧縮する。**
可逆圧縮は、ZIPやLHAなど書庫と呼ばれるところに数々のファイルやフォルダーをひとまとめに圧縮し、解凍すると元に戻せる。このため書類やプログラムの圧縮によく利用される。
非可逆圧縮は、JPEG、MP3、MPEGなど写真や音楽、動画によく利用される。人間の目や耳では判別しにくい範囲を省くことで、大きい圧縮率を得られるが、省いてしまったところは元に戻せない。

[問題37] ❶ **解凍**
データ量を減らすことを圧縮という。
圧縮されたファイルを復元することを解凍（もしくは、展開）という。
分解という表現は、使われない。

[問題38] ❸ **インポート**
インストールは、新しいソフトをコンピュータに設定すること。
エクスポートは、他のソフトで使用できるようにデータ（入力されている情報）を吐き出すこと。
今回は、インストール後に既存のデータを読み込むことを意味するので、インポートが正解。

電子メールの利用に関する知識

[問題39] ❸ **段落間を1行空ける。**
小さなスペースの電子メールでは文字が込み合うので、内容の違う段落は1行分の空白行を設けて区別するのが望ましい。

[問題40] ❷ **メールソフトが必要である。**
Webメールは、ブラウザーで指定のWebサイトを閲覧することで利用できるため、メールソフトでなくてブラウザーが必要。

[問題41] ❶ **ドメイン名**
ドメインは、メールアドレスでは@の右側に表示され、アドレスの運用団体を表示している。
URLは、インターネット上のWebサイトのアドレスのこと。
BCCは、ブラインド・カーボン・コピーの略で、隠された複数の従たる宛先へのメール配信に使用する。

[問題42] ❷ **未承諾広告※**
「未承諾広告※」を件名の最初に表示することが電子メールに関する法律で定められている。

[問題43] ❷ **海外にメールを送付するのも、国内と同様であるが相手のパソコンの言語設定によって言語に注意する。**
海外にメールを送付するのも、国内と同様であるが、相手のパソコンの言語設定に日本語がインストールされていなかったり、使用可能の設定（エンコード）がされていなかったりすると文字化けしてメールを解読できない。日本語エンコードの設定がされているコンピューターにメールを送るか、英文などの半角英数字で送付する。
インターネット接続環境さえあれば、メールは世界中に無料で送ることができる。このことは、自宅に居ながら世界的ビジネスを一個人ができる可能性をもっている。
なお、海外旅行などに出かけて海外で自分の回線を利用する場合は、別途国際ローミング料金などが発生することがある（メールに限らず、通信したデータ量に課される）。

[問題44] ❷ **BCC**
TOは、主たる宛先欄のこと。相手にアドレスがすべて通知される。
CCは、カーボンコピー（複写）の略。従たる宛先として、すべての相手にアドレスが通知される。
BCCは、ブラインド（見えない）カーボンコピーの略。従たる宛先として、送信先にそれぞれの受信者情報は通知されない。

ネットワークやインターネットに関する知識

[問題45] ❶ **URL**
URLは「https://www.pcukaru.jp/」などの文字列を指すもので、世界に1つしかないインターネット上のアドレスを表す。
WWWはWorld Wide Web（世界に張り巡らされたクモの巣）の略で、Webと同義。
HTTPは、HTMLファイルを送受信するための通信プロトコル。

[問題46] ❶ **アクセスログ**
アクセスログは、ホームページのあるサーバーに設置されるシステムで、訪問者のIPアドレス、使用しているWebブラウザー名やOS名、アクセス日付や時刻、アクセスしたファイル名、送受信バイト数、サービス状態などを記録する。
検索エンジンは、探したい情報に関するキーワードで検索すると、その情報が載っているWebページを探すことができるサービス。
グループウェアとは、電子掲示板やスケジュール管理など、社内のネットワークを活用した情報共有のための仕組み。

[問題47] ❷ **プログラムを使ってインターネット上のサイトを巡回して索引を作る。**
「検索ロボット」というプログラムをインターネット上で巡回させて索引を作り上げる種類の検索エンジンをロボット型という（現在の検索エンジンはすべてロボット型）。
ディレクトリ型の検索エンジンの特長は、選択肢❶と❸に書かれているとおり。

[問題48] ❷ **ルーター**
USBは周辺機器を接続するコネクター規格の名称。HUB（ハブ）は、ネットワークの集線（分岐）装置のこと。

[問題49] ❸ **IPアドレス**
ルーターにはグローバルIPアドレスが1つ割り当てられ、そこに繋がっているパソコンには、ルーターからプライベートIPアドレスが割り振られる。ルーターがプライベートIPアドレスを振り分ける機能を「DHCPサーバー機能」と呼ぶ。
HUB（ハブ）は、ネットワークの集線（分岐）装置のこと。

[問題50] ❶ **ファイアウォール**
ファイアウォールは「防火壁」の意味で、ネットワークを監視し、不正なアクセスを遮断する機材あるいはその機能のこと。インターネットなどを通じて第三者から攻撃されたり、データが盗まれることを防ぐ。

セキュリティーホールは、情報セキュリティー上の欠陥のことである。
ワームは不正ソフトの一種で、自己増殖を繰り返し行うプログラムである。

[問題51] ❸ **新しい情報は電子メールなどで知らせてくれる。**
「Pull型」は、新しい情報はサーバーなどに蓄積され、必要な時に見に行く（こちらから情報を引っ張りにいく）。
「Push型」は、新しい情報は電子メールなどで知らせてくれる（向こうから情報が押し出されてくる）。

[問題52] ❶ **Pull型**
Pull型は、自ら共有情報を取りに行くこと。
Push型は、メールマガジンのような形で情報を配信してもらうこと。
Up型という用語はない。

[問題53] ❷ **アクセスログ**
アクセスログは、ホームページのあるサーバーに設置されるシステムで、訪問者のIPアドレス、使用しているWebブラウザー名やOS名、アクセス日付や時刻、アクセスしたファイル名、送受信バイト数、サービス状態などを記録する。
なお、アクセスサーチ、アクセスタイムレコーダーという用語は存在しない。

[問題54] ❸ **ISP**
ISPは、インターネットサービスプロバイダーの略。インターネット回線接続やメールサービスを主業務にしている。プロバイダーは本来、サービス提供者を意味するが、日本語で単に「プロバイダー」という場合は、このISPを指すことが多い。
ASPは、アプリケーションサービスプロバイダーの略で、インターネット上でアプリケーションプログラム（アプリ）を提供している。
ESPは、IPsecという暗号通信規格においてデータを暗号化する形式（日商PC検定では覚えなくてよい）。

[問題55] ❷ **クライアントコンピューター**
クライアントとは、お客様や依頼人の意味で、コンピューターではサービスを受ける側を指す。
サービスを提供する側が「サーバー」である。
IT用語として、ペアレントコンピューター、フレンドコンピューターという用語はない。

[問題56] ❷ **bps**
bitはコンピューターの情報量単位。
hzは振動数（CPUのクロック数など）の単位で、ヘルツと読む。
bpsは通信速度の単位。bit per secondの略で、1秒間に送信できるビット数を表す。

[問題57] ❸ **アップロード**
サーバーへデータを送ることをアップロード、反対に、ネットワーク上から端末へデータを受信することをダウンロードという。コンピューター同士の繋がりを階層構造で表した場合の、上流方向ならアップロード、下流方向ならダウンロードである。
同じ階層同士（サーバー同士、パソコン同士など）の場合や、一般的な用語として、データを送ることを「転送」ともいう。
アップデートは、ソフトウェアの小規模な更新のこと。

[問題58] ❷ **インターネット接続利用料金が沢山使っても増加しない定額固定制のため。**
定額固定料金は、いくら使っても同じ料金なので、1件、1回、当たりのコストが使えば使うほど下がる。
選択肢❸の大口割引制もコストダウンにつながりそうだが、インターネット接続においては定額固定制が普及しており、一般的ではない。

[問題59] ❷ **ブラウザー**
ブラウザーは、Webサイト閲覧を主に目的としたソフトウェア。有名なものにGoogle Chrome、Microsoft Edge、アップル製品で主流のSafariなどがある。古いパソコンではInternet Explorer（IE）がよく使用されていた。
URLは「https://～」などで始まるインターネット上のアドレスのこと。
ハイパーリンクは、Webページからほかのｗeb

ページに飛ぶためのリンクのことで、通常はURLを指定する。オフィスソフトなどでもテキスト文字に設定することができ、リンクをクリックするとブラウザーが起動し、リンク先のWebページが表示される。

[問題60] ❶ 一度発信すると取り消すことができなくなる。

後から間違いに気づいて取り消し処理をしても、すでに配信・掲載された情報は、履歴として記録され、しばらくの間は検索結果に表示される。また、すぐに多くの人に情報として伝わってしまうため、一度発信した情報を取り消すことは困難。

発信する情報はWebサイトやSNSなどでも配信できるので、メールでの告知なしでも利用できる。

SNSでは、特定のグループだけの情報伝達手段が用意されている。また、Webサイトでも特定の人だけが閲覧できるようにアクセス制限をかけられる。

セキュリティに関する知識

[問題61] ❶ アクセス権限

閲覧のみの権限や読み書きできる権限など、ファイルやシステムを利用する権限を「アクセス権限」と呼ぶ。フォルダーやファイル単位でユーザーに対して管理者がアクセス権限を付与することができる。アクセス制限と勘違いしないこと。

[問題62] ❷ メールで大容量のファイルは送信しない。

送信という作業では、通常、コンピューターウイルスに感染することはない。

[問題63] ❶ パスワードを入力しないと、ファイルを開けないようにする。

Office 2021の例では、名前を付けて保存→ツール→全般オプション、で設定できる。

[問題64] ❷ セキュリティーホール

セキュリティーホールは、セキュリティーの抜け穴という意味。

ファイアホール、コンピューターホールという用語はない。

[問題65] ❷ ネットワークから至急離脱する。

一番大切なことは、他に迷惑をかけないこと。とにかく急いでLANケーブルを引き抜くか、Wi-Fi接続を遮断してコンピューターを孤立させること。

連絡をとったり、電源を切る間にも被害が広がり、ネットワークを通じて他のコンピューターに広がる。また、再起動しても状況は変わらない。

[問題66] ❶ アクセス制限

暗号化は、ファイル情報や入力情報を第三者が見ても意味のわからないものにする技術。

ファイアウォールは、コンピューター内で第三者からの侵入を防ぐシステム。

アクセス制限が設定されたファイルやページを閲覧するためには、ID（ユーザー名）とパスワードが要求される。

このサイトにアクセスするにはサインインしてください
https://pcukaru.com では認証が必要となります
ユーザー名
パスワード
サインイン　キャンセル

[問題67] ❷ デジタルタイムスタンプ

電子署名（デジタル署名）は、ファイルに作成者情報を記録する仕組み。

デジタルタイムスタンプは、電子署名と類似なものであるが、日付、時刻に重点を置いている。

SSLは、Webブラウザーとサーバー間の通信を暗号化する仕組み。「https」で始まるURLはSSLに対応している（技術的にはTLSに移行しているため、SSL/TLSや単にTLSと表記される）。

[問題68] ❷ 機密性

情報セキュリティ三大特性は、情報セキュリティーに関する国際規格群である「ISO/IEC 27000」によって以下の3つに定義されている（3つの頭文字より情報セキュリティーのCIAと呼ばれる）。

・機密性（Confidentiality）：限られた人だけ

が情報に接触できるように制限をかけること。漏洩対策ができている状態か。

- 完全性（Integrity）：不正な改ざんなどから保護すること。改ざん等がされずに正しい情報であるか。
- 可用性（Availability）：利用者が必要なときに安全にアクセスできる環境であること。使いたいときに使える状態であるか。

[問題69] ❶ **パスワードをかける**

パスワードは、電子書類を保護していることになる。

電子署名には電子契約書の本人性・非改ざん性を証明する役割が、タイムスタンプにはいつの時点で存在していたかを証明する役割がある。

要するに、どちらも電子書類の正当性（本物であること）を証明できるが、書類を保護することはできない（例えば、改ざん自体は可能）。

[問題70] ❸ **スパイウェア**

ランサムウェアは、コンピューターに侵入して利用者にとって特別に重要なファイルやフォルダーにパスワードを設定して利用者が開けられないようにしてしまう。そして、ファイルやフォルダーを人質として解放するためのパスワードを教える見返りに金銭などを要求する犯罪を目的としたマルウェアのこと。

ボットは、ネットワークやコンピューター内で自動的に活動するプログラムの総称。悪意のあるものだけではなく、役に立つ目的で利用されているものも多くある（例えば、検索エンジンのボット）。

スパイウェアは、悪意をもって利用者に気づかれないように個人情報を収集するプログラムのこと。

ビジネスや法令に関する知識

[問題71] ❷ **見積書→納品書→請求書**

商品やサービスが幾らになるか提示（見積）が応諾されれば、商品やサービスを先方に引き渡す（納品）、先方が受領すれば当初の取り決めの条件で代金を支払ってもらう（請求）。

[問題72] ❷ **企業・組織全体として最適な方法を考えること。**

「デジタル仕事術」では、企業・組織全体としてのポリシーやルールづくりなど、組織全体での最適な方法を考えると同時に、業界や社会全体との整合性なども加味して運用していくことが求められている。

[問題73] ❶ **名寄せ**

ソート（並べ替え）は、名前順に並べ替えるだけなので、ベストな選択ではない。禁則処理は、文章のルールを定めておくもの。例えば、日本語で“、”などの句読点は文頭に来ない、「括弧の終わり」を文頭には使用しない、など。

[問題74] ❶ **B to C**

Bはビジネス（企業）、Cはコンシューマー（消費者）の略。

B to Bは企業間の商取引を表すが、B to Aという用語はない。

[問題75] ❷ **建築用の図面のトレースのしやすさを表す。**

「トレーサビリティ」におけるトレースは、「追跡する」という意味。例えば和牛は、固体ごとに番号をつけ、肉がバラバラの状況でも追跡管理するように定められている。

選択肢❷のトレースは、「なぞる」の意味。

[問題76] ❷ **会社案内**

領収書は、お金を受け取ったという記録。

納品書は、○○の金額で商品を納品した記録。

会社案内は、会社の概要紹介で税金の発生根拠にはならない（お金の記録ではない）。

[問題77] ❷ **定量データ**

単純に数値化すればデータ化できるものは、定量データ。

定性データとは、数値化が難しいデータのこと。例えば、「少なめ／多め」、「弱め／強め」といった、人によって受け取り方が変わる表現が含まれたテキストデータなど。

[問題78] ❶ 導入期・成長期・成熟期・衰退期
携帯電話（ガラケー）を例にすると、
・物珍しい時期（鞄のようなショルダー型）の大きな電話時代から、ポケットに入るアナログ携帯電話時代（導入期）
・デジタル携帯電話、iモードの登場で爆発的広がり（成長期）
・全国で携帯電話を持っていないのは、小さな子供だけの状態にまで普及。もうこれ以上台数は増えない（成熟期）
・スマートフォンの登場で、徐々に携帯電話時代は終わりが見えてきた（衰退期）

[問題79] ❷ チームワークを重視した仕事がより一層重要である。
社会人としてチームワークは、非常に重要なテーマであるが、「デジタル仕事術」というくくりでは、個人のモラルや知識、スキルが重要になる。

その他のIT用語に関する知識

[問題80] ❸ 伝わり方が、受け手のITに対する知識や経験の差により左右されることは当然であり、発信者が考える立場ではない。

[問題81] ❸ ユビキタス社会は、今後計画されている、コンピューターによる自動化されたインターネットの未来の姿である。
ユニバーサルデザインは選択肢❶を、ユビキタス社会の説明は選択肢❷を参照。

[問題82] ❷ 定額固定料金制
大量に長時間使用してもコストが増加しないので、1件当たりのコストがとても安くなる。

[問題83] ❷ ハードディスク
マンマシーンとは、人と機械の意味。インターフェイスは、接点や境界の意味。
人は、マウス操作やモニターの画面表示を通じてコンピューターの状態を把握したり指示を出したりする。
ハードディスクは、通常はコンピューターの内部にあり、人が直接見たり触れたりする必要はないので該当しない。

[問題84] ❶ Generation
ジェネレーションは「世代」のこと。5Gは「5th Generation」の略で、第5世代移動通信システムのことをいう。高速・大容量に加え、多接続、低遅延（リアルタイム）が実現される。

▼表　移動体通信の世代ごとの特徴

世代	時期	通信速度	特徴
第1世代（1G）	1980年代	10キロbps	アナログ方式
第2世代（2G）	1990年代	数十キロbps	デジタル化、iモードなどの携帯IP接続サービスが始まる
第3世代（3G）	2000年代	数メガbps	スマホが登場し、データ通信需要が高まる
第4世代（4G）	2010年代	数十メガ～1ギガbps	スマホの普及に伴い、漸進的に高速化
第5世代（5G）	2020年代	数ギガbps	IoT需要を見越した低遅延、多数同時接続

専門分野の解説

文書作成や管理に関する知識

[問題85] **❶ 電子メディア**
文書のライフサイクルの「保管・保存」のプロセスで必要な知識・技術には、次のものがある。
・アクセス制限（ファイルへのアクセスを制限する知識やそれを利用できる技術）
・電子メディア（ファイルを保管・保存する媒体に関する知識・技術）
・検索（保管・保存してある文書から必要なものを検索する知識や技術）
・バックアップの方法（データやプログラムを別の記憶媒体に保存する知識や技術）

[問題86] **❸ 整った形式で相手に敬意を表したものにする。**
社外文書は、会社を代表して書いている文書なので、会社の評価にも影響を及ぼすことを意識しなければならない。正しい言葉づかい、敬語の使い方などに注意し、整った形式で相手に敬意を表すように書くことが必要である。

[問題87] **❶ （テーマ）と図解の（目的）**
パターンやキーワードは、テーマや目的など基本が決まってから考えるもの。

[問題88] **❸ プロセス図**
座標軸、ABC分析図とも、状況を分析する際に利用するもの。プロセス図は、仕事の進行などを左から右への時間の流れで説明する図。

[問題89] **❶ 出席者**
次回の予定は、議事で決まった場合のみ記載する。また、自分の意見は入れないこと。

[問題90] **❷ 稟議書・議事録・提案書**
提案書は社外でも使用しそうであるが、本来は「企画書」。見積書と請求書は社外に対して使用するもの。社内向けの場合は、経費や予算の稟議や決済として処理される。

[問題91] **❶ 督促状**
督促状（とくそくじょう）は、支払いの督促（＝催促）のために使用する社外文書。

[問題92] **❸ 色の三原色と光の三原色は、どちらも、赤（赤紫：マジェンタ）、青（シアン）、黄（イエロー）と同じである。**
選択肢❶と❷が正しい三原色。色の三原色は、プリンターのカラーインクによる印刷表現で使用されている。光の三原色は、モニター（ディスプレイ）の表現で利用されている（アナログRGBモニターなどという呼び方がある）

[問題93] **❷ ＊**
「※」は本文中に使用。「＊」はアスタリスクといい、欄外の注意書きなどに使用。「φ」はギリシャ文字でファイと読み、直径の意味で使用。

日本語表現に関する知識

[問題94] **❶ 「30人を超えたとき」と「31人以上のとき」**
「以上」「以下」には、その数字も含むので、「31人以上」は31人を含み、それより多い人数を表す。従って「30人を超えたとき」と同じ意味になる。「20歳未満」は20歳を含まないが「20歳以下」は20歳を含む。「100人以下」は100人も含めているので、「0～100人」となる。

[問題95] **❷ ご指摘いただきたく存じます。**
「いただきたく存じます」と表現することで「～いただきたく思います」をより丁寧に表現した敬語表現となる。

[問題96] **❸ 一般の社会生活において、漢字使用の目安となるものである。**
平成22年に2,136文字からなる改定常用漢字表が制定された。常用漢字は、目安であって、使わなくてはいけないとか、常用漢字以外を使ってはいけないというものではない。

[問題97] **❷ 用意して置く。**
「用意しておく」が正しい。「おく」を補助動詞として使う場合は、ひらがなで書く。「物を

置く」と主動詞として使う場合は漢字で書く。

[問題98] **❸ 3**
・地域の発展と明るく健全な町づくりに参加
・顧客誘致販売促進に役立ちお客さまへのサービス向上
・低料金でお店の効果的なPR
の3項目となる。

[問題99] **❷ 当社の商品も他社の商品も一長一短ある。**
原則として、数字が変化する可能性のあるものは算用数字を使用し、数字が変化しない字は漢字を使用する。「一長一短」は「二長二短」とは、使わない。

[問題100] **❶ 文節**

[問題101] **❷ 来週、私と部下2人が東京へ出張する予定です。**
「私と部下」で合計2名なのか、「私と、部下が2名」で合計3名なのか、2通りの意味にとれる。

[問題102] **❷ 最後の1滴**
「最後の一滴」が正しい。液体は、1滴2滴と数えるが、この場合は「最後」と限定されているので慣用的に漢数字を使用する。

[問題103] **❶ それは、あらかじめ予定していた行動だった。**
「あらかじめ」と「予定していた」は、どちらも「前もって」や「以前から」の意味。

[問題104] **❸ たぶん失敗でしょう。**
選択肢❶と❷は、否定と肯定の組み合わせになる。

[問題105] **❷ お客様がお話しになられたことは**
「申す」は、謙譲語で自分や自分側の動作に使用する敬語。お客様（相手側）の動作に「申す」は使用しない。

[問題106] **❷ 社長は、ご返答される予定です。**
二重尊敬語になるので、「ご」を付ける場合、「れる」は使わない。

[問題107] **❶ 正確な判断をしないと、うまくいかない。**
「～しないと、～いかない」という二重否定の表現はわかりづらい文になり、読み手に混乱を与える。「～すれば、～いく」のように肯定文に変えることでわかりやすい文章にすることができる。

[問題108] **❷ 発表会に若者が好きなデザイナーが招かれました。**
「若者に人気のデザイナー」か、「若者好きのデザイナー」か、の2つの意味に取れる。

定型文に関する知識

[問題109] **❷ 右上**
ビジネス文書では、文書番号と日付は、文頭の右上に掲載する。

[問題110] **❷ 一般的な社外文書と同様にきちんと前文、末文を入れなければならない。**
あて名は丁寧に扱うが、長文を避けるために簡単な前文とする。

[問題111] **❷ ますますご隆盛のこととお慶び申し上げます。**
❶の「ご活躍」は個人向けで、企業向けには使用しない。❸は、通常、あいさつ文中に「山田様」のような個人名は使用しない。

[問題112] **❸ 向寒の候**
「寒露の候」は10月、「新涼の候」は8月。「向寒の候」は11月の時候の挨拶として使われる。Wordの挨拶文ウィザードも参照のこと。

[問題113] **❸ 拝復－候**
「拝復」は「敬具」で終わる。「候」は結語ではなく、明治初期まで使用された候文にて使用されていたもので、文末ではなく、段落末に「候」と入れる。

[問題114] **❷ 以上**
記書きは、「記」→箇条書きや表など簡潔な表現→「以上」で終わる。Wordでは、「記」を入力すると自動で「以上」が、文末右揃えで入力される機能がある。

第6章 模擬試験

この章では、過去に出題された実際の試験の問題に即した実践問題で実力を安定させていきます。この模擬問題を繰り返し練習し、自信をもって解答できるようになれば、高得点合格の実力が付きます。

●ファイルを開く

「第6章　模擬試験」のフォルダーには、以下のWordファイルが入っています。問題ごとに、それぞれのWordファイルをダブルクリックで開いて解答していきます。

- 1新入社員研修２０２２年度
- 2ミニバン展示会
- 3女性の旅行動向調査
- 4就職フェア開催のご案内
- 5キャンペーンツアー案内

第1回　模擬試験

知識科目

【試験時間】7分30秒

[問題1] **ファイルを保管する際に、すでに同名のファイルがあった場合の注意事項として適切なものを、次の中から選びなさい。**

❶ 自動的に別名ファイルになるので、特に注意することはない。
❷ 上書きされてしまう可能性があるので、別名で保管するようにする。
❸ 元のファイルとの差分が保管されるので、特に注意することはない。

[問題2] **パソコンの入れ替えにあたり、できる限り処理速度の速い機種を選定しようと考えています。 考慮すべき優先順位が最も低いものを、次の中から選びなさい。**

❶ CPU
❷ ディスプレイの解像度
❸ メモリー

[問題3] **グループウェアの機能に該当しないものを、次の中から選びなさい。**

❶ プレゼンテーション機能
❷ 電子掲示板機能
❸ スケジュール管理機能

[問題4] **ファイルの圧縮には、圧縮率は低いが元に戻せる可逆圧縮と、完全には元に戻せないが、圧縮率の高い非可逆圧縮があります。 可逆圧縮のものはどれでしょうか?**

❶ MP3
❷ ZIP
❸ JPEG

[問題5] **電子データには紙に書かれた情報にはない多くの特徴があります。 次の中からこの特徴に該当しないものを選びなさい。**

❶ 再利用、再加工、再編集が容易である。
❷ 見た目と同じ情報が相手に伝わる。
❸ 文字、音声、動画を同時に使用できる。

[問題6] **電子メールの特徴でないものはどれでしょうか?**

❶ 電子メールには個人情報保護法などの法律は特にない。
❷ 電話のように1対1ではなく、第3者に転送することができる。
❸ 自動的に記録が取られるのでトラブルが起きたときの証拠になる。

[問題7] **インターネットを活用すると正しい事も間違ったことも一挙に広めるので注意が必要ですが、メリットもたくさんあります。 次に示す中で、一般的に最も適切なメリットはどれでしょうか?**

❶ 特定のグループだけに情報提供できる。
❷ 低コスト、短時間でたくさんの人に情報発信ができる。
❸ 発信した情報の内容について責任は問われない。

[問題8] **ウイルスに感染している可能性の低いものはどれですか?次の中から選びなさい。**

❶ 電子メールで受信した添付ファイルを開いた。
❷ インターネットから音楽をダウンロードした。
❸ 仮想メモリー容量が少ないと表示された。

[問題9] **電子データを主体としたビジネスプロセスは、担当者以外の人からは見えなくなります。 そうなると仕事を遂行する上で何が重要なポイントになりますか。 次の中から選びなさい。**

❶ 組織のチームワーク
❷ 個人の人の知識とスキル
❸ パソコンの処理能力

[問題10] **ネット社会の特徴として適切なものを、次の中から選びなさい。**

❶ 「ネット社会」は、実体のない空想の社会である。
❷ 「ネット社会」は、直接目には見えない社会である。
❸ 「ネット社会」は、情報通信機器が主役の社会である。

[問題11] ビジネス文書は、社内文書と社外文書に分かれます。 社外文書にあたるものを、次の中から選びなさい。

❶ 指示書 ・ 手順書
❷ 見積書 ・ 請求書
❸ 議事録 ・ 稟議書

[問題12] いくつかの手順を経て完成する仕事の図解はどれでしょうか？

❶ マトリックス
❷ フローチャート
❸ ロジックツリー

[問題13] 敬語として適切なものを次の中から選びなさい。

❶ 会場でご覧になったことをおっしゃってください。
❷ 前回と同じ操作をいたしてください。
❸ お客様は、資料を拝見されました。

[問題14] 次の文章の「はかる」という漢字の用例が正しいものはどれでしょうか？

❶ 次回のプレゼンテーションの内容を会議に諮る。
❷ 次回のプレゼンテーションの内容を会議に量る。
❸ 次回のプレゼンテーションの内容を会議に謀る。

[問題15] 「大和販売株式会社」への、社外文書のあて名の記入方法が間違っていたので、上司より訂正するように言われました。 どのように訂正すればよいのでしょうか？

❶ 「大和販売株式会社様」のように敬称「様」を付ける。
❷ 「大和販売株式会社御中」のように敬称「御中」を付ける。
❸ 「大和販売株式会社各位」のように敬称「各位」を付ける。

実技科目

【試験時間】30分

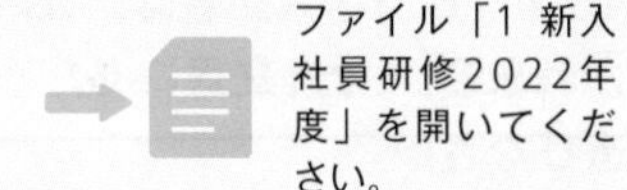

ファイル「1 新入社員研修2022年度」を開いてください。

あなたは、日営○○株式会社の人事課の社員です。 このたび上司である係長から今年度の新入社員研修の開催通知を作成するように指示がありました。 係長からの指示は、以下の通りです。 指示に従って文書を作成し、保存してください。 試験時間内に作業が終わらない場合は、終了時点の文書ファイルを指定されたファイル名で保存してから終了してください。 保存された結果のみが採点対象となります。

このたび開催される新入社員研修の通知状を新入社員に送る準備をしてください。 次の内容で作成すること。

- 発信日は、2023年4月13日とする。
- 標題には、下記の語群から適切なものを選んでつけ加えること。
  【語群】（質問）（通知）（参考）（推選）
- 本文内の「人事課まで」の前に「各課ごとにまとめて」を挿入する。
- 開催場所は、本社別館4階の第3会議室。
- 文書番号は、研修23－2468とする。
- 研修の日程は、今年度から1日増えて4日間となり、5月15日（月）から行うことになった。
- 発信者は、人事課長の佐藤健二とする。
- 主文内の適切な箇所に「別途の」を挿入すること。
- 今年度の日程にあわせて、次によりスケジュール表を修正する。
  - 昨年度の2日目の内容は3日目に、3日目の内容は4日目にそれぞれ移行する。
  - 2日目には、新たに「新製品開発工場見学」「ビジネスマナーの基礎」「接客販売ロールプレイング」の3つの項目を追加する。
  - 昨年度初日に行った「業界における将来の展望」と「社会人としての一般常識」は、今年度は、順番を入れ替えて実施する。
- スケジュール表を見やすくするため、外枠のみ太線にすること。
- 自己評価レポートは3000字以内でまとめること。
- 参加申請用紙の提出期限は、開催初日の1週間前とする。
- A4用紙1枚に出力できるようレイアウトすること。
- 作成したファイルは、「新入社員研修2023年度」として保存すること。

第2回　模擬試験

知識科目

【試験時間】7分30秒

[問題1] **あなたは、上司からあるグラフィックスソフトの購入を指示されました。 購入する際に必ず確認しなければならないことを、次の中から選びなさい。**

❶ 使用するパソコンの色
❷ 使用するパソコンのメーカー
❸ 使用するパソコンのOS

[問題2] **ファイルを保存するときに、フォルダーの階層が深くなるとたどり着くのに時間がかかります。 そのような場合に利用すると便利な機能はどれでしょうか？**

❶ ショートカット
❷ アウトライン
❸ エクスポート

[問題3] **文書作成中に打ち合わせの時間になりました。 次のうち作成中の文書の扱いとして最も適切なものを選びなさい。**

❶ 作成中の文書を上書き保存し、ファイルを開いたままにしておく。
❷ 作成中の文書を保存せず、ファイルを開いたままにしておく。
❸ 作成中の文書を上書き保存し、ファイルを閉じておく。

[問題4] **取引先からパワーポイントの資料をメールで送って欲しいと依頼されました。 データ容量が大きくてこのままでは送れないので圧縮して送りたいのですが、どの方法が最適な圧縮形式でしょうか。**

❶ MPEG
❷ HTML
❸ ZIP

[問題5] **あなたは、画像データが無断でコピーされないようにと上司から指示を受けました。 どのような処理をすればよいでしょうか？**

❶ 暗号化
❷ 電子透かし
❸ 電子証明

[問題6] **上司から得意先に向けてイベントの案内をメールで通知するように言われました。 この際、一斉送信するのに最も適した方法はどれでしょうか？**

❶ 得意先のメールアドレスをすべてTOに入力する。
❷ 得意先のメールアドレスをすべてBCCに入力する。
❸ 得意先のメールアドレスをすべてCCに入力する。

[問題7] **以下の中で最も高速なインターネット接続回線は、どれでしょうか？**

❶ FTTH
❷ ADSL
❸ ISDN

[問題8] **コンピューターウイルスに感染すると大変なことになります。 ウイルス感染の可能性が一番低いのはどれでしょうか？**

❶ メールの添付ファイルを確認しないで開く。
❷ 何か不明のソフトをインストールした。
❸ ウイルス対策ソフトの最新版をダウンロードした。

[問題9] **取引の事実を証明する書類でないものはどれでしょうか？**

❶ 領収書
❷ 保険証券
❸ 納品書

[問題10] **障害者や高齢者を含め、誰でも簡単な操作でホームページを利用しやすくすることを表した用語を、次の中から選びなさい。**

❶ アクセシビリティー
❷ アカウンタビリティー
❸ トレーサビリティー

[問題11] 会議の議事録に必ず必要でないものは、どれでしょうか？

❶ 議題
❷ 次回の予定
❸ 日付、時間

[問題12] ビジネス文書の作成の際、漢字使用の目安になるものはどれでしょうか？

❶ JIS第1水準漢字
❷ 表外字
❸ 常用漢字

[問題13] 誤解を招く可能性があるため、使用すべきでない文章はどれでしょうか？

❶ 山田さんは田中さんとは違って鉄棒が得意ではない。
❷ 山田さんも田中さんも鉄棒が得意ではない。
❸ 山田さんは田中さんのように鉄棒が得意でない。

[問題14] 正しい尊敬表現はどれでしょうか？

❶ いつでもご利用になれます。
❷ いつでもご利用できます。
❸ いつでもご利用になられます。

[問題15] お得意先の皆様に一斉に謝恩セールの案内を送付するにあたり、お客様宛名の正しい表現はどれでしょうか？

❶ お得意様御中
❷ お得意様各位
❸ お得意様

実技科目

【試験時間】30分

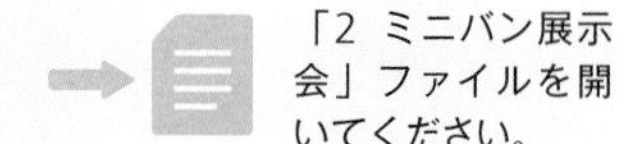

「2 ミニバン展示会」ファイルを開いてください。

あなたは、北西自動車販売株式会社の営業課の社員です。 このたび上司である課長から今年度の展示会の案内状を作成するように指示がありました。 課長からの指示は、以下の通りです。 指示に従って文書を作成し、所定の場所に保存してください。 試験時間内に作業が終わらない場合は、終了時点の文書ファイルを指定されたファイル名で保存してから終了してください。 保存された結果のみが採点対象となります。

次の内容で作成すること。

- 発信日は、「2023年6月9日」とする。
- 発信者名は「代表取締役　川西雄二」とする。
- 標題は「新型ステーションワゴン展示会のご案内」に修正する。 標題の変更に伴い、必要な箇所を変更すること。
- 主文内のあいさつ文を、「ますますご清祥の段、お慶び申し上げます。 毎度格別のお引き立てを賜り、厚くお礼申し上げます。」に変更すること。
- 主文内の適切な箇所に、「日頃ご愛顧いただいております」を挿入する。
- 前文の時候の挨拶は、発信日を元に下記の語群から適切なものを選んで修正する。

  【語群】新緑の候　初夏の候　盛夏の候
- 主文内の「ご多用のなか恐縮でございますが」の前に、下記の語群から適切なものを選んで挿入する。

  【語群】しかしながら、　つまりは、　つきましては、　これにより、
- 今年の展示会の開催日は「6月24日（土）・25日（日）」とする。
- スケジュール表に次の2つの内容を追加する。

  9:30～9:50　　参加者受付

  15:00～17:00　　お客様個別商談会
- なお、それにともない、ご来場感謝大抽選会は14：30～15：00に変更する。
- スケジュール表は、目立つように外枠のみ太線にする。
- また、時間の欄と予定の欄の間の縦線のみ二重線にする。
- 参加申し込みの締め切りは開催初日の4日前とする。
- 当社の営業担当者は、高田から小林に変わったので申込受付者を修正すること。
- 文書番号は、営業23－0610で発信する。
- 参加申込書の表の住所欄の下に電話番号の記入欄を新たな枠として追加すること。
- 参加申込書の表の項目欄（氏名・住所・電話番号…など）はすべて枠内で均等に割り付けること。
- A4用紙1枚に出力できるようレイアウトすること。
- 作成したファイルは、「ステーションワゴン展示会」として保存すること。

第3回　模擬試験

知識科目

【試験時間】7分30秒

［問題1］**ファイルを階層別に整理すると便利ですが、階層が深くなるとファイルにアクセスしにくくなります。 こうした場合に利用するショートカット機能の説明として正しいものを次の中から選びなさい。**

❶ ファイルへの参照として機能する実体のないアイコン
❷ マウスの右ボタンをクリックして表示させるメニュー
❸ Ctrlキーと組み合わせて使うキー操作

［問題2］**マウスやペンなどのポインティングデバイスのような入力方法を何と呼ぶでしょうか？**

❶ ペンタブレット
❷ CUI（キャラクタユーザーインタフェース）
❸ GUI（グラフィカルユーザーインタフェース）

［問題3］**コンピューターのシステムを管理し、ユーザーが利用するための操作環境を提供するソフトは、どれでしょうか？**

❶ BIOS
❷ OS
❸ ドライバー

［問題4］**デジタルビデオカメラで撮った映像データをメールで送るために圧縮して送ります。 このデータファイルのファイル形式は次のうちどれが適切でしょうか？**

❶ MP3
❷ MPEG
❸ JPEG

［問題5］**電子データの入力について最も正しい説明をしているものはどれでしょうか？**

❶ 日付順に入力することが重要である。
❷ 社内で入力規則を作成し、この規則に従って入力する。
❸ デジタルデータは変更が容易なので、訂正は後から容易にできる。 そのため、素早く入力することが最重要である。

［問題6］**あなたは、友だちからいたずらメールがよく届くのでメールアドレスを変更したいがどこを変えればいいのかわからないと相談されました。 正しいのはどれでしょうか？**

❶ ドメイン名
❷ 表示名
❸ アカウント名

［問題7］**ブロードバンドの普及によりネット社会は急速な進歩を遂げています。 次のうち、ブロードバンドによる効果が最も大きいといえるものを選びなさい。**

❶ 社内LANが高速になった。
❷ 音楽や映像など大量のデータの送受信が可能になった。
❸ メールの送受信が速くなった。

［問題8］**コンピューターウイルスの感染原因の統計で最も多いのはどの経路でしょうか？**

❶ インターネット上でダウンロードしたファイルを開いた。
❷ 添付ファイルのあるメールを送信した。
❸ 受信したメールの添付ファイルを開いた。

［問題9］**業務データの流れについての適切な説明を、次の中から選びなさい。**

❶ 注文データは、発生時からデジタルデータになる。
❷ 注文データは、受注、納品、請求時に各部門で必要に応じてデジタル化する。
❸ 注文データは、デジタル化されても印刷物での保存は必要である。

[問題10] Webサイトなどを中心に、通学せずに自宅などで学習する方法を何と呼ばれているでしょうか？

❶ e-can
❷ e-ラーニング
❸ ソフトラーニング

[問題11] 社外文書を作成するときに留意することはどれでしょうか？

❶ 常連のお得意先には、気さくな文章で表現する方が、親しみがあってよい。
❷ 挨拶状には定着した形式や言い回しがあるので、それらを守るようにする。
❸ 丁寧な文書で作成する際、内容が多少わかりづらくても良い。

[問題12] 先日行われた「地域情報セキュリティー問題対策協議会」の議事録をメールで出席者に送ることにしました。次の中から最も適切な件名はどれでしょうか？

❶ 地域情報セキュリティー問題対策協議会（2009年11月20日）議事録
❷ 地域情報セキュリティー問題対策協議会が支部監査に関して行った会議議事録
❸ 対策協議会議事録

[問題13] 文中で「2,806,580,000円」と書いたところ、読みやすい数字に書き換えるように指示されました。最も読みやすいのはどれでしょうか？

❶ 弐拾八億六百五拾八萬円
❷ 28億658万円
❸ 2,806,58万円

[問題14] 2つの意味にとれるので、好ましくない表現はどれでしょうか？

❶ 彼は課長と一緒に、部長に報告した。
❷ 彼は課長と部長に報告した。
❸ 彼は、課長と部長双方に報告した。

[問題15] 頭語と結語の組み合わせとして、間違っているものはどれでしょうか？

❶ 拝啓ー敬具
❷ 謹啓ー謹白
❸ 拝復ー草々

実技科目

【試験時間】30分

「3 女性の旅行動向調査」ファイルを開いてください。

あなたは、若葉ツーリスト株式会社の営業部企画課の社員です。このたび上司である課長から旅行に関する調査報告書を作成するように指示がありました。課長からの指示は、以下の通りです。指示に従って文書を作成し、所定の場所に保存してください。試験時間内に作業が終わらない場合は、終了時点の文書ファイルを指定されたファイル名で保存してから終了してください。保存された結果のみが採点対象となります。

次の内容で作成すること。

- 文書内に、誤字・脱字が、それぞれ1ヶ所ずつあるので、正しく修正すること。
- 標題を、「調査報告（大学生の旅行動向）」に変更し、拡大・センタリングすること。また、標題の変更に伴い、文書内の必要な箇所を修正すること。
- 記書き内の、調査目的の必要な箇所を変更すること。
- 発信日付を、「2023年5月24日」とすること。
- あて名を「新商品検討会議メンバー」とし、適切な箇所に入力すること。
- 実施期間は、年のみ変更すること。
- 「第2回」の行の適切な箇所に「各10日間」の文字を挿入すること。
- 課長名で発信すること。なお、営業部は昨年まで販売部だった。
- 調査方法の「東京都内オフィスビル街」を「東京都内6大学」とすること。
- 記書き内の項目「1～5」に、ゴシック体もしくは太字の設定をすること。
- 調査対象を「都内の大学生　男女600名」とすること。
- 記書きの最後に適切な語句を挿入し、右寄せにすること。
- 表内の「エステやスパでリフレッシュしたい」を「卒業記念、入学記念」に変更すること。
- 表内の「店頭パンフレットや」の後に、「Webサイト」を追加し、改行すること。
- 表内の「行ってみたい所」で、「ヨーロッパ、オーストラリア、グアム」を「ハワイ、アメリカ西海岸、台湾」に変更すること。
- 表内の「旅行の目的」で、「や習い事」を削除すること。
- 表内の項目「旅行に関する情報収集の手段」の下に、「予定する旅行日数」の行を追加し、「男性：3～7日」「女性：5～10日」と入力すること。
- 表内の項目「費用」の欄の、「国内旅行」と「海外旅行」の行を入れ替え、金額を以下のように修正すること。
  「国内旅行：3～5万円」
  「海外旅行：10～15万円」
- わかりやすいように、表の外枠のみ太線にすること。
- A4用紙1枚に出力できるようレイアウトすること。
- 作成したファイルは、「大学生の旅行動向調査」として保存すること。

第4回　模擬試験

知識科目

【試験時間】7分30秒

[問題1] **ファイルとフォルダーの説明で間違っているのはどれでしょうか？**

❶ フォルダーには、拡張子がない。
❷ フォルダーは、ショートカットを作成できない。
❸ ファイルの拡張子は、非表示にできる。

[問題2] **データをバックアップするためのメディアで書き換えができないものを、次の中から選びなさい。**

❶ CD-R
❷ SDメモリーカード
❸ USBメモリー

[問題3] **自分の予定と仕事の管理はビジネスの基本です。 自分だけでなく他の人の予定も参照でき、仕事の予定を管理するのに有効なソフトウェアを次の中から選びなさい。**

❶ グループウェア
❷ vCard
❸ タイムスタンプ

[問題4] **LZHやZIPのように書庫を作成して（アーカイブ化）複数のファイルやフォルダーをまとめて圧縮保管し、必要な時に解凍展開し、元に戻すことができるファイルを別名何と呼ぶでしょうか？**

❶ 非可逆圧縮
❷ 可逆圧縮
❸ 完全圧縮

[問題5] **商品サンプルの画像データ（約450MB）を取引先に渡したいのですが、この画像データの受け渡し方法で最適な方法はどれでしょうか？**

❶ ノロッピーディスク
❷ CD-R
❸ 携帯メールに添付

[問題6] **メールの機能で正しくないものはどれでしょうか？**

❶ アドレスをバックアップする。
❷ 送信トレイにあるメールに返信する。
❸ 受信したメールを整理する。

[問題7] **インターネット上でアプリケーションサービスを提供する事業者のことを何というでしょうか？**

❶ IDC
❷ ASP
❸ ERP

[問題8] **以下のうち、いわゆるマルウェアとは性格の異なるものはどれでしょうか？**

❶ ボット
❷ スパイウェア
❸ ランサムウェア

[問題9] **著作権法で保護されないものは、どれですか？**

❶ 音楽
❷ プログラム
❸ プログラム言語

[問題10] **コンピューターが人工的に作り出した仮想現実のことを何といいますか？**

❶ AR
❷ VPN
❸ VR

[問題11] **通常、社内文書でないものはどれでしょうか？**

❶ 稟議書
❷ 発注書
❸ 報告書

[問題12] **文章を構成する単位で、小さい順に左から並んでいるものはどれでしょうか？**

❶ 文節→文→単語
❷ 単語→文節→文
❸ 文→文節→単語

[問題13] 算用数字と漢数字の使い分けが最も適切なものはどれでしょうか？

❶ 今月、500万円を売り上げた彼は営業部一の成績です。

❷ 今月、五百万円を売り上げた彼は営業部1の成績です。

❸ 今月、5000000円を売り上げた彼は営業部1の成績です。

[問題14] 正しい仮名遣いをしている文を次の中から選びなさい。

❶ ひとつずつ数える。

❷ ひとつづつ数える。

❸ ひとつづ々数える。

[問題15] ビジネス文書のあて名として不適切なものは、どれでしょうか？

❶ お客様方各位

❷ 関係者各位

❸ ご一同様

実技科目

【試験時間】30分

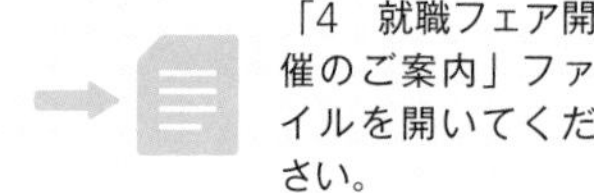

「4　就職フェア開催のご案内」ファイルを開いてください。

あなたは、情報コミュニケーション能力開発株式会社の営業課の社員です。このたび上司である課長から今年度の就職フェアの案内状を作成するように指示がありました。課長からの指示は、以下の通りです。指示に従って文書を作成し、所定の場所に保存してください。試験時間内に作業が終わらない場合は、終了時点の文書ファイルを指定されたファイル名で保存してから終了してください。保存された結果のみが採点対象となります。

次の内容で作成すること。

- あて名と発信日を適切な位置に移動すること。
- 文書番号を適切な位置に配置すること。
- 標題の文字幅を150%に拡大すること。
- 適切な頭語に修正すること。
- 発信者の会社名を、正式名称に修正すること。
- 相手の発展に対する祝儀のあいさつ内の「貴店」を以下から適切なものに変更すること。
  【語群】貴社　ご一同様　御社　貴校
- 主文内の適切な位置に、「就職フェアの」を挿入すること。
- 主文内「～開催いたします。」の後ろの文章を改行すること。
- 記書きの箇条書きに、2文字分のインデントを設定すること。
- 開催日は、「2023年7月14日」からとすること。最終日は変更なし。
- 「会場見取り図」の、「カウンセリングコーナー」の三角形を45度回転（時計回り）にすること。
- 「3.レッスンのポイント」の表内、1行目を、記述符号を含め、「面接シミュレーション」の行と同じ体裁にすること。
- 「1分間の自己PR」の説明文の適切な箇所に、「少し言い方を変えるだけで」を挿入すること。
- 「1分間自己PR」と「面接シミュレーション」の説明文にそれぞれ1箇所ずつある尊敬表現の誤りを修正すること。
- 表の「面接シミュレーション」の行の上の罫線を、太罫線にすること。
- 適切な場所に「本件担当　守岡（03－5566－7766）」を挿入すること。
- A4用紙1枚に出力できるようレイアウトすること。
- 作成したファイルは、「就職フェア開催のご案内（提案用）」として保存すること。

第5回　模擬試験

知識科目

【試験時間】7分30秒

[問題1] デジタルデータの容量として、左から小さい順に並んでいるものを、次の中から選びなさい。

❶ 1MB→1KB→1GB
❷ 1KB→1MB→1GB
❸ 1KB→1GB→1MB

[問題2] パソコンを買い替えるにことになり、動作速度を重視して検討することになりました。何を基準に選択すればよいでしょうか？

❶ CPU
❷ ハードディスクの容量
❸ ディスプレイの解像度

[問題3] 次のうちでソフトウェアの小規模の更新、修正を意味しているのはどれでしょうか？

❶ アップグレード
❷ アップデート
❸ アップロード

[問題4] あなたは「研修会の案内文」をメールで担当企業に送るように指示されました。相手のコンピューターの機種や環境によらず案内文を送ることができるファイル形式はどれでしょうか？

❶ DOC
❷ PDF
❸ WORD

[問題5] 紙に書かれた情報とデジタルデータでは、さまざまな違いがあります。デジタルデータの特徴として正しくないものを次の中から選びなさい。

❶ 大量の複写、配布、交換が容易になる。
❷ データの再利用、再加工、再編集が可能になる。
❸ データの入力はキーボードからのみ可能になる。

[問題6] Webメールの説明として正しくないものはどれでしょうか？

❶ 出先から電子メールのチェックができる。
❷ メールソフトが必要である。
❸ 自分のパソコンがなくてもインターネットが使える場所があればどこでも利用できる。

[問題7] 情報を共有したり配信したりするための方法として「Push型」と「Pull型」があります。「Push型」の説明に該当するものを、次の中から選びなさい。

❶ 新しい情報は原則として管理者以外見ることができない。
❷ 新しい情報はサーバーなどに蓄積され、必要な時に見に行く。
❸ 新しい情報は電子メールなどで知らせてくれる。

[問題8] ソフトウェアのバグや設定ミスのために、第三者がパソコンに侵入する可能性がある状況を何というでしょうか？

❶ ファイアホール
❷ セキュリティーホール
❸ コンピューターホール

[問題9] 企業と個人顧客との間での電子商取引を何と呼ぶでしょうか？

❶ B to C
❷ B to A
❸ B to B

[問題10] 情報伝達力の説明として間違っているものは、どれでしょうか？

❶ 発信者がどんな情報を流したかではなく、受け手に正しく伝わったかが重要である。
❷ 伝えるためには、受け手の理解しやすい、わかりやすい表現とタイミングで伝えることが重要である。
❸ 伝わり方が、受け手のITに対する知識や経験の差により左右されることは当然であり、発信者が考える立場ではない。

[問題11] 社外文書を作成するうえで求められることを、次の中から選びなさい。

❶ 儀礼的な要素はできる限り排除する。
❷ 文書は簡潔な表現にし、敬語も最小限にとどめる。
❸ 整った形式で相手に敬意を表したものにする。

[問題12] 図解の作成手順では、図解として取り上げたい（　　）と図解の（　　）を明確にします。（　　）に入れる語句として適当な組み合わせは、どれでしょうか？

❶ （テーマ）と図解の（目的）
❷ （キーワード）と図解の（パターン）
❸ （パターン）と図解の（テーマ）

[問題13] 範囲を示す言葉で意味が同じになるものを、次の中から選びなさい。

❶ 「30人を超えたとき」と「31人以上のとき」
❷ 「100人以下」と「0～99人」
❸ 「20歳未満」と「20歳以下」

[問題14] 次のうち、正しく副詞の用例を使用しているのは、どの文でしょうか？

❶ 必ずやらないでください。
❷ 全然よいですね。
❸ たぶん失敗でしょう。

[問題15] 上司より依頼された文書を作成して発信する際に「秋冷の候」と書いたところ、訂正するように指摘を受けました。正しい時候の挨拶を次の中から選んでください。なお、発信月は、11月です。

❶ 寒露の候
❷ 新涼の候
❸ 向寒の候

実技科目

【試験時間】30分

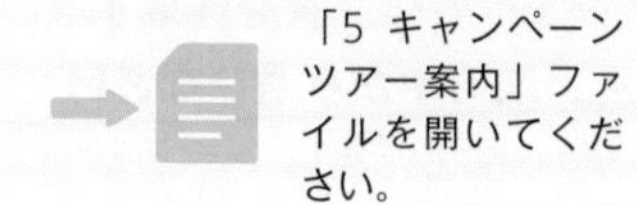

「5 キャンペーンツアー案内」ファイルを開いてください。

あなたは、株式会社MTツーリストの営業部企画課の社員です。 このたび上司である課長からキャンペーンツアーの案内状を作成するように指示がありました。 課長からの指示は、以下の通りです。 指示に従って文書を作成し、所定の場所に保存してください。 試験時間内に作業が終わらない場合は、終了時点の文書ファイルを指定されたファイル名で保存してから終了してください。 保存された結果のみが採点対象となります。

次の内容で作成すること。

- 発信日付を「2023年7月14日」とすること。
- 標題を、「25周年キャンペーン・グアムツアーのご案内」に変更すること。
- あて名を「お得意様」とし、適切な敬称を付けるとともに、本文内のあいさつ文の一部を企業向けのものから個人向けの言葉に修正すること。
- 本文内、時候の挨拶を、発信日をもとに下記の語群から適切な言葉を選択して変更すること。
  【語群】猛暑の候、　初夏の候、　残暑の候、
- 本文内の「このたび」の前に入る適切な語句を、次の語群の中から選択して記入すること。
  【語群】しかし、　そこで、　さて、
- 本文内の「日ごろからのご愛顧への感謝の意を込めまして、」の文章を、「当社設立25周年を記念いたしまして、」に変更すること。
- 本文内の適切な位置に「日ごろは当社をご利用いただきまして、誠にありがとうございます。」の文章を新しい段落として追加入力すること。
- 担当者が営業部長の杉田雄介から内山和彦に変更になった。
- 本文内「研修・慰安旅行など社員の皆様のご親睦を深める機会に」の部分を、「ご家族・ご友人の方々とのひとときのバカンスに」に変更すること。
- 旅行の日程を、「2023年9月10日（日）～12日（火）」に変更すること。
- 日程の変更に伴い、行程表の3日目を削除すること。
- 行程表の2日目の夕食を、「19:00 野外テラスにてバーベキュー・ディナー」に変更すること。
- 帰国便は、18:10グアム国際空港発JG-643便で、23:35関西国際空港着である。
- わかりやすいように、表の外枠のみ太線にすること。
- ツアーの申込締切日は、8月7日（月）とする。
- 募集人員は、40名である。
- ツアー特別価格は、45,700円（税込み）である。
- 文書番号は、「営発23－0714」で発信する。
- A4用紙1枚に出力できるようレイアウトすること。
- 作成したファイルは、「25周年ツアー」として保存すること。

解説　第1回　模擬試験

知識科目

[問題1] ❷ **上書きされてしまう可能性があるので、別名で保管するようにする。**

このような事故を防ぐ意味でも、社内でファイル名やフォルダー名を付ける場合は、付け方のルールなどを社内で統一しておくことが望ましい。

[問題2] ❷ **ディスプレイの解像度**

処理速度の速い機種を選定する際の優先度は、CPU＞メモリー＞モニター（ディスプレイ）の順となる。

[問題3] ❶ **プレゼンテーション機能**

グループウェアが有する主な機能には以下のものがある。

- 電子メール機能
- 電子掲示板機能
- スケジュール管理機能
- 電子会議機能

[問題4] ❷ **ZIP**

MP3は音楽などの圧縮、JPEGは写真などの圧縮によく利用される。人の目や耳で判断できない範囲を間引いて圧縮する。このため、圧縮後も違和感なく美しい音質や画像を楽しめる。しかし、どちらも元に戻せない非可逆圧縮である。

文書やプログラムなどは、完全に元に戻せないと困るので、ZIPのような可逆圧縮を利用する。

[問題5] ❷ **見た目と同じ情報が相手に伝わる。**

コンピューター機器には、多数の種類があり、モニターの大きさや形も様々である。最近では、スマートフォンやインターネットテレビの登場でますます多様化している。相手は、自分の見ている画面とは全く違った画面で見ている可能性がある。また、受け手の好みで画面デザインが変更されていれば、色なども変わってしまう。

[問題6] ❶ **電子メールには個人情報保護法などの法律は特にない。**

「特定電子メールの送信の適正化等に関する法律」などの法律規定がある（迷惑メール対応）。

[問題7] ❷ **低コスト、短時間でたくさんの人に情報発信ができる。**

定額料金のブロードバンドでは、大量の情報を多くの人に瞬時に提供できる。しかも、コストが低い。

特定のグループだけに情報発信することもできるが、大きなメリットはない。

また、インターネットでも、コンプライアンスやモラルは大切である。

[問題8] ❸ **仮想メモリー容量が少ないと表示された。**

コンピューターウイルスの侵入経路の多くは、メールの添付ファイルと、ダウンロードによるもの。

メモリー不足と表示された場合は、プログラムが異常な動作をしていることで、もしかしたらウイルスソフトが起動している可能性がないとは言えない。しかし、仮想メモリーはハードディスクの空き容量を利用して活用されるもので、補助的なものであり可能性は低い。

[問題9] ❷ **個人の人の知識とスキル**

チームワークは重要であるが、目の前にある情報は、個人の端末上にしかない。したがって、担当者一人一人が「デジタル仕事術」の知識とスキルをもち、積極的にメールやグループウェアで他の人と情報を共有することを心がける必要がある。

[問題10] ❷ **「ネット社会」は、直接目には見えない社会である。**

「ネット社会」は、そのままでは目に見えない社会であるため、参加していないと理解しづらい。パソコンやモバイル端末を通じて「ネット社会」に参加し体験し、その便利さやスピードを理解してもらうことが重要である。

[問題11] ❷ **見積書・請求書**
見積書も請求書も、社外の取引先に対して作成する文書である。
指示書・手順書は、作業を指示したり、その手順を指示したりするための文書で、社内で使われる。
議事録は会議の内容を記録する際に使われ、稟議書は行いたい施策・購入したいものなどに対して、会社が決裁を行うための書類であり、両方とも社内文書である。

[問題12] ❷ **フローチャート**
マトリックスは、現状分析と今後の対策検討の思案に用いられる。
ロジックツリーは、組織図。
この問題の選択肢にはないが、プロセス図も別名「進行図」と呼ばれ、手順を図解する。

[問題13] ❶ **会場でご覧になったことをおっしゃってください。**
❷の正しい表現は「前回と同じ操作をなさってください。」、❸は「お客様は、資料をご覧になりました」

[問題14] ❶ **次回のプレゼンテーションの内容を会議に諮る。**
「諮る」は、相談したり意見を聞くこと。
「量る」は、重さや容積を調べる、相手の心を汲むこと。
「謀る」は、だます、計略にかけること。

[問題15] ❷ **「大和販売株式会社御中」のように敬称「御中」を付ける**
法人や組織団体向けの敬称は「御中」を用い、人名が記載された場合のみ「様」を付ける。
「各位」は、宛先が複数の場合。例えば、「お客様各位」。

実技科目

解答の手順は以下の通りです。まず最初の文章の部分を変更します。
[1]発信日の修正
[2]標題に適切な語句を追加
[3]本文内の「人事課まで」の前に文章の追加
[4]開催場所の修正
[5]文書番号の修正
[6]研修日程の変更（「4日間」に）
[7]発信者名の入力
[8]主文内の適切な箇所に「別途の」を挿入

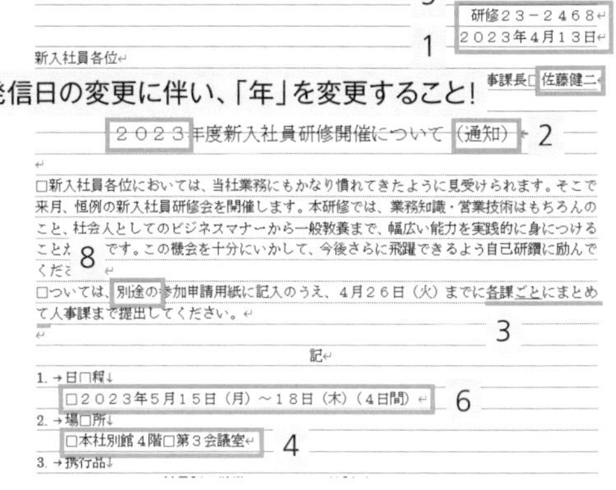

確認

Wordの文章校正機能により、「各課ごとに」の文字は「重ね言葉」として指摘され、画面上に青い二重線が表示されますが、問題文の指示通りに解答を作成して構いません。二重線はそのままにしておいてください。

次に、スケジュール表を変更します。「1日目」の下に1行挿入します。

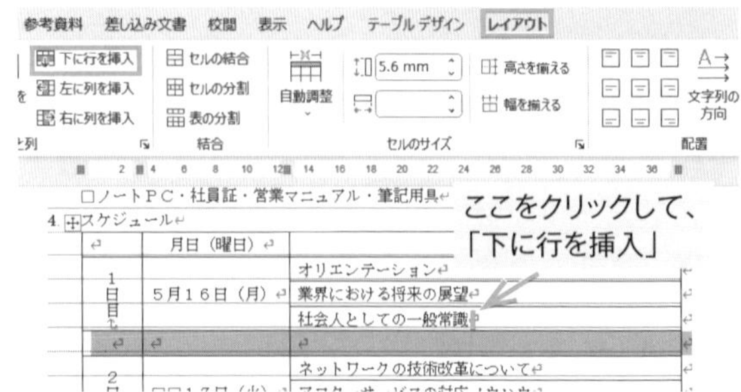

右端のセルを「3行」に分割します。

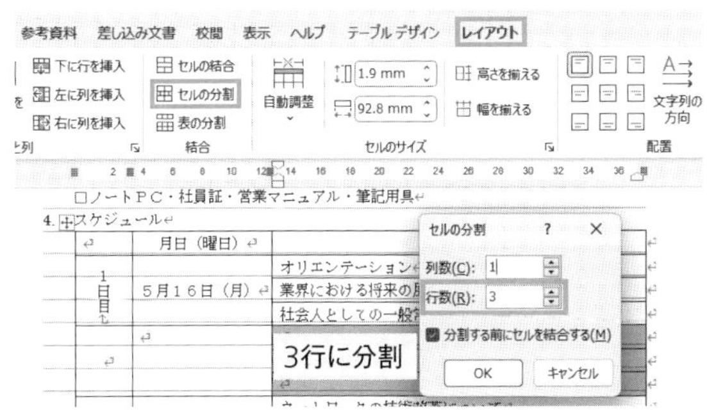

「2日目」「3日目」の文字を「3日目」「4日目」に変更し、「月日」の日付と曜日を修正します。

4. →スケジュール

	月日（曜日）	内□□容
1日目		オリエンテーション
	5月15日（月）	業界における将来の展望
		社会人としての一般常識
2日目		
	□□16日（火）	
3日目		ネットワークの技術改革について
	□□17日（水）	アフターサービスの対応ノウハウ
		グループワークによる課題研究
4日目		グループワークによる発表準備
	□□18日（木）	総合評価試験
		課題研究プレゼンテーション

日付の数字の前にある「空白（スペース）」に気をつけてください。元ファイルと同じように、数字の前に「空白」を「2文字分」入れてから数字を入力してください。

「2日目」の内容を入力します。

4. →スケジュール

	月日（曜日）	内□□容
1日目		オリエンテーション
	5月15日（月）	業界における将来の展望
		社会人としての一般常識
2日目		新製品開発工場見学
	□□16日（火）	ビジネスマナーの基礎
		接客販売ロールプレイング
3日目		ネットワークの技術改革について
	□□17日（水）	アフターサービスの対応ノウハウ
		グループワークによる課題研究
4日目		グループワークによる発表準備
	□□18日（木）	総合評価試験
		課題研究プレゼンテーション

昨年度初日の内容の順番を入れ替えます。

4. →スケジュール

	月日（曜日）	内□□容
1日目		オリエンテーション
	5月15日（月）	社会人としての一般常識
		業界における将来の展望
2日目		新製品開発工場見学
	□□16日（火）	ビジネスマナーの基礎
		接客販売ロールプレイング
3日目		ネットワークの技術改革について
	□□17日（水）	アフターサービスの対応ノウハウ
		グループワークによる課題研究
4日目		グループワークによる発表準備
	□□18日（木）	総合評価試験
		課題研究プレゼンテーション

表の外枠を太線に設定します。

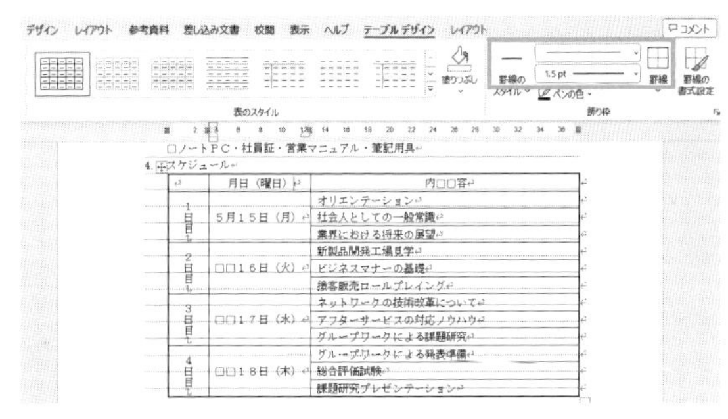

自己評価レポートを3000字以内でまとめます。

※なお、研修終了後一週間以内に、３０００字以内で自己評価レポートを作成し、人事課まで提出のこと。

以上

続いて、参加申請用紙の提出期限の修正します。文章中の日付が15日（月）の1週間前になるようにしてください。「7」を引き、曜日は変えません。

□ついては、別途の参加申請用紙に記入のうえ、５月８日（月）までに各課ごとにまとめて人事課まで提出してください。

記

1. →日□程
□２０２３年５月１５日（月）～１８日（木）（４日間）
2. →場□所
□本社別館４階□第３会議室

最後に、「ページ設定」ダイアログボックスからA4用紙1枚になっていることを確認し、名前を付けて保存してください。解答見本では、「ページ設定」で「行数」を増やしています。

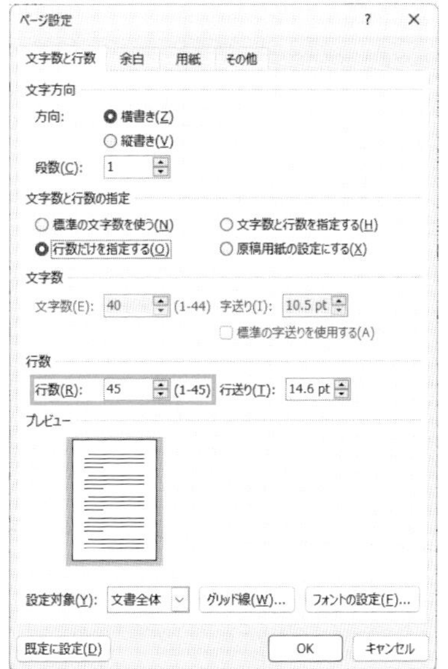

［解答見本］

研修２３－２４６８
２０２３年４月１３日

新入社員各位

人事課長　佐藤健二

２０２３年度新入社員研修開催について（通知）

　新入社員各位においては、当社業務にもかなり慣れてきたように見受けられます。そこで来月、恒例の新入社員研修会を開催します。本研修では、業務知識・営業技術はもちろんのこと、社会人としてのビジネスマナーから一般教養まで、幅広い能力を実践的に身につけることが目的です。この機会を十分にいかして、今後さらに飛躍できるよう自己研鑽に励んでください。

　ついては、別途の参加申請用紙に記入のうえ、５月８日（月）までに各課ごとにまとめて人事課まで提出してください。

記

1. 日　程
　２０２３年５月１５日（月）～１８日（木）（４日間）
2. 場　所
　本社別館４階　第３会議室
3. 携行品
　ノートＰＣ・社員証・営業マニュアル・筆記用具
4. スケジュール

	月日（曜日）	内　　容
1日目	５月１５日（月）	オリエンテーション
		社会人としての一般常識
		業界における将来の展望
2日目	１６日（火）	新製品開発工場見学
		ビジネスマナーの基礎
		接客販売ロールプレイング
3日目	１７日（水）	ネットワークの技術改革について
		アフターサービスの対応ノウハウ
		グループワークによる課題研究
4日目	１８日（木）	グループワークによる発表準備
		総合評価試験
		課題研究プレゼンテーション

※なお、研修終了後一週間以内に、３０００字以内で自己評価レポートを作成し、人事課まで提出のこと。

以上

解説　第2回　模擬試験

知識科目

[問題1] ❸ **使用するパソコンのOS**

ソフトを購入する時は、動作環境の確認が必要である。動作環境とは、ソフトを正常に動作させるために最低限必要となるパソコンの条件のことであり、OSの種類、メモリー容量、ハードディスク容量などがある。

[問題2] ❶ **ショートカット**

ショートカットアイコンを作成してデスクトップなどに配置することで、1回で目的のファイルやフォルダーにたどり着ける。

アウトラインは、データを見出し表示と展開表示に切り替えて全体を把握しやすくする機能。

エクスポートは、作成したファイルを他のソフトで使えるように出力すること。

[問題3] ❸ **作成中の文書を上書き保存し、ファイルを閉じておく。**

セキュリティーやPCの不具合を考慮し、上書き保存してファイルを閉じておく。

[問題4] ❸ **ZIP**

MPEGは、動画の圧縮形式。

HTMLは、Webサイトのホームページを記述する言語およびそのファイル形式。

ZIPは、可逆圧縮の圧縮形式。文書等のファイルサイズを圧縮するために最適で、元に戻すことができる。

[問題5] ❷ **電子透かし**

暗号化や電子証明は、文書ファイルに使用される。

電子透かしは、画像にデジタル的に登録することができる。検出ソフトにより、不正コピーやデータの改ざんを見破ることができるが、コピーそのものは防げないので、電子透かし処理をしている旨の記載によりコピーを思いとどまらせる効果しかない。

この意味でこの問題は不適切であるが、日商PC検定の問題では「最終的に実務ではどの選択をする必要があるか」というポイントで出題されることが多い。問題の意味を取り違えないように。

[問題6] ❷ **得意先のメールアドレスをすべてBCCに入力する。**

TO、CCとも、受信者のメールアドレスが表示されるため、情報共有する範囲を明確にしたい場合には有効である。

得意先同士は、お互い知り合いでもないので、情報をむやみに公開することは避けるべきである。

[問題7] ❶ **FTTH**

FTTHが現在の主流で、光回線を用いて100M～10Gbpsの通信速度が出る。

ADSLは、従来のアナログ電話網を高速利用する技術で、通信速度は数Mbps。ブロードバンド普及の先駆けとなった。

ISDNは、従来のアナログ電話網をデジタルに置き換える目的で敷設されたデジタル回線網。通信速度は64kbpsしか出ない。

[問題8] ❸ **ウイルス対策ソフトの最新版をダウンロードした。**

コンピューターウイルスの最大の感染源は、メールの添付ファイル、次にダウンロードファイルの実行。

ウイルス対策ソフトの最新版をダウンロードでの感染は、確率が少ないと推測できる。

[問題9] ❷ **保険証券**

保険証券は、お金のやり取り（会計取引）があったという事実ではなく、保険の権利や義務を証明するもの。

[問題10] ❶ **アクセシビリティー**

アカウンタビリティーは説明責任、トレーサビリティーは商品や荷物などの追跡。

[問題11] ❷ **次回の予定**

議事内容に次回の予定が入っている場合は議事録に掲載するが、決まっていない場合は、掲載しない。よって必ずしも必要ではない。

「議題」と「日時」の記録、「出席者」、「議事内容」は必ず必要である。

[問題12] ❸ **常用漢字**

法令や公文書に使用する漢字の目安となっているのは常用漢字で、約2,100文字から成る。

表外字は、常用漢字以外の特殊なもの（常用漢字の表に掲載されていない漢字）。

JIS第1水準漢字は、コンピューターで利用するためにコード化した漢字で、ほとんどの常用漢字に加えて人名や地名等によく用いられる文字が含まれている（約3,000文字）。

[問題13] ❸ **山田さんは田中さんのように鉄棒が得意でない。**

「〜ように」の文は、「〜でない」などの否定文と一緒に使わないことが望ましい。この例では、「両名とも鉄棒が得意でない。」と「田中さんは得意だが、山田さんは得意でない。」の、どちらの意味にも取れる。

[問題14] ❶ **いつでもご利用になれます。**

❷は尊敬表現ではない。❸は明らかにおかしい用例。「なられます」は、第三者がどうするかの表現。

[問題15] ❷ **お得意様各位**

「御中」は相手が法人の場合、「各位」は複数の相手先、「様」は個人の場合に使用する。

実技科目

解答の手順は以下の通りです。まず最初の文章の部分を変更します。

[1]発信日の変更

[2]発信者名の変更

[3]標題の変更（標題の変更に伴い、文中の「ミニバン」を「ステーションワゴン」に変更）

[4]主文内のあいさつ文の変更（元々入力されている「ますますご健勝のこととお喜び申し上げます。」は削除）

[5]「日頃ご愛顧いただいております」を挿入（「お客様のみをご招待し、」の前）

[6]時候の挨拶の変更（6月の文書なので「初夏の候、」を選択）

[7]主文内に適切な語句を挿入（「つきましては、」を選択）

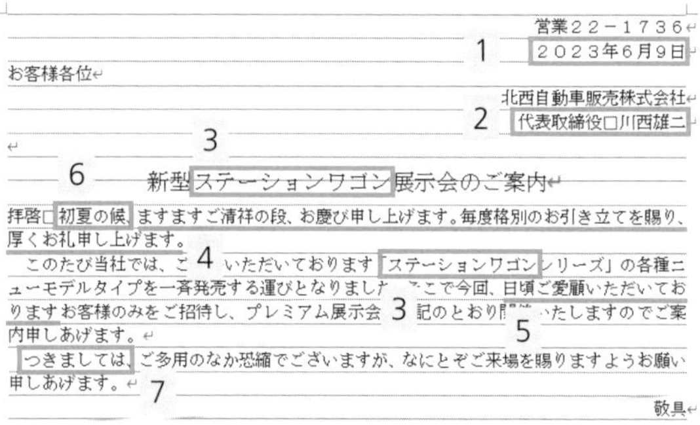

営業22－1736
1 2023年6月9日
お客様各位
北西自動車販売株式会社
2 代表取締役□川西雄二
3
6 新型ステーションワゴン展示会のご案内
拝啓□初夏の候、ますますご清祥の段、お慶び申し上げます。毎度格別のお引き立てを賜り、厚くお礼申し上げます。
このたび当社では、ご 4 いただいております「ステーションワゴンシリーズ」の各種ニューモデルタイプを一斉発売する運びとなりました。ここで今回、日頃ご愛顧いただいておりますお客様のみをご招待し、プレミアム展示会 3 記のとおり開催いたしますのでご案内申しあげます。 5
つきましては、ご多用のなか恐縮でございますが、なにとぞご来場を賜りますようお願い申しあげます。 7
敬具

次に、展示会の開催日時の修正を行います。「2022年」を「2023年」に変更してください。

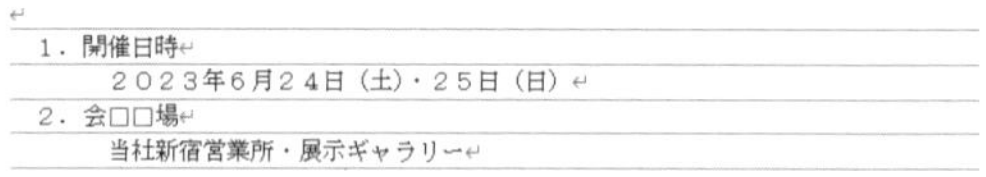

1．開催日時
2023年6月24日（土）・25日（日）
2．会□□場
当社新宿営業所・展示ギャラリー

続いて、スケジュール表を変更します。行の追加、時間の変更を行います。

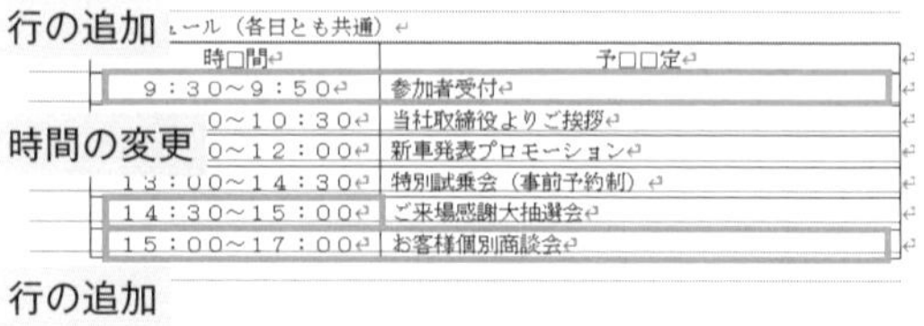

行の追加
ール（各日とも共通）

時□間	予□□定
9：30〜9：50	参加者受付
0〜10：30	当社取締役よりご挨拶
0〜12：00	新車発表プロモーション
13：00〜14：30	特別試乗会（事前予約制）
14：30〜15：00	ご来場感謝大抽選会
15：00〜17：00	お客様個別商談会

時間の変更
行の追加

罫線を変更します。

3．スケジュール（各日とも共通）

二重線　外枠太線

時□間	予□□定
9：30～9：50	参加者受付
10：00～10：30	当社取締役よりご挨拶
11：00～12：00	新車発表プロモーション
13：00～14：30	特別試乗会（事前予約制）
14：30～15：00	ご来場感謝大抽選会
15：00～17：00	お客様個別商談会

参加申し込みの締め切りを、開催初日「6月24日（土）」の4日前としてください。当社営業担当者を、高田から小林に変更します。

※なお、定員の都合がございますので、ご来場をご希望のお客様は、お手数ですが下記にご記入のうえ、6月20日（火）までに当社営業担当・小林までお申し込みくださいますようお願い申しあげます。

以□上

文書番号を修正します。

営業23－0610
2023年6月9日

お客様各位

北西自動車販売株式会社
代表取締役□川西雄二

参加申込書に電話番号の記入欄を新たな枠として追加します。

氏名	
住所	〒□□□－
電話番号	
参加希望日	15日（土）・16日（日）□（いずれか○で囲んでください）

表の項目欄を、枠内で均等割り付けします。列全体を選択して均等割り付けしましょう。「氏名」から「現在の車種」までを一気にドラッグします。

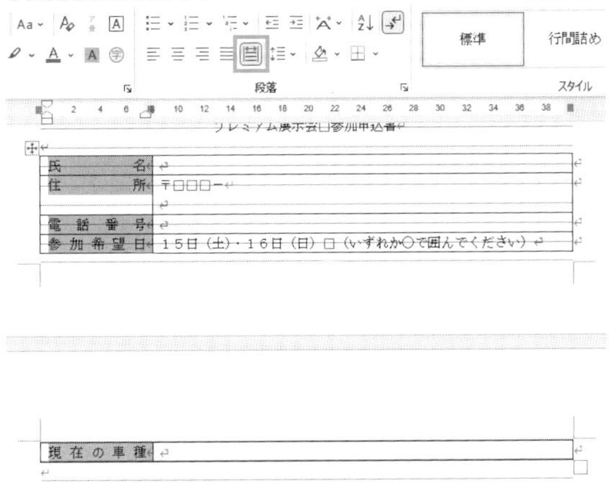

注　意

このとき、以下のように文字のみを選択して均等割り付けしないように気をつけましょう。

文字の均等割り付け
現在の文字列の幅：5 字 (18.5 mm)
新しい文字列の幅(I)：5 字 (18.5 mm)
解除(R)　OK　キャンセル

氏名	
住所	〒□□□－
電話番号	
参加希望日	15日（土）・16日（日）□（いずれか○で囲んでくださ

また、問題文の指示にはありませんが、開催日時が変更されているので、それに伴い、参加申込書の参加希望日も変更します。この日付の変更は見落としやすいので、注意しましょう。

1．開催日時
2023年6月24日（土）・25日（日）
2．会□□場
当社新宿営業所・展示ギャラリー
3．スケジュール（各日とも共通）

時□間	予□□定
9：30～9：50	参加者受付
10：00～10：30	当社取締役よりご挨拶
11：00～12：00	新車発表プロモーション
13：00～14：30	特別試乗会（事前予約制）
14：30～15：00	ご来場感謝大抽選会
15：00～17：00	お客様個別商談会

※なお、定員の都合がございますので、ご来場をご希望のお客様は、お手数ですが下記にご記入のうえ、6月20日（火）までに当社営業担当・小林までお申し込みくださいますようお願い申しあげます。

以□上

切り取り線

プレミアム展示会□参加申込書

氏　　名	
住　　所	〒□□□－
電話番号	
参加希望日	24日（土）・25日（日）□（いずれか○で囲んでください）

最後に、「ページ設定」ダイアログボックスからA4用紙1枚になっていることを確認し、名前を付けて保存してください。「ページ設定」で行数を増やしましょう。

行数の最大値「49行」まで増やします。行数欄の「（1-49）」の数字は、最大49行まで増やせる、という意味です。それでも入りきらない場合は、上下の余白を減らして1ページに入るよう調整します。

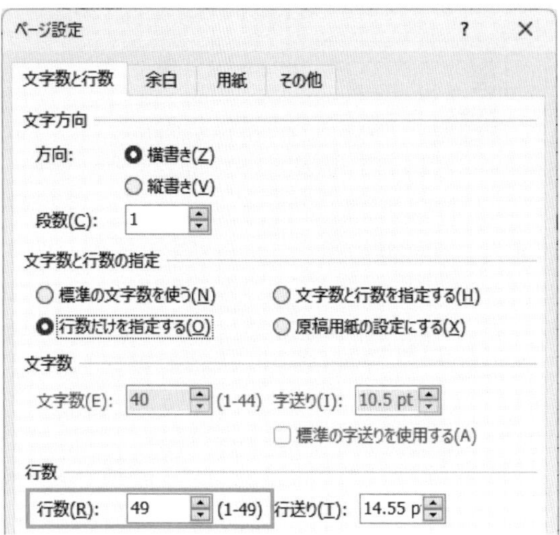

もし1ページに入らない場合は上または下の「余白」の数字を減らします。

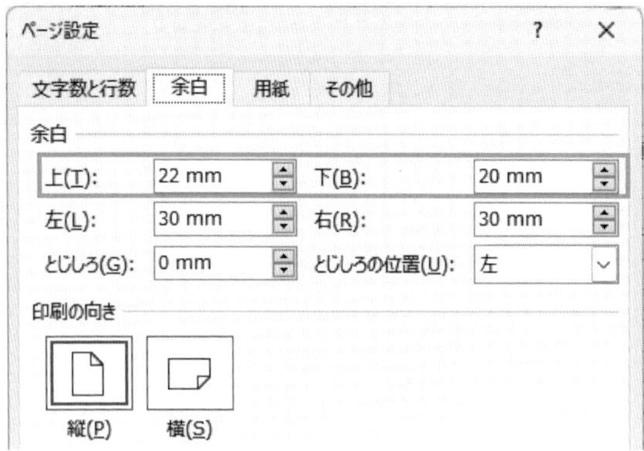

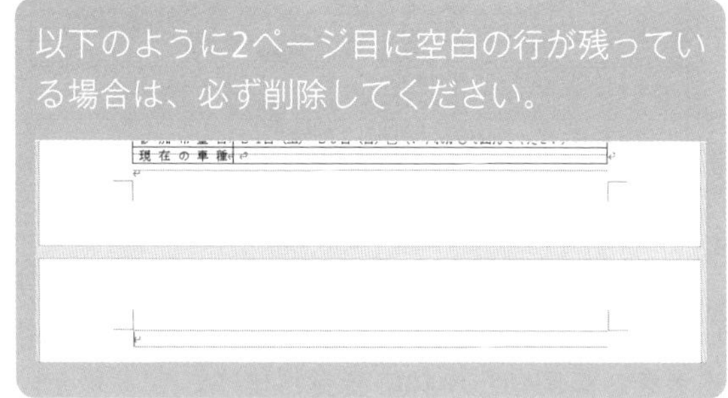

以下のように2ページ目に空白の行が残っている場合は、必ず削除してください。

[解答見本]

営業２３－０６１０
２０２３年６月９日

お客様各位

北西自動車販売株式会社
代表取締役　川西雄二

新型ステーションワゴン展示会のご案内

拝啓　初夏の候、ますますご清祥の段、お慶び申し上げます。毎度格別のお引き立てを賜り、厚くお礼申し上げます。

このたび当社では、ご好評いただいております「ステーションワゴンシリーズ」の各種ニューモデルタイプを一斉発売する運びとなりました。そこで今回、日頃ご愛顧いただいておりますお客様のみをご招待し、プレミアム展示会を下記のとおり開催いたしますのでご案内申しあげます。

つきましては、ご多用のなか恐縮でございますが、なにとぞご来場を賜りますようお願い申しあげます。

敬具

記

１．開催日時
２０２３年６月２４日（土）・２５日（日）
２．会　　場
当社新宿営業所・展示ギャラリー
３．スケジュール（各日とも共通）

時　間	予　　定
９：３０～９：５０	参加者受付
１０：００～１０：３０	当社取締役よりご挨拶
１１：００～１２：００	新車発表プロモーション
１３：００～１４：３０	特別試乗会（事前予約制）
１４：３０～１５：００	ご来場感謝大抽選会
１５：００～１７：００	お客様個別商談会

※なお、定員の都合がございますので、ご来場をご希望のお客様は、お手数ですが下記にご記入のうえ、６月２０日（火）までに当社営業担当・小林までお申し込みくださいますようお願い申しあげます。

以　上

---------------------------------- 切り取り線 ----------------------------------

プレミアム展示会　参加申込書

氏　　　　名	
住　　　　所	〒　　　－
電　話　番　号	
参　加　希　望　日	２４日（土）・２５日（日）　（いずれか○で囲んでください）
現　在　の　車　種	

解説　第3回　模擬試験

知識科目

[問題1] ❶ ファイルへの参照として機能する実体のないアイコン

実体がないとは、中身が何もないということ。元ファイルがどこにあるかという情報だけをもち、元ファイルの分身として機能する（ショートカットを削除しても分身が消えるだけで、実体＝元ファイルは消えない）。Webサイトのリンクと似た機能。

[問題2] ❸ GUI（グラフィカルユーザーインタフェース）

ペンタブレットは、ペン先で指定したり、字や絵を描くように入力できる入力装置。

CUIは、キーボードからコマンドを手入力してコンピューターを操作する方法（GUIが普及する以前のUI。サーバーなどでは現在も主流）。

GUIは、マウスやトラックパッドを使用して、メニューやボタンを操作することで視覚的にコンピューターを操作する方法。現在のコンピューターの主流で、スマートフォンなどでは、画面に直接手を触れて操作するタッチパネル入力が主流となっている。

[問題3] ❷ OS

OS（Windowsなど）は、コンピューターを動作させるための基本ソフトのことをいう。

ドライバーは「デバイスドライバー」のことで、周辺機器をパソコン等で動作させるためのソフトのこと。

BIOSは、コンピューターに内蔵され、ハードウェアを制御するプログラムのこと。

[問題4] ❷ MPEG

MPEGは、動画の圧縮ファイル。MP3は、音声や音楽の圧縮ファイル。JPEGは、写真の圧縮ファイル。

現在では、動画はMP4（MPEG-4）形式が多く使用されている。

[問題5] ❷ 社内で入力規則を作成し、この規則に従って入力する。

データは、ミスさえしなければどんな入力方法でも後日並べ替えや集計ができるが、データごとに違うルールで保管されていると、個々のルールの把握も大変だし、全体をまとめて検索することもできない。

後日にスムーズにデータを利用するためにも、各組織にて定められた入力の規則や社内習慣に従うべきである。

[問題6] ❸ アカウント名

表示名は、パソコン側で随時変更できるが、メールアドレスは変わらないので問題は解決しない。

ドメイン名は、メールサービス提供会社の所有なので、メールの申込そのものの解約になる。

アカウント名は、同じドメイン内であれば（重複しない限り）変更は容易で、ドメインサーバーの設置者に申し込む（例えば、勤務先の会社、または、プロバイダー）。

[問題7] ❷ 音楽や映像など大量のデータの送受信が可能になった。

音楽や映像など大量のデータの送受信が可能になったことで、1件当たり、1単位当たりのコストが大幅に下がり、時間も大幅に縮小される。

メールの送受信も速くなるが、メールはもともとデータ量が少ないため、大きな効果とは言いにくい。

また、ブロードバンドはインターネットとの通信を指すので、社内LANの高速化には無関係。

[問題8] ❸ 受信したメールの添付ファイルを開いた。

最も多い感染源は、受信したメールの添付ファイルからの感染、次にダウンロード。

メールを送信しても自分のパソコンが感染していなければ、何も起こらない。

[問題9] ❶ 注文データは、発生時からデジタルデータになる。

ネット社会における業務データは、注文の発生時点からデジタルデータとなり、受注、納品、請求と処理される。

[問題10] ❷ **e-ラーニング**

パソコンやインターネットなどを利用して学習するシステムをe-ラーニングという。教室で学習を行う場合と比べて、遠隔地でも教育を受けられる点や、動画や他のWebページのリンクといったコンピューターならではの教材が利用できる点などが特長である。
ソフトラーニング（soft learning）は、やさしくわかりやすい内容で学習すること（日本ではほぼ使われない言葉）。また、e-canという用語はない。

[問題11] ❷ **挨拶状には定着した形式や言い回しがあるので、それらを守るようにする。**

特定の一個人に宛てた手紙には、親しみを込めた文面も効果的であるが、一般的に社外文章といえば、定形の挨拶文等が必須。

[問題12] ❶ **地域情報セキュリティー問題対策協議会（2009年11月20日）議事録**

議事録では、日時の記載が重要。

[問題13] ❷ **28億658万円**

[問題14] ❷ **彼は課長と部長に報告した。**

「課長と部長の双方に報告に行った」のか、「課長と連れ立って、部長に報告に行った」のか、どちらにもとれる。区切りを明確にする必要がある。

[問題15] ❸ **拝復ー草々**

拝復は、敬具で結ぶ。また、草々は、前略との組み合わせで使用する。

実技科目

解答の手順は以下の通りです。まず文書内の誤字脱字を、それぞれ1ヶ所ずつ修正します。

● 「歓心」を「関心」に修正

1．調査目的
　働く女性をターゲットにした旅行パッケージの新企画に向け、どのような旅行に関心を持っているかを調査するために実施した。

● 表内の「旅行にかけ費用」を「旅行にかける費用」に修正

項□□目	回□□答
国内旅行で行ってみたい所	北海道、九州、沖縄
海外旅行で行ってみたい所	ヨーロッパ、オーストラリア、グアム
旅行の目的	エステやスパでリフレッシュしたい
	観光（自然を見る・歴史建造物などを見る）
	語学や習い事などの学習を兼ねて
旅行に関する情報収集の手段	店頭パンフレットや旅行代理店窓口
旅行にかける費用	国内旅行：５～１５万円以内
	海外旅行：２０～３０万円以内

続いて、最初の文章の部分を変更します。

[1]標題の変更、拡大、センタリング
[2]標題の変更に伴い、文書内の必要な箇所を修正（「働く女性」を「大学生」に変更）
[3]発信日付の変更
[4]あて名の入力（問題文の指示はなくても敬称「各位」をつける）

3 ２０２３年5月２４日
新商品検討会議メンバー各位
販促部企画課長□馬場稔彦
4
1 調査報告（大学生の旅行動向）

□標記調査結果につきまして、下記のように報告いたします。

記

1．調査目的 2
　大学生をターゲットにした旅行パッケージの新企画に向け、どのような旅行に関心を持っているかを調査するために実施した。

実施期間の「年」のみ変更します（2022年を2023年に変更）。また、「第2回」の行の適切な箇所に「各10日間」の文字を挿入します。

3．実施期間
　第１回□２０２３年2月１０日～
　第２回□２０２３年3月１０日～□各１０日間

発信者名の変更を行います（「販売部」を「営業部」に変更）。

２０２３年５月２４日
新商品検討会議メンバー各位
営業部企画課長□馬場稔彦

調査方法を変更します。

4．調査方法
東京都内６大学での街頭アンケート、ネットによるアンケート

記書きの項目「1～5」に、ゴシック体か太字を設定します。解答見本は、「MSゴシック」にしていますが、「太字」でも正解です。

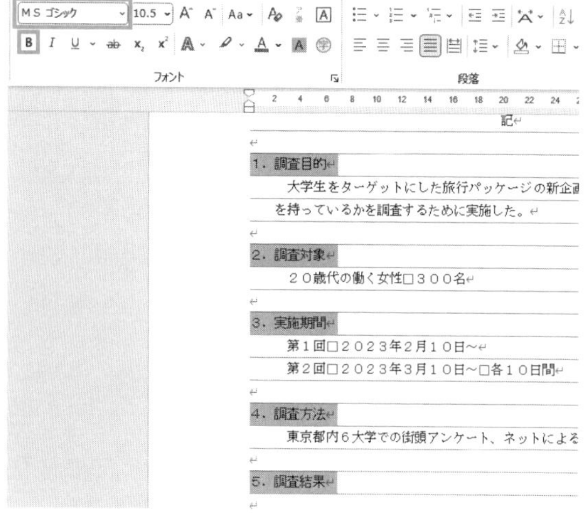

調査対象を変更します。

2．調査対象
都内の大学生□男女６００名

記書きの最後に、適切な語句（結語）を挿入し、右揃えにします。表の次の行（2ページ目の1行目)をクリックして、「以上」と入力

「以上」と入力したら、Enterキーで改行します。「以上」の文字は、自動的に右に移動します（結語スタイル）。

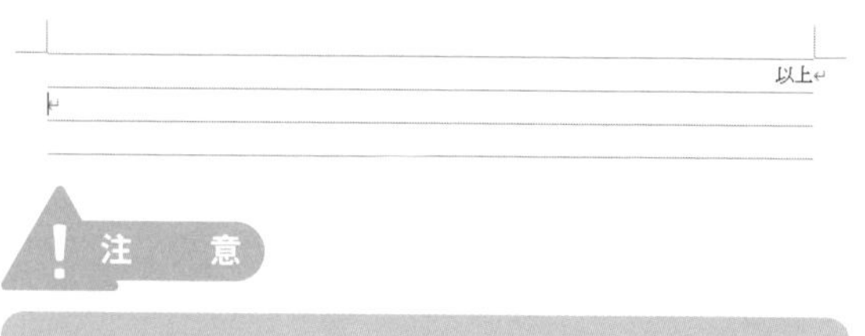

注　意

このとき、「右揃え」ボタンを使わないようにしてください。「右揃え」と「結語スタイル」は違います。

表内の文字の変更を行います。

項□□目	回□□答
国内旅行で行ってみたい所	北海道、九州、沖縄
海外旅行で行ってみたい所	ヨーロッパ、オーストラリア、グアム
旅行の目的	卒業記念、入学記念
	観光（自然を見る・歴史建造物などを見る）
	語学や習い事などの学習を兼ねて
旅行に関する情報収集の手段	店頭パンフレットや旅行代理店窓口
旅行にかける費用	国内旅行：５～１５万円以内
	海外旅行：２０～３０万円以内

表内「店頭パンフレットや」の後ろに、「Webサイト」の文字を追加、改行します。

項□□目	回□□答
国内旅行で行ってみたい所	北海道、九州、沖縄
海外旅行で行ってみたい所	ヨーロッパ、オーストラリア、グアム
旅行の目的	卒業記念、入学記念
	観光（自然を見る・歴史建造物などを見る）
	語学や習い事などの学習を兼ねて
旅行に関する情報収集の手段	店頭パンフレットやＷｅｂサイト
	旅行代理店窓口
旅行にかける費用	国内旅行：５～１５万円以内

表内の「海外旅行で行ってみたい所」を変更します。

項□□目	回□□答
国内旅行で行ってみたい所	北海道、九州、沖縄
海外旅行で行ってみたい所	ハワイ、アメリカ西海岸、台湾
旅行の目的	卒業記念、入学記念
	観光（自然を見る・歴史建造物などを見る）
	語学や習い事などの学習を兼ねて
旅行に関する情報収集の手段	店頭パンフレットやＷｅｂサイト
	旅行代理店窓口
旅行にかける費用	国内旅行：５～１５万円以内

同じく表内の「旅行の目的」で、「や習い事」の文字を削除します。

旅行の目的	卒業記念、入学記念
	観光（自然を見る・歴史建造物などを見る）
	語学や習い事などの学習を兼ねて

旅行の目的	卒業記念、入学記念
	観光（自然を見る・歴史建造物などを見る）
	語学などの学習を兼ねて

表内の項目に「予定する旅行日数」を追加します。「旅行に関する情報収集の手段」のセル内をクリックして、「下に行を挿入」をクリックすると、1ページ目の最後の行に1行挿入されます。

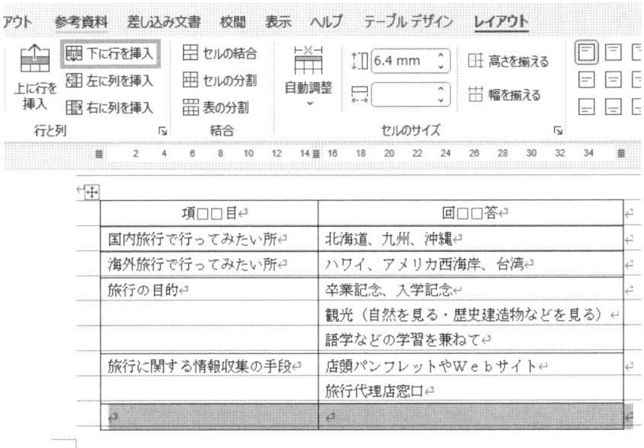

項□□目	回□□答
国内旅行で行ってみたい所	北海道、九州、沖縄
海外旅行で行ってみたい所	ハワイ、アメリカ西海岸、台湾
旅行の目的	卒業記念、入学記念
	観光（自然を見る・歴史建造物などを見る）
	語学などの学習を兼ねて
旅行に関する情報収集の手段	店頭パンフレットやＷｅｂサイト
	旅行代理店窓口

確　認

このとき、2ページ目に新しい行ができる場合もあります。 1ページ目と2ページ目の境目が見本とずれる場合がありますが、そのままで大丈夫です。

文字を入力します。「男性：3～7日」と入力したらEnterキーで改行してください。 2ページ目にセルの2行目ができます。 そこに「女性」の内容を入力します。

旅行に関する情報収集の手段	店頭パンフレットやＷｅｂサイト
	旅行代理店窓口
予定する旅行日数	男性：３～７日

	女性：５～１０日
旅行にかける費用	国内旅行：５～１５万円以内

実際は、このように「男性」と「女性」の内容が2行になります。

予定する旅行日数	男性：３～７日
	女性：５～１０日

表内の「費用」の欄の行の入れ替えと金額の修正をします。

	女性：５～１０日
旅行にかける費用	海外旅行：１０～１５万円以内
	国内旅行：３～５万円以内

以上

表の外枠を太線に設定します。

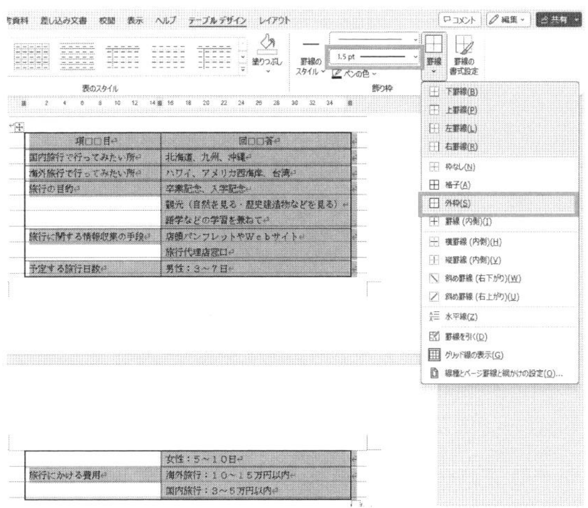

最後に、A4用紙1枚になっていることを確認し（ページ設定で「行数」を増やす）、名前を付けて保存します。

[解答見本]

２０２３年5月２４日

新商品検討会議メンバー各位

営業部企画課長□馬場稔彦

調査報告（大学生の旅行動向）

□標記調査結果につきまして、下記のように報告いたします。

記

１．調査目的

大学生をターゲットにした旅行パッケージの新企画に向け、どのような旅行に関心を持っているかを調査するために実施した。

２．調査対象

都内の大学生□男女６００名

３．実施期間

第１回□２０２３年２月１０日～

第２回□２０２３年３月１０日～□各１０日間

４．調査方法

東京都内６大学での街頭アンケート、ネットによるアンケート

５．調査結果

項□□目	回□□答
国内旅行で行ってみたい所	北海道、九州、沖縄
海外旅行で行ってみたい所	ハワイ、アメリカ西海岸、台湾
旅行の目的	卒業記念、入学記念 観光（自然を見る・歴史建造物などを見る） 語学などの学習を兼ねて
旅行に関する情報収集の手段	店頭パンフレットやＷｅｂサイト 旅行代理店窓口
予定する旅行日数	男性：３～７日 女性：５～１０日
旅行にかける費用	海外旅行：１０～１５万円以内 国内旅行：３～５万円以内

以上

解説　第4回　模擬試験

知識科目

[問題1] ❷ フォルダーは、ショートカットを作成できない。
フォルダーもファイルと同様にショートカットを作成できる。

[問題2] ❶ CD-R
CD-RやDVD-Rは、一度しかメディアに書き込むことができない（RはRecordableの略）。失敗した場合は破棄するしかない。
これに対して、CD-RWやDVD-RWは書き換え可能（RWはReWritableの略）。
SDメモリーカード、USBメモリーも、常時ファイルの追加削除が可能。

[問題3] ❶ グループウェア
vCardは、電子名刺。タイムスタンプ（デジタルタイムスタンプ）は、コンピュータ上でイベントが発生した際に記録される時刻情報のこと。デジタル署名においては、その時間にファイルが存在することの電子的証明として、信頼できる第三者が発行するタイムスタンプを取得する必要がある。

[問題4] ❷ 可逆圧縮
可逆圧縮は元に戻せる。その代わり、ファイル容量はあまり圧縮できない。
非可逆圧縮は、完全には元に戻せないが、ファイル容量を小さくできる（例：MP3音楽、JPEG写真、MPEG動画）。

[問題5] ❷ CD-R
CD-Rは600～700Mバイトの容量がある。
この問題でいう携帯メールとは、小容量のガラケーを意味しており、不適切。フロッピーディスクには1.44Mバイトしか入らない。

[問題6] ❷ 送信トレイにあるメールに返信する。
送信トレイにあるメールは、自分が作成し未送信のメール。送受信をすることで送信される。自分の作った未送信のメールに自分が返信することはない。

[問題7] ❷ ASP
ASP（Application Service Provider）は、インターネット上でソフトウェアの利用サービスの提供を行う事業者のこと。
IDC（Internet Data Center）は、利用者のサーバー等を預かり、設置・管理を行う場所。特にインターネットに特化した施設をいう。
ERP（Enterprise Resources Planning）は、企業の情報資源を有効活用するための考え方、およびそのために導入するシステムのこと。

[問題8] ❸ ランサムウェア
マルウェアとは、悪意をもってコンピューター内に侵入し、有害な動作を行うものの総称である。ボットもこの一種。ほかに、コンピューターウイルス、ワーム、スパイウェア、キーロガー、バックドア、トロイの木馬など多数の種類がある。
ランサムウェアは、単なる悪意あるソフトウェアだけではなく、ランサム（身代金）を要求してくるのが特徴。身代金を払わないとコンピューターのファイルやフォルダーを暗号化して使用できなくしたり、ロックを解除できなくする手口の恐喝犯罪である。

[問題9] ❸ プログラム言語
著作権法には以下のものが例示されている。
・言語の著作物
・音楽の著作物
・舞踊または、無言劇の著作物
・美術の著作物
・建築の著作物
・図形の著作物
・映画の著作物
・写真の著作物
・プログラムの著作物
「言語の著作物」とは、一般的に「小説」や「論文」を指す。言語そのものが著作ではなく、あくまで「言語の著作物」を示すので、コンピュータープログラムは著作物だが、コンピューター言語そのものは、著作物には該当しない。

[問題10] ❸ **VR**

ARは拡張現実。スマホアプリの「ポケモンGO！」などが有名。
VPNは仮想専用線。暗号化によってインターネット回線上に仮想の専用線を設け、遠隔地であっても企業内LANのように排他的（他から見えない）に利用できるように設定されたもの。企業の海外拠点から本社のサーバーにアクセスするなどセキュリティーの安全性を高めた方法。
VRは仮想現実。専用のゴーグルを頭に装着して利用する。

[問題11] ❷ **発注書**

稟議書は、企画案件を社内に稟議（関係者、責任者に回覧し検討してもらう）するための社内文書。
発注書は、例えば、工事発注書などは、建設会社への外注であり、社外文書。仮に社内の工事部門に対する書類の場合は「指示書」という。
報告者は、通常は上司に提出する社内文書である。ただし、事故報告書のように監督者に外部報告する場合もある。

[問題12] ❷ **単語→文節→文**

単語＜文節＜段落＜文章、の順に大きくなる。

[問題13] ❶ **今月、500万円を売り上げた彼は営業部一の成績です。**

原則として、変化する数字は算用数字を使用、変化しない数字は漢数字を使用する。
例えば、営業部一は、一以外使用しない。日本一とはいうが日本1や日本二という言葉は使用されないのと同様である。なお、日本1位は、2位、3位、4位… と変化する。

[問題14] ❶ **ひとつずつ数える。**

現代仮名遣いでは、「ずつ」を用いるように定められている。「づつ」は歴史的仮名遣いで、間違いではないが「ずつ」の方が適切である。

[問題15] ❶ **お客様方各位**

「お客様各位」が正しい使い方である。「各位」の代わりに「ご一同様」という書き方をすることもある。

実技科目

解答の手順は以下の通りです。まず最初の文章を変更します。

[1]あて名と発信日の移動
[2]文書番号を適切な位置に配置（1行目に文書番号　2行目に発信日　3行目にあて名）
[3]標題の文字を150％に拡大（フォントサイズと間違えないように）

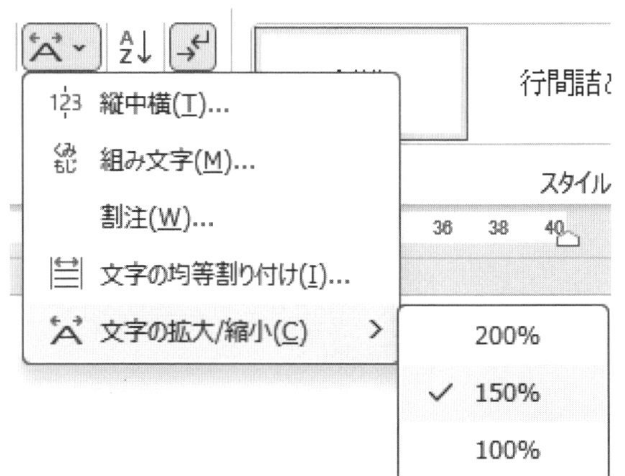

[4]適切な頭語に修正（「敬具」の文字に対応するのは「拝啓」）
[5]発信者の会社名を正式名称に修正（正式名称は問題文の最初に書かれている「情報コミュニケーション能力開発株式会社」である。（株）のみ変更するのは間違い）
[6]「貴店」を適切な言葉に変更（学生向きなので「貴校」）
[7]「就職フェアの」を適切な位置に挿入
[8]「～開催いたします。」の後ろの文章を改行

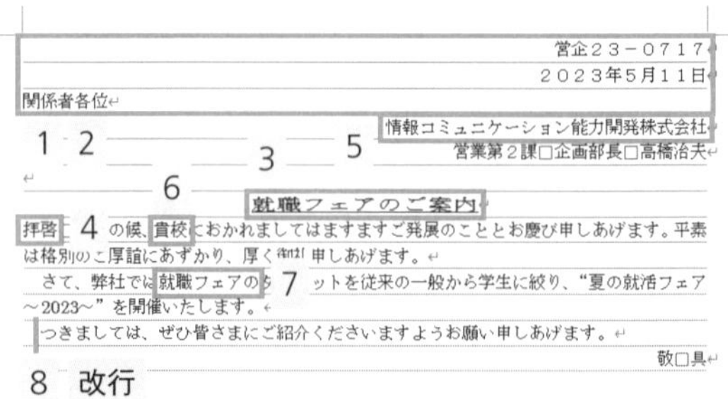

記書きの箇条書きの左に2文字のインデントを設定します。設定箇所は、3ヶ所あるので注意してください。

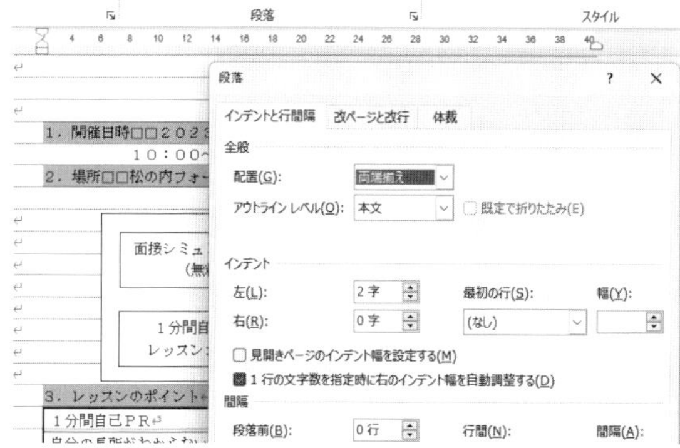

開催日を変更します（日にちと曜日も変更すること）。

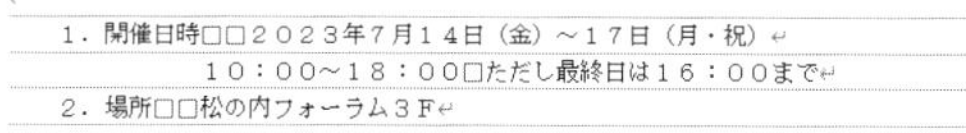

会場見取り図にある三角形を（時計回りに）45度回転します。
[1]三角形を選択して「図形の書式」をクリック
[2]「オブジェクトの回転」ボタンをクリック
[3]「その他の回転オプション」をクリック

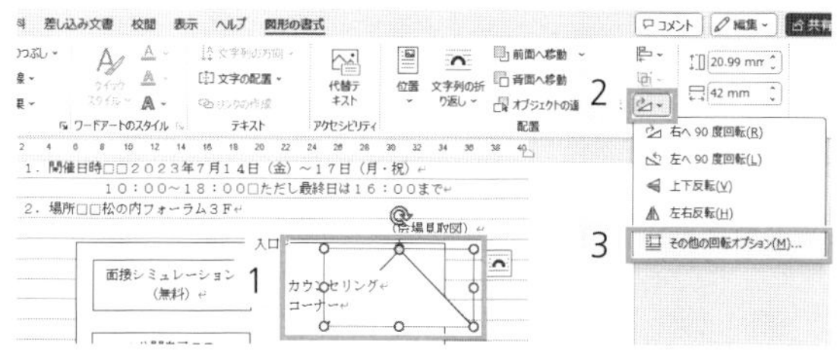

[4]「回転角度」を「45°」に設定し、「OK」をクリック

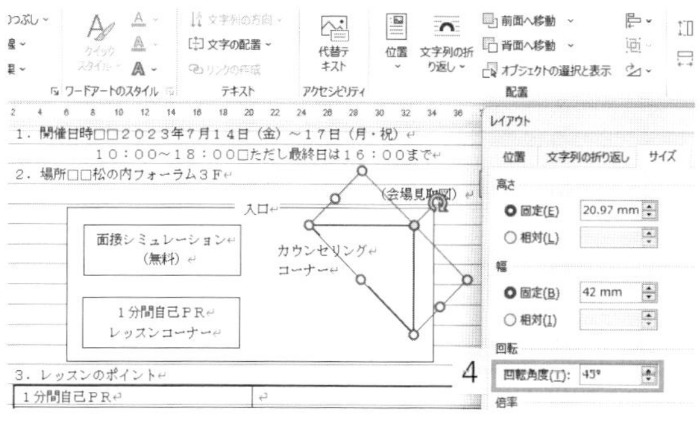

図形の回転ハンドルを使って自分で回転させると、正答できません。必ず「45°」と数字を入力して回転させてください。

表の修正をします。「面接シミュレーション」の行と同じ体裁にするため、1行目を結合し、中央揃えに設定、「＊＊＊＊＊」の記号を前後につけます。

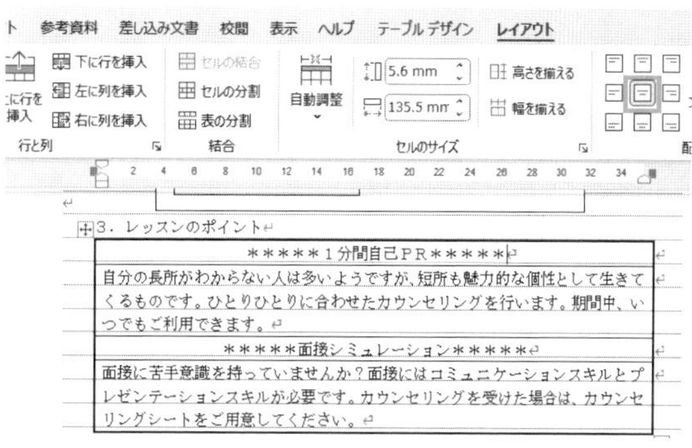

「1分間の自己PR」の説明文の適切な箇所に「少し言い方を変えるだけで」を挿入します。

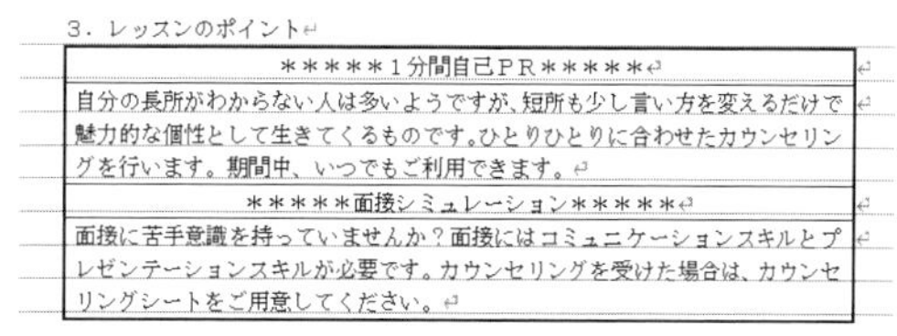

尊敬表現の誤りを修正します。

・×「ご利用できます」
→○「ご利用になれます」
・×「ご用意してください」
→○「用意してください」「ご用意ください」

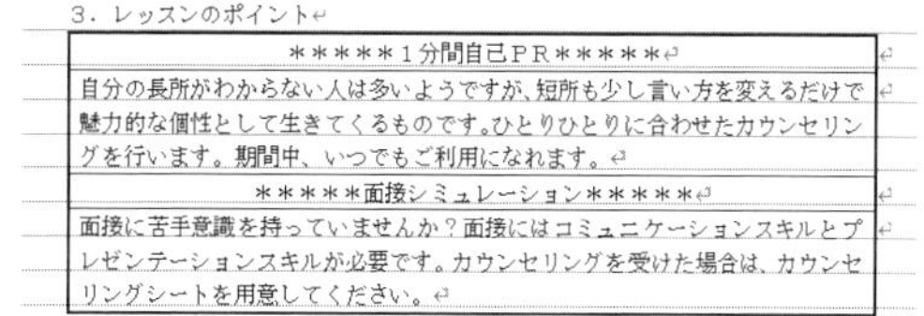

「ご利用できます」は、尊敬表現の間違いです。「ご用意してください」は、尊敬語と謙譲語が混同しています。

「テーブルデザイン」タブより、ペンの太さが「1.5pt」の罫線を引きます。

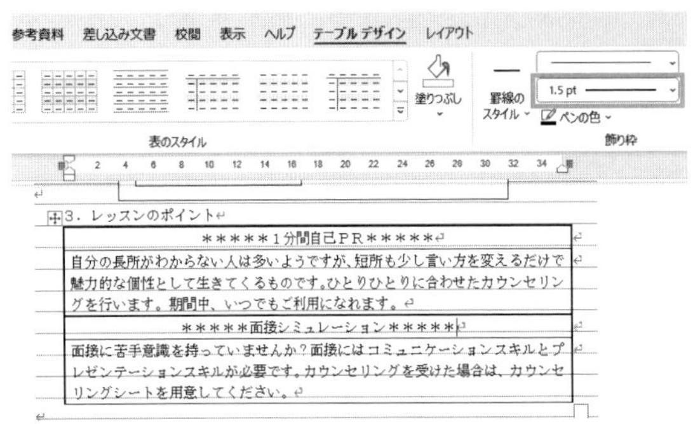

担当者名の挿入「本件担当　守岡（03－5566－7766）」を「以上」の次の行に挿入します。

「以上」の次の行にマウスを合わせてダブルクリックして、カーソルを文末に移動します。

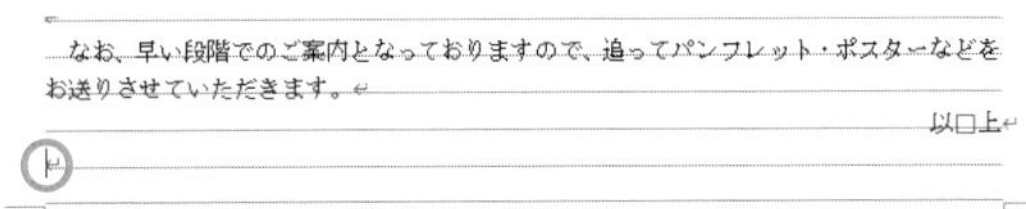

文字を入力後、右揃えに設定します。

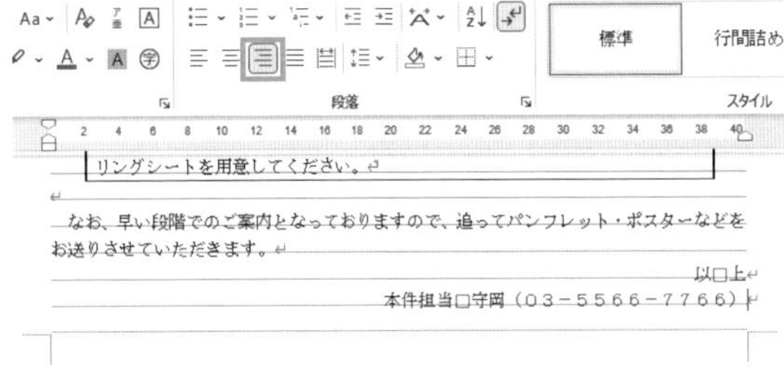

最後に、A4用紙1枚に出力できるようにレイアウトの調整をして、名前を付けて保存します。

[解答見本]

営企２３－０７１７
２０２３年5月１１日

関係者各位

情報コミュニケーション能力開発株式会社
営業第２課□企画部長□高橋治夫

就職フェアのご案内

拝啓□新緑の候、貴校におかれましてはますますご発展のこととお慶び申しあげます。平素は格別のご厚誼にあずかり、厚く御礼申しあげます。

さて、弊社では就職フェアのターゲットを従来の一般から学生に絞り、"夏の就活フェア～2023～"を開催いたします。

つきましては、ぜひ皆さまにご紹介くださいますようお願い申しあげます。

敬□具

記

１．開催日時□□２０２３年7月１４日（金）～１７日（月・祝）
１０：００～１８：００□ただし最終日は１６：００まで

２．場所□□松の内フォーラム３Ｆ

（会場見取図）

入口

面接シミュレーション
（無料）

カウンセリング
コーナー

１分間自己ＰＲ
レッスンコーナー

３．レッスンのポイント

＊＊＊＊＊１分間自己ＰＲ＊＊＊＊＊
自分の長所がわからない人は多いようですが、短所も少し言い方を変えるだけで魅力的な個性として生きてくるものです。ひとりひとりに合わせたカウンセリングを行います。期間中、いつでもご利用になれます。
＊＊＊＊＊面接シミュレーション＊＊＊＊＊
面接に苦手意識を持っていませんか？面接にはコミュニケーションスキルとプレゼンテーションスキルが必要です。カウンセリングを受けた場合は、カウンセリングシートを用意してください。

なお、早い段階でのご案内となっておりますので、追ってパンフレット・ポスターなどをお送りさせていただきます。

以□上

本件担当□守岡（０３－５５６６－７７６６）

解説　第5回　模擬試験

知識科目

[問題1] ❷ **1KB→1MB→1GB**

KB（キロバイト）→MB（メガバイト）→GB（ギガバイト）→TB（テラバイト）の順に大きくなる。ちなみに、TBの次はPB（ペタバイト）。

[問題2] ❶ **CPU**

CPUは中央演算処理装置のことで、計算処理部分に直結する。
ハードディスクは、ソフトやデータを格納するところ。容量が増えると空きスペースを仮想メモリーとして利用できるのでスピード向上にもつながるが、あくまで補助。
ディスプレイの解像度は、動作速度を重視する場合は無関係（むしろ、高解像度で表示するほど、一般的に動作速度は低下する）。

[問題3] ❷ **アップデート**

アップグレードは、性能や品質を上げること。ハードウェアの買い替えや、ソフトウェアのバージョンアップを行うことなど（一般的には有償）。
アップデートは、ソフトウェアの小規模な更新のこと（一般的には無償）。
アップロードは、サーバーへデータを送ること。

[問題4] ❷ **PDF**

DOCは、古いWordのファイル形式（現在はDOCX）。WORDは、ファイル形式ではなく、ワープロソフトの名称。
PDFは、環境によらず同じように文書が表示されることを目指して開発された文書形式。ほとんどのコンピューターで無料で閲覧できる。

[問題5] ❸ **データの入力はキーボードからのみ可能になる。**

スキャナー、カメラ、音声入力、マウス操作など、さまざまな方法で入力できる。

[問題6] ❷ **メールソフトが必要である。**

Webメールは、ブラウザーで指定のWebサイトを閲覧することで利用できるため、メールソフトでなくてブラウザーが必要。

[問題7] ❸ **新しい情報は電子メールなどで知らせてくれる。**

「Pull型」は、新しい情報はサーバーなどに蓄積され、必要な時に見に行く（こちらから情報を引っ張りにいく）。
「Push型」は、新しい情報は電子メールなどで知らせてくれる（向こうから情報が押し出されてくる）。

[問題8] ❷ **セキュリティーホール**

セキュリティーホールは、セキュリティーの抜け穴という意味。
ファイアホール、コンピューターホールという用語はない。

[問題9] ❶ **B to C**

Bはビジネス（企業）、Cはコンシューマー（消費者）の略。
B to Bは企業間の商取引を表すが、B to Aという用語はない。

[問題10] ❸ **伝わり方が、受け手のITに対する知識や経験の差により左右されることは当然であり、発信者が考える立場ではない。**

[問題11] ❸ **整った形式で相手に敬意を表したものにする。**

社外文書は、会社を代表して書いている文書なので、会社の評価にも影響を及ぼすことを意識しなければならない。正しい言葉づかい、敬語の使い方などに注意し、整った形式で相手に敬意を表すように書くことが必要である。

[問題12] ❶ **（テーマ）と図解の（目的）**

パターンやキーワードは、テーマや目的など基本が決まってから考えるもの。

[問題13] ❶ **「30人を超えたとき」と「31人以上のとき」**

「以上」「以下」には、その数字も含むので、「31人以上」は31人を含み、それより多い人数を表す。従って「30人を超えたとき」と同じ意味になる。

「20歳未満」は20歳を含まないが「20歳以下」は20歳を含む。

「100人以下」は100人も含めているので、「0～100人」となる。

[問題14] ❸ **たぶん失敗でしょう。**

選択肢❶と❷は、否定と肯定の組み合わせになる。

[問題15] ❸ **向寒の候**

「寒露の候」は10月、「新涼の候」は8月。「向寒の候」は11月の時候の挨拶として使われる。Wordの挨拶文ウィザードも参照のこと。

実技科目

解答の手順は以下の通りです。まず最初の文章を変更します。

[1]発信日付の変更

[2]標題の変更

[3]あて先の変更（「お得意様」という複数のあて先なので「各位」をつける）

[4]あいさつ文の一部を企業向けから個人向けの言葉に変更
「ご繁栄」を「ご健勝」に変更します。

[5]時候の挨拶の変更（7月の文書なので「猛暑の候、」）

[6]接続詞の追加（「さて、」を選択）

[7]文章の追加（当社設立２５周年を記念いたしまして、）

[8]新しい段落に文章を追加
挨拶文「お喜び申しあげます」の後で改行すると、「敬具」という文字が表示されてしまうので、「さて、」の前にカーソルを置いて改行すること。

[9]担当者名の変更

[10]「研修・慰安旅行など…」の部分を「ご家族・ご友人の方々とのひとときのバカンスに」に変更

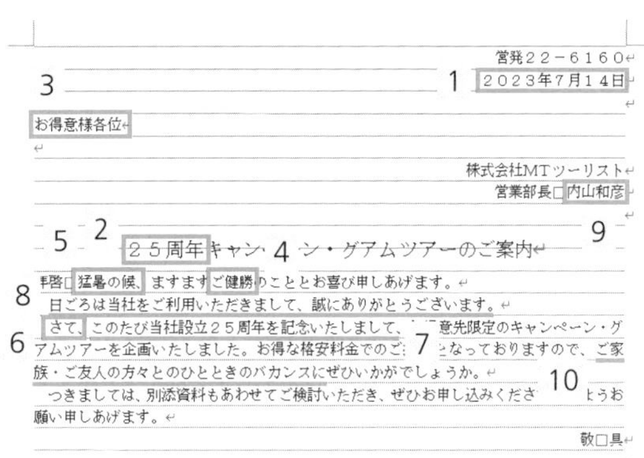

旅行の日程の変更を行います。日程が3日間になったので、「３泊４日」を「２泊３日」に変更しましょう。

１．日□程
２０２３年９月１０日（日）～１２日（火）（２泊３日）
２．ツアー特別価格
お一人様：６５，８００円（税込み）

行程表の3日目を削除します。

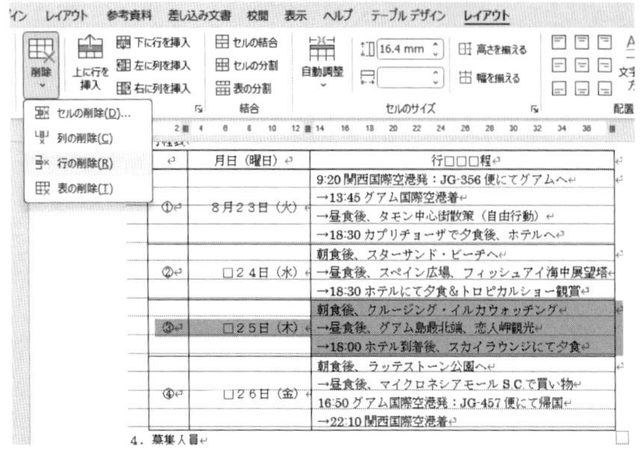

	月日（曜日）	行□□□程
①	８月２３日（火）	9:20 関西国際空港発：JG-356 便にてグアムへ →13:45 グアム国際空港着 →昼食後、タモン中心街散策（自由行動） →18:30 カプリチョーザで夕食後、ホテルへ
②	□２４日（水）	朝食後、スターサンド・ビーチへ →昼食後、スペイン広場、フィッシュアイ海中展望塔 →18:30 ホテルにて夕食&トロピカルショー観賞
③	□２５日（木）	朝食後、クルージング・イルカウォッチング →昼食後、グアム島最北端、恋人岬観光 →18:00 ホテル到着後、スカイラウンジにて夕食
④	□２６日（金）	朝食後、ラッテストーン公園へ →昼食後、マイクロネシアモール S.C.で買い物 16:50 グアム国際空港発：JG-457 便にて帰国 →22:10 関西国際空港着

４．募集人員

日程の変更に伴って、行程表内にある日付と、「④」を「③」に変更することを忘れないようにしましょう。

３．行程表

	月日（曜日）	行□□□程
①	９月１０日（日）	9:20 関西国際空港発：JG-356 便にてグアムへ →13:45 グアム国際空港着 →昼食後、タモン中心街散策（自由行動） →18:30 カプリチョーザで夕食後、ホテルへ
②	□１１日（月）	朝食後、スターサンド・ビーチへ →昼食後、スペイン広場、フィッシュアイ海中展望塔 →18:30 ホテルにて夕食&トロピカルショー観賞
③	□１２日（火）	朝食後、ラッテストーン公園へ →昼食後、マイクロネシアモール S.C.で買い物 16:50 グアム国際空港発：JG-457 便にて帰国 →22:10 関西国際空港着

４．募集人員

もし、「月日」欄の数字を修正した際に、隣のセルの「①」が勝手に段落番号の形になってしまったら、①の左側に段落番号を表す稲妻のようなマークが表示されるので、このマークをクリックして「段落番号を自動的に作成しない」をクリックします。

元に戻す(U) - 段落番号の自動設定
段落番号を自動的に作成しない(S)
オートフォーマット オプションの設定(C)...

すると、以下のように①の数字が中央に入力されます。

行程表の2日目の夕食の内容を変更します（時間の数字は半角で入力）。

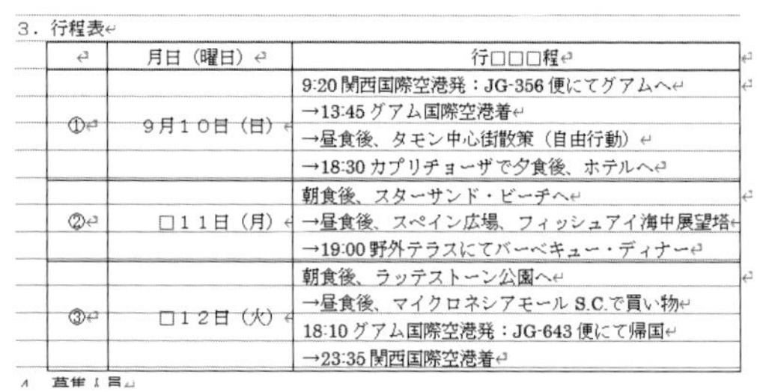

３．行程表

	月日（曜日）	行□□□程
①	９月１０日（日）	9:20 関西国際空港発：JG-356 便にてグアムへ →13:45 グアム国際空港着 →昼食後、タモン中心街散策（自由行動） →18:30 カプリチョーザで夕食後、ホテルへ
②	□１１日（月）	朝食後、スターサンド・ビーチへ →昼食後、スペイン広場、フィッシュアイ海中展望塔 →19:00 野外テラスにてバーベキュー・ディナー
③	□１２日（火）	朝食後、ラッテストーン公園へ →昼食後、マイクロネシアモール S.C.で買い物 16:50 グアム国際空港発：JG-457 便にて帰国 →22:10 関西国際空港着

帰国便の変更を行います（時間・便数の英数字はすべて半角で入力）。

３．行程表

	月日（曜日）	行□□□程
①	９月１０日（日）	9:20 関西国際空港発：JG-356 便にてグアムへ →13:45 グアム国際空港着 →昼食後、タモン中心街散策（自由行動） →18:30 カプリチョーザで夕食後、ホテルへ
②	□１１日（月）	朝食後、スターサンド・ビーチへ →昼食後、スペイン広場、フィッシュアイ海中展望塔 →19:00 野外テラスにてバーベキュー・ディナー
③	□１２日（火）	朝食後、ラッテストーン公園へ →昼食後、マイクロネシアモール S.C.で買い物 18:10 グアム国際空港発：JG-643 便にて帰国 →23:35 関西国際空港着

表の外枠を太線に変更します。

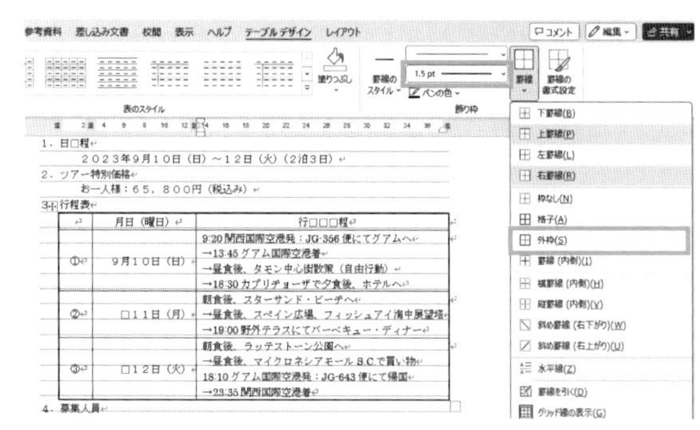

申込締切日の変更・募集人員の変更をします。

4．募集人員
　　４０名
５．申込締切日
　　８月７日（月）
以□上

ツアー特別価格の変更を行います。

１．日□程
　　２０２３年９月１０日（日）～１２日（火）（2泊3日）
２．ツアー特別価格
　　お一人様：４５，７００円（税込み）
３．行程表

文書番号を変更します。

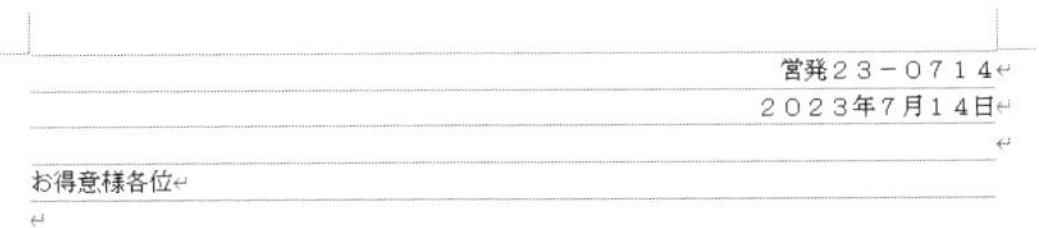
営発２３－０７１４
２０２３年７月１４日

お得意様各位

最後に、A4用紙1枚に出力できるようにレイアウトを確認し、名前を付けて保存します。

[解答見本]

営発２３－０７１４
２０２３年７月１４日

お得意様各位

株式会社MTツーリスト
営業部長□内山和彦

２５周年キャンペーン・グアムツアーのご案内

拝啓□猛暑の候、ますますご健勝のこととお喜び申しあげます。
日ごろは当社をご利用いただきまして、誠にありがとうございます。
さて、このたび当社設立２５周年を記念いたしまして、お得意先限定のキャンペーン・グアムツアーを企画いたしました。お得な格安料金でのご提供となっておりますので、ご家族・ご友人の方々とのひとときのバカンスにぜひいかがでしょうか。
つきましては、別添資料もあわせてご検討いただき、ぜひお申し込みくださいますようお願い申しあげます。

敬□具

記

１．日□程
２０２３年9月１０日（日）～１２日（火）（2泊3日）
２．ツアー特別価格
お一人様：４５，７００円（税込み）
３．行程表

	月日（曜日）	行□□□程
①	9月１０日（日）	9:20 関西国際空港発：JG-356 便にてグアムへ →13:45 グアム国際空港着 →昼食後、タモン中心街散策（自由行動） →18:30 カプリチョーザで夕食後、ホテルへ
②	□１１日（月）	朝食後、スターサンド・ビーチへ →昼食後、スペイン広場、フィッシュアイ海中展望塔 →19:00 野外テラスにてバーベキュー・ディナー
③	□１２日（火）	朝食後、ラッテストーン公園へ →昼食後、マイクロネシアモール S.C.で買い物 18:10 グアム国際空港発：JG-643 便にて帰国 →23:35 関西国際空港着

４．募集人員
４０名
５．申込締切日
8月7日（月）

以□上

おわりに

　このテキストで学習中のあなたへ、日商PC検定3級学習中のあなたをサポートします。

- 日商PC検定2級、1級にも合格したい
- 履歴書資格欄に日商PC検定2級って書きたい
- 昼間の事務職に変わりたい
- 本試験ってどんな問題なのか不安
- 本の学習だけで大丈夫かな?
- 今の自分のレベルで合格できるのかな?

いろいろ不安がいっぱい出てきます。そんなあなたをサポートする通信講座です。
ウェブサイトへお気兼ねなく。

https://pcukaru.jp/

日商PC検定合格道場
主任講師　八田　仁

索引

記号・数字

英字

あ

す

せ

そ

た

ち

て

と

な

に

ぬ

ね

は

DEKIDAS-WEBの使い方

本書をご購入いただいた方への特典として、「DEKIDAS-WEB」がご利用いただけます。「DEKIDAS-WEB」はスマホやPCからアクセスできる問題演習用WEBアプリです。知識科目の対策にお役立てください。

対応ブラウザは、Edge、Chrome、Safariです（IEは対応していません）。スマートフォン、タブレットで利用する場合は以下のQRコードを読み取り、エントリーページにアクセスしてください。なお、ログインの際にメールアドレスが必要になります。QRコードを読み取れない場合は、下記URLからアクセスして登録してください。

・URL：https://entry.dekidas.com/
・認証コード：nb24Pa7bT2xK39ad

※本アプリの有効期限は2027年03月12日です。

■プロフィール

● **八田 仁**（はった じん）

直営パソコン教室での合格実績により、2012年より日商PC検定合格道場の通信講座をスタート。翌年には、全国初の2級の通信講座開始。多くの受講生を合格に導きながら、自らも1級試験3科合格し、全く書籍も発売されていない状況で全国初1級試験の通信講座を2020年よりスタートさせる。常々、「日商PC検定ほど仕事に役立つものはない。」と言うのが口癖。日商PC検定3級学習中のあなたをサポートします。日商PC検定合格道場ウェブサイト（https://pcukaru.jp/）へお気兼ねなく。

● **細田　美奈**（ほそだ　みな）

子育て中に全くの初心者からPCスキルを学習、日商PC検定1級試験３科目に合格し日本商工会議所会頭表彰を受ける。現在、日商PC検定合格道場の通信講座実技の添削などサポートを担当。日商PC検定3級学習中のあなたをサポートします。

- 装丁　　　　　奈良岡菜摘デザイン事務所
- 本文デザイン　釣巻デザイン室
- 本文DTP　　　トップスタジオ

いちばんやさしい日商PC検定文書作成3級
ズバリ合格BOOK [Word 2016/2019/2021 対応]

2024年 3 月26日　初　版　第 1 刷発行

著　者　八田仁、細田美奈
監修者　石井典子
発行者　片岡　巌
発行所　株式会社技術評論社
東京都新宿区市谷左内町21-13
電話　03-3513-6150　販売促進部
03-3513-6166　書籍編集部
印刷／製本　日経印刷株式会社

定価はカバーに表示してあります。

ISBN978-4-297-13971-1　C3055
Printed in Japan

■お問い合わせについて

本書に関するご質問は、FAX、書面、下記のWebサイトの質問用フォームでお願いいたします。電話での直接のお問い合わせにはお答えできません。あらかじめご了承ください。

ご質問の際には以下を明記してください。

・書籍名
・該当ページ
・返信先（メールアドレス）

ご質問の際に記載いただいた個人情報は質問の返答以外の目的には使用いたしません。

お送りいただいたご質問には、できる限り迅速にお答えするよう努力しておりますが、お時間をいただくこともございます。

なお、ご質問は本書に記載されている内容に関するもののみとさせていただきます。

■お問い合わせ先

〒162-0846　東京都新宿区市谷左内町21-13
株式会社技術評論社　書籍編集部
「いちばんやさしい日商PC検定文書作成3級
ズバリ合格BOOK」係
FAX：03-3513-6183
Web：https://gihyo.jp/book/2024/978-4-297-13971-1